Salvador A.

Reparando TV Plasma y LCD

Fundamentos, Ajustes y Soluciones

www.hasa.com.ar

Amalfa, Salvador
   Reparando TV plasma y LCD. Fundamentos, ajustes y soluciones - 1a ed.
1a. reimp. - Buenos Aires : HASA, 2007.
   320 p. ; 24x17 cm.

   ISBN 978-950-528-263-0

   1. Televisión Plasma-Reparación. 2. Televisión LCD-Reparación. I. Título
   CDD 621.388 87

Hecho el depósito que marca la ley 11.723

Copyright © 2006-2007 by Editorial Hispano Americana S.A. - H.A.S.A.

Rincón 686/8 - C1227ACD - Buenos Aires - Argentina

Teléfono/Fax: (54-11) 4943-7111

E-mail: info@hasa.com.ar

Web Site: http://www.hasa.com.ar

IMPRESO EN LA ARGENTINA   PRINTED IN ARGENTINA

Diseño de Tapa: Diego F. García
Corrección Técnica: Héctor A. Algarra y Jorge E. Novoa
Armado Interior: Gabriela C. Algarra y Jorge C. Algarra

Tirada: 1000 ejemplares.
Este libro se terminó de imprimir en el mes de Junio de 2007, en Primeraclase Impresores S.H., California 1231, Ciudad Autónoma de Buenos Aires, República Argentina.

Prólogo

El desarrollo virtualmente explosivo de la electrónica actual es innegable y los sistemas de reproducción de imagen no escapan a esta tendencia mundial. Las nuevas tecnologías en materia de receptores de televisión y monitores de PC son poco menos que espectaculares.

Este libro trata sobre los dispositivos provistos de paneles delgados, conocidos como *Flat Panel Display* o FPD.

Dentro de estas nuevas variantes, resultan las más difundidas las que incorporan paneles de plasma y de cristal líquido.

La inclusión de estos displays requiere de una arquitectura electrónica bastante diferente de la empleada en los receptores convencionales con TRC.

Se incorporan ahora nuevos bloques circuitales, tales como desentrelazadores y conformadores de formato *(scalers)*. Por otro lado, la técnica LSI *(Large Scale Integration* - Integración en Gran Escala), permite el desarrollo de nuevos circuitos integrados para adicionar importantes mejoras en la calidad de la imagen y el sonido, a través de procesos tales como chips de histograma, filtros con control I^2C *(comb-filter)*, tratamiento de audio digital y muchos otros que son analizados en diferentes capítulos del libro.

La obra contiene una descripción con detalles de interés sobre las estructuras LCD y plasma, y sus características electrónicas. A partir de estos conceptos se realiza un estudio sobre los diagramas en bloque de los receptores y monitores comerciales, analizando los procesos necesarios para generar una imagen de alta definición sobre el panel.

En los Capítulos 4 y 5 se exponen características de algunos circuitos integrados y paneles, para que el lector, al familiarizarse con cada función de los pines, conozca cómo se llevan adelante los procesos de luminancia y crominancia de última generación, junto con los algoritmos de mejoramiento, los modos de escalado de imagen, el tratamiento digital del sonido, etc.

Por último, en materia de ajustes, mantenimiento y reparación, esta nueva tecnología implica conocimientos, instrumental y procedimientos diferentes a los usados con los receptores tradicionales. Por ello se estudian los detalles sobre los ajustes básicos y las mediciones de carácter general, junto con las indicaciones sobre la manipulación de los circuitos integrados de montaje superficial (SMD) y nociones de diagnóstico por la imagen.

Esta obra le permitirá introducirse en el estudio de los receptores y monitores de LCD y plasma.

Finalmente, se incluye un amplio glosario de términos que se introducen en esta nueva tecnología y facilita una rápida inspección e interpretación de los circuitos comerciales y de las hojas de datos de los componentes.

El Autor

Dedicatoria

A Jorge Alejandro Basiletti.

Agradecimientos

A mi amigo Oscar Persa, por su inestimable colaboración, y todas las empresas de cuya información se nutre esta obra.

Contenido

Capítulo 4
Circuitos Integrados y Procesamiento de Señales 141

Capítulo 5
Especificaciones de Paneles LCD y Plasma 259

Capítulo 1

La Tecnología de las Pantallas Planas

Introducción

Los recientes progresos en microelectrónica y los estudios sobre el comportamiento energético de gases y cristales líquidos permiten la producción a escala industrial de una nueva tecnología en pantallas para la reproducción de imágenes de televisión. Estos avances facilitan también el desarrollo de displays para otro tipo de aplicaciones. Cuando se hace referencia a las pantallas planas, generalmente, se destaca la tecnología de última generación referida al panel propiamente dicho. Al mismo tiempo, se impone un análisis con cierta profundidad de los desarrollos sorprendentes en microelectrónica que han permitido desarrollar circuitos integrados de alta densidad, capaces de llevar adelante multifunciones complejas como desentrelazado, interpolación, conversión A/D y tantas otras operaciones. Muchos de estos dispositivos se describen durante el desarrollo de los capítulos sucesivos. En éste se analiza brevemente cada sistema y en el siguiente se profundiza cada ítem.

Generalidades

La técnica más empleada hasta hoy para la reproducción de imágenes en una pantalla, es la del tubo de rayos catódicos (TRC). A pesar de la evolución de este componente desde sus primeras versiones, el sistema no es capaz de obtener pantallas portátiles de bajo consumo que ofrezcan imágenes de alta calidad.

Una pantalla plana ideal debe producir imágenes con buena luminosidad, contraste acentuado, alta resolución y elevada velocidad de respuesta. Además de ofrecer una amplia escala en tonos de gris y la reproducción de todos los colores del espectro con sus matices, tales como aquéllos obtenidos por descomposición prismática de la luz blanca.

A nivel comercial, esta pantalla debe ser resistente, de alta durabilidad y de un costo accesible aún en sistemas de alta gama.

Las tres técnicas que han logrado cierta aceptación en un mercado creciente son las de pantalla electroluminiscente, plasma y cristal líquido. Una evolución más reciente de esta última versión ofrece excelentes características y se denomina pantalla de cristal líquido con matrices activas, son las llamadas LCD-TFT, mientras las de plasma se indican como PDP. Todas las versiones se conocen como FPD *(Flat Panel Display)*.

La técnica de plasma, empleada a fines de 1960, utiliza dos láminas de vidrio donde se han instalado cintas paralelas de película conductora de tal manera que las series de líneas se cruzan. Entre cada lámina existe un espacio físico que se llena con una mezcla especial de gases, entre ellos el neón. Sobre cualquier punto de intersección se aplica una diferencia de potencial capaz de producir una descarga de ionización del gas; cuando esto sucede, el gas se descompone en un plasma de electrones e iones o cargas positivas. La excitación de estas cargas por una corriente eléctrica de control produce radiación electromagnética que puede ser UV o visible, según la composición de los gases empleados.

El sistema es análogo a una red de numerosas lámparas de neón miniaturizadas formando una pantalla emisora.

Como la ionización del gas se produce al ser aplicado un potencial perfectamente determinado y controlado en cada intersección, existe un manejo de las intersecciones iluminadas o activas y de las momentáneamente inactivas.

Por ejemplo, si se aplica una diferencia de potencial igual a la mitad del potencial de encendido a una fila y una columna dadas, sólo se produce encendido donde éstas se corten; en esos puntos el potencial sumado será suficiente para que se origine la descarga. Con el barrido sucesivo de las filas a un ritmo de frecuencia de campo (50 a 60 Hz), se logra la inercia necesaria para la persistencia de la imagen en la retina del observador.

Esta imagen es necesariamente pobre en luminosidad, puesto que cada punto individual sólo mantiene el brillo una pequeña fracción de segundo, es decir, la persistencia resulta baja. Pese a esta limitación, el diseño primitivo se ha aplicado con buen resultado en ordenadores portátiles y otros productos.

Se obtienen imágenes con luminosidades superiores utilizando excitación por corriente alterna.

Investigaciones de H. G. Slottow y D. L. Bitzer (Universidad de Illinois), descubrieron que la corriente alterna produce un efecto de memoria o retención de la excitación, puesto que una celda recién excitada retiene por un corto período de tiempo parte de la carga en sus electrodos aislados. Cuando se invierte el potencial como consecuencia del efecto de la sinusoide de CA, la carga primitiva se suma a cualquier nueva diferencia de potencial aplicada, y ello promueve una nueva descarga.

Como los elementos que constituyen la imagen (pixels), se encienden a cada inversión de potencial, la emisión de luz se mantiene durante un período de tiempo mucho mayor.

En los primeros dispositivos, los plasmas de CA despertaron gran interés por su efecto de persistencia o memoria. Actualmente la memorización tiene lugar por medio de semiconductores, que a pesar de su complejidad resultan muy económicos construídos a nivel del conjunto del panel.

Las pantallas originales de plasma primitivas son comúnmente de color naranja. No es fácil modificar su diseño para convertirlas en reproductoras de imágenes polícromáticas. Sin embargo, actualmente todos los monitores de PC son para reproducción de color y, obviamente, las pantallas para TV deben cumplir con este requisito.

La generación de color, tal como sucede en los TRC, requiere tres fuentes diferentes, cada una con su color primario, rojo, verde y azul. No resulta práctico conseguir cada color primario llenando el pixel correspondiente con un gas diferente. En cambio, se ha optado por la tecnología de los tubos fluorescentes: se genera la emisión luminosa de un tipo estable y determinado, que luego produce luz monocromática del color deseado por medio de revestimientos fosforescentes.

Se debe puntualizar la diferencia fundamental entre los términos **fluorescencia** y **fosforescencia**. El primero es la capacidad de una superficie o sustancia para emitir luz cuando es bombardeada por cargas eléctricas. El segundo es la capacidad de la superficie para mantener tal emisión luego que ha finalizado el bombardeo. Asociado a esto, se dice que el tiempo de duración de la fosforescencia es la **persistencia**.

En este tipo de paneles, un único gas, el mismo para todo el conjunto, emite luz ultravioleta (UV) y esta radiación invisible produce en la celda respectiva radiación monocromática roja, verde o azul, según el tipo de fósforo que la recubre.

Las pantallas de plasma consumen una cantidad importante de energía; por ello se las utiliza principalmente en aplicaciones donde no es imprescindible alto rendimiento energético ni facilidad de transporte. Se pueden construir paneles de hasta 150 cm de diagonal (58"), dimensiones suficientes para aplicaciones en televisión de alta definición (HDTV).

Otra técnica de interés es la pantalla plana basada en la electrolumiscencia de capa delgada. Esta técnica se desarrolló en principio para alumbrado de viviendas, pero se desechó prontamente dado su bajo rendimiento; sin embargo, los mismos principios se utilizan en la fabricación de pantallas alfanuméricas, junto con las de plasma.

Al igual que los dispositivos de plasma, la pantalla electroluminiscente se asemeja a un sandwich. En este caso el emisor de luz, una sustancia fosforescente, generalmente a base de sulfuro de cinc dopado con manganeso, se coloca entre dos capas aislantes conteniendo electrodos ubicados en líneas cruzadas a 90°.

Cuando el potencial de los electrodos supera un umbral bien definido, el emisor se activa y conduce corriente. La intensidad resultante excita los iones de manganeso, que emiten una luz de color amarillo, similar a la de neón de la primitiva pantalla de plasma. La durabilidad de estas pantallas es alta, pero no pueden emitir imágenes policromáticas y presentan un consumo elevado.

La obtención de colores requiere una sustancia fosforescente de alto rendimiento en la longitud de onda del azul, cuestión técnica bastante compleja. Asimismo, se necesita una escala de grises de gradación progresiva, cualidad difícil de controlar. Por otra parte, la eficacia de estos paneles disminuye a medida que aumenta el número de elementos de imagen que los forman.

Cada elemento se comporta como un capacitor, de modo que la sumatoria de ellos constituye una cantidad de energía de carga y descarga no despreciable. Así, paneles con alto contenido de información alimentados con baterias no resultan de gran eficiencia. Las Figs. 1.1 y 1.2 muestran un esquema primario de las técnicas de plasma y electroluminiscencia.

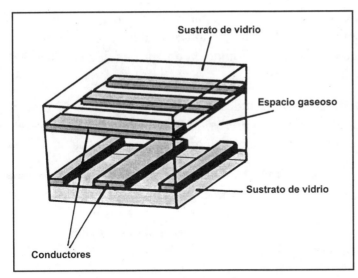

Fig. 1.1. Esquema elemental del principio de funcionamiento de un panel de plasma. Las tiras conductoras superiores forman las filas y las inferiores las columnas en el conjunto definitivo.

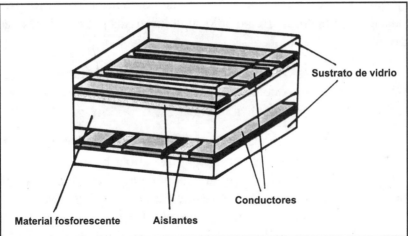

Fig. 1.2. Las pantallas electroluminiscentes reemplazan el gas del sistema de plasma por material fosforescente sólido y se mantiene la estructura de filas y columnas.

Otra variante importante en la evolución de las pantallas planas, se agrupa en la tecnología no emisora primaria a partir de las propiedades electroópticas de los cristales líquidos, un tipo de moléculas orgánicas con ciertas particularidades.

Como su nombre lo indica, se trata de sustancias con propiedades mixtas de líquidos y sólidos. Son compuestos que fluyen como los líquidos, pero también presentan ordenamientos cristalinos propios de los sólidos. Tal fase o estado de la materia no es tan inusual como se podría pensar en principio. Se ha estimado que un químico orgánico que sintetizara compuestos al azar produciría moléculas con propiedades de cristal líquido en una proporción de 1 a 1.000 en otras tantas experiencias de laboratorio.

Las moléculas de este tipo se conocen desde hace más de 100 años y fueron estudiadas en Austria por el botánico Frederich Rheinzer en 1888. Aparecen en numerosas formas, desde las membranas celulares hasta en la espuma jabonosa.

Los cristales líquidos de mayor importancia son los **compuestos nemáticos**, con formas de trenzas. Cada una de sus moléculas alargadas con aspecto de varilla o cilindro largo y fino, tiene libertad para moverse respecto de las demás a pesar que existen ligeras fuerzas intermoleculares que tienden a mantener alineados los respectivos ejes.

Se puede fijar la dirección de la alineación de las moléculas de dos modos: exponiéndolas a un campo eléctrico o colocándolas en las proximidades de una superficie preparada para ello.

El control de esta alineación permite regular asimismo las propiedades ópticas del material y especialmente, el efecto que tiene sobre la transmisión de la luz. Esto se muestra de modo elemental en la Fig. 1.3.

En una configuración típica, se inyecta un compuesto de cristal líquido entre dos láminas de vidrio con diferente alineación molecular. El sistema se conoce como nemático por torcedura, cuya denominación en inglés es *twister nematic*. Se reviste la cara interior de cada una de las láminas de vidrio con una sustancia del tipo película transparente conductora eléctrica, generalmente a base de óxido de indio y estaño, luego se añade una capa delgada de un polímero orgánico y, finalmente, se efectúa un cepillado en la dirección deseada. El cepillado alinea al polímero, ya sea por la combinación de sus cadenas, por microraspado o por ambas cosas. Estos fenómenos de superficie se transmiten a las moléculas internas, adyacentes al cristal líquido. El trenzado de las hebras moleculares se logra colocando las láminas de vidrio de tal forma que sus orientaciones preferenciales se ubiquen a 90°.

Cuando luego se dirige un haz de luz polarizada sobre una célula de cristal líquido, la dirección de la polarización tiende a seguir la rotación del trenzado y sale del *sandwich* con un giro de 90° respecto de la posición de entrada.

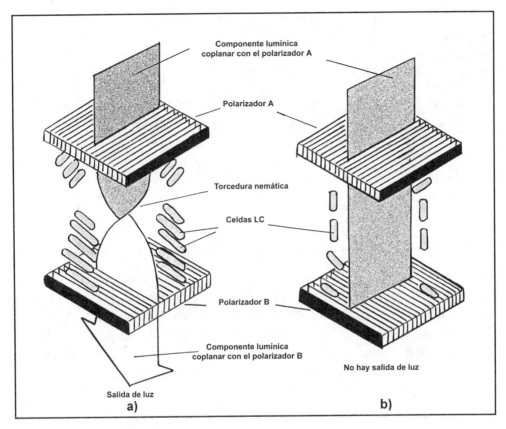

Fig. 1.3. Principio de funcionamiento de las pantallas no emisoras como las de cristal líquido. **a)** Estado transmisor de luz (ON). **b)** Estado no transmisor (OFF).

Antes de continuar la descripción del funcionamiento del sistema de cristal líquido, conviene recordar los aspectos básicos de la polarización de la luz.

En el rayo de luz natural la excitación luminosa se propaga en todas las direcciones alrededor del rayo. Cuando se representa la excitación luminosa por un vector perpendicular a la dirección de propagación del rayo, la situación se grafica como se muestra en la Fig. 1.4. El módulo del vector está sometido a las variaciones que impone una onda senoidal. Entonces, en la luz natural el vector ocupa sucesivamente todas las posiciones posibles alrededor del rayo. Como la frecuencia de la onda correspondiente a la luz natural es muy alta, en cualquier intervalo de tiempo, aún pequeño, existirán vibraciones en un número muy alto de direcciones perpendiculares a la propagación del rayo luminoso.

Fig. 1.4.
Propagación
omnidireccional
de un rayo de
luz natural.

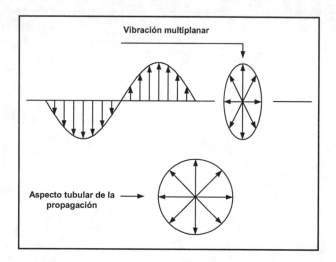

Sólo cuando este rayo incide sobre una superficie de características especiales llamada polarizadora, emerge con vibraciones localizadas sólo en el plano que contiene al rayo y es perpendicular al plano incidente. Dicho plano se denomina plano de vibración. En la Fig. 1.5 se muestra tal situación; dicho en términos simples, la luz natural que incide formando un haz cilíndrico, emerge como **luz polarizada** formando un haz chato en forma de cinta.

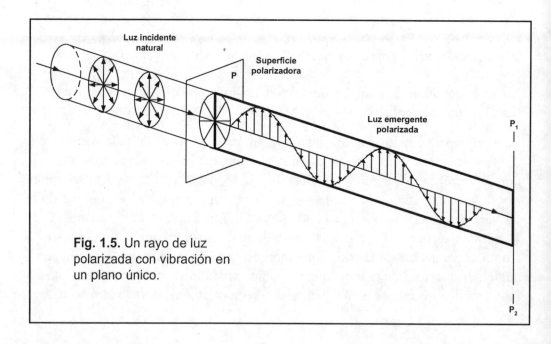

Fig. 1.5. Un rayo de luz
polarizada con vibración en
un plano único.

Volviendo al panel de cristal líquido, los polarizadores cruzados ubicados a
ambos lados de la célula dejan pasar la luz en vez de bloquearla, al contrario de
lo que sucedería si dicha célula no estuviera presente: es el llamado estado de
transmisión (ON), como se mostró en la Fig. 1.3.a. El estado de no transmisión
(OFF) tiene lugar al aplicar un campo eléctrico a través de los dos conductores
transparentes, lo cual orienta las moléculas del cristal líquido de manera que
sus ejes sean paralelos a las líneas del campo eléctrico. Esta alineación elimina
la configuración ON de trenzado, resultando que la célula involucrada no hará
girar la polarización de la luz incidente. No se produce ahora ningún efecto
óptico en el seno del cristal líquido y los polarizadores cruzados bloquean el
paso de la luz, como sucede en condiciones de reposo. En una célula real, la
transmisión varía gradualmente con el potencial aplicado. La Fig. 1.6 mejora la
comprensión del fenómeno de giro de las moléculas, dibujadas aquí como finas
varillas cuando son vistas lateralmente o desde arriba.

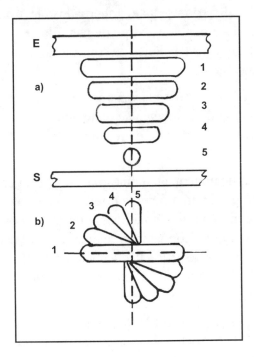

Fig. 1.6.
Vista esquemática
lateral **a)** y superior
b) de un panel LCD,
donde se muestran
los bastones de cristal
líquido en sucesivas
posiciones entre las
extremas ubicadas a
90° entre sí.

En la posición (1) la varilla se halla totalmente alineada con el polarizador de
entrada, de modo que permite el paso de luz; a medida que gira, la varilla se
muestra más corta al observador fijo y, en sucesivos pasos, hasta llegar a la
posición (5), donde se la observa de perfil, habiendo girado a 90° y colocado al

rayo luminoso paralelo al polarizador de salida. El gráfico inferior de la misma figura muestra el efecto visto de arriba, desde donde la torcedura es más evidente; la luz que viaja junto con la célula ha girado 90° antes de salir por el vidrio opuesto.

Despojada de los polarizadores, la célula de cristal líquido no tiene características ópticas fácilmente discernibles y se muestra prácticamente transparente bajo cualquier condición o ángulo de visión. El análisis anterior es válido para una célula o pixel único. La pantalla de cristal líquido consta de un gran número de ellos.

Los electrodos de las filas se colocan en uno de los sustratos de vidrio y los de las columnas en el otro. Así, cada punto de intersección fila-columna define la dirección de un pixel diferente.

Como la luz proviene de un reflector o fuente luminosa, la matriz de puntos se comporta como un sistema en red de obturadores gobernados electrónicamente. Contrariamente a lo que se puede suponer, este tipo de pantalla es relativamente simple de construir y las tensiones de control moderadas requieren poca energía de consumo.

Sin embargo, la simplicidad de las matrices pasivas marca limitaciones de calidad; para mejorar la resolución de la imagen se tiene que sacrificar el nivel de contraste. Esto se debe al entrecruzamiento de tensiones, propio del sistema de excitación de los pixels.

En efecto, en primer lugar se aplica potencial a una sola fila y se ajustan las tensiones de las columnas para producir suficiente diferencia de potencial sobre los pixels seleccionados en dicha fila, aquéllos no involucrados reciben una tensión menor. La acción continúa con la polarización de la fila siguiente, en un proceso de barrido vertical, desde arriba hacia abajo en 1/50 ó 1/60 de segundo, para completar un campo y reiniciar el cuadro siguiente.

Durante la proyección de un campo de video, cada pixel seleccionado recibe un pulso de tensión alto cuando se activa su fila, los no seleccionados reciben pulsos menores y todos los pixels reciben pulsos cruzados de menor magnitud procedentes de las demás filas cuando éstas son activadas.

Como el entrecruzamiento aumenta con el número de filas, la diferencia de potencial efectivo entre los pixels seleccionados y los no seleccionados disminuye a medida que crece el tamaño de la red.

Por ejemplo, si hay 240 filas (menos de la mitad que en la pantalla de un televisor convencional), la diferencia de potencial baja a menos del 7%. Esto se contrapone a la obtención de un contraste aceptable para una célula nemática girada en 90°, donde se necesita una diferencia de potencial de al menos 50%. En otras palabras, no se consigue un giro efectivo de 90° si la diferencia de potencial no es suficientemente elevada.

Existen varios métodos para mantener los niveles de contraste sin afectar la resolución. Uno de ellos es modificar la curva de transmisión, dándole una pendiente mayor, de modo que aún pequeñas diferencias de potencial produzcan giros importantes, es decir, grandes variaciones en la transmisión de la luz.

Tal objetivo se logra en los cristales líquidos **nemáticos con supertorcedura**, al retorcer 180° o más las celdas de cristal líquido. Otro método es usar cristales líquidos con efecto de memoria, lo cual permite controlar muchas filas sin pérdida de contraste; esta propiedad la presentan los cristales líquidos ferroeléctricos y con ellos se pueden montar pantallas de 1.000 filas o más.

Sin embargo, estos dispositivos son lentos y como sólo admiten dos estados estables, no producen con facilidad estados intermedios útiles para los matices de grises. Esta tecnología no resulta apropiada para la reproducción de videos o imágenes realistas.

La tercera estrategia es la realmente efectiva para el uso en televisión y consiste en dividir las funciones de control y de transmisión, de modo que cada una se puede ajustar a valores óptimos sin influencias mutuas.

Este control por medio de **matrices activas** utiliza un conjunto de transistores, cada uno de los cuales activa un pixel individual.

Cada pixel recibe un potencial de su línea de columna sólo cuando el transistor asociado conduce. Se puede actuar sobre las otras filas cuando el transistor no conduce, mientras tanto, el pixel mantiene el potencial asignado inicialmente.

Dado que esta matriz activa aisla del entrecruzamiento a los pixels, el número de filas bajo control puede ser muy alto. Además, esta técnica genera colores con facilidad. Los pixels y sus respectivos transistores se agrupan en tríadas, en las cuales cada pixel posee un filtro para cada uno de los colores primarios rojo, verde o azul.

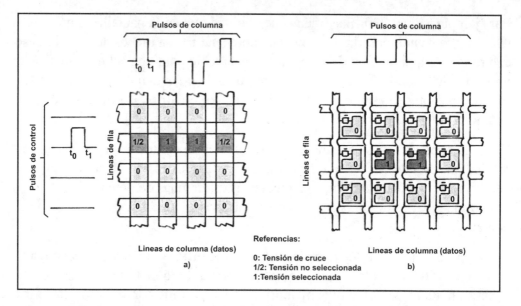

Fig. 1.7. Comparación entre matrices a) pasivas y b) activas. En ambos casos existe selección de filas y columnas.

Cuando se termina de actuar sobre todas las filas, en 1/50 ó 1/60 de segundo, se reescribe la pantalla completa. Este proceso de restauración llamado **refresco** (en inglés, *refreshing)*, evita que aparezcan distorsiones debidas a la inevitable pérdida gradual de carga de las células de cristal líquido; si esto se produce, al ir disminuyendo su potencial y modificando el ángulo de torcedura se iría reduciendo la transmisión de luz. Además, lo que es más importante, al repetirse 50 ó 60 veces por segundo la excitación, los pixels pueden reproducir imágenes de video que exijan cambios de pantalla rápidos. Un esquema constructivo simplificado de esta técnica se muestra en la Fig. 1.7.

Las pantallas de matriz activa, comúnmente conocidas por la abreviatura AMLCD *(Liquid Cristal Display Matrix Active),* se parecen mucho a las estructuras de memoria dinámica de acceso aleatorio (DRAM, *Dynamic Random Access Memory*). Ambas son circuitos integrados complejos capaces de almacenar cargas en casi un millón de posiciones discretas, cada una controlada por un solo transistor.

La diferencia consiste en que el ordenador de PC lee en una memoria DRAM una fila por vez, detectando la carga existente en cada posición, mientras que el ojo humano lee simultáneamente la pantalla LCD entera.

Otra diferencia consiste en la naturaleza de los datos, la DRAM almacena datos digitales y la matriz LCD datos analógicos. En las primeras sólo son posibles los estados ON-OFF; en las últimas, el potencial de cada celda puede variar en una escala continua que produce gran cantidad de matices de grises.

Esta cualidad requiere que la pantalla LCD codifique mucha más información que la admitida en una superficie similar de una DRAM.

Este requisito de capacidad de codificación se puede cumplir actualmente mediante un diseño cuidadoso y un estricto control de la tolerancia durante la fabricación. Afortunadamente el ojo humano, pese a ser sensible a las variaciones locales producidas en los bordes de los objetos, apenas percibe las variaciones de crecimiento gradual a medida que recorre la pantalla de un lado al otro.

Las pantallas de matriz activa se controlan mediante transistores de película delgada, de manera que el conjunto suele ser llamado en inglés sistema LCD-TFT, donde las últimas siglas significan *Thin Film Transistor*.

La técnica TFT ha alcanzado su potencialidad en los últimos 20 años y su origen está en la fabricación de células solares. Se construyen en grandes conjuntos a un costo comparativamente bajo.

Su único inconveniente es la reducida capacidad de corriente, pero éste es un factor despreciable en el control LCD, que requiere muy bajo consumo.

En el TFT se emplean depósitos en capas de diferentes materiales para formar el semiconductor propiamente dicho, los aislantes y los electrodos.

La diferencia con los transistores convencionales es que éstos se fabrican sobre superficies de un cristal semiconductor único, cuyas propiedades eléctricas se modifican mediante el dopado de pequeñas cantidades de átomos de otros materiales; en cambio los TFT se pueden fabricar sobre diferentes superficies, incluso sobre vidrio común.

Los primeros TFT surgieron en 1962 por investigaciones de RCA y luego, en 1974 estudios de Whestinghouse demostraron que estos componentes podían utilizarse como elementos de control en pantallas LCD.

Los primeros ensayos fueron dificultosos debido a la falta de materiales y procesos de alta confiabilidad. Uno de los primeros compuestos usados fue el silicio policristalino en un receptor Seiko-Epson con pantalla LCD de cinco centímetros, en 1984. Posteriormente, el silicio amorfo resultó adecuado para la construcción de TFT a gran escala.

Los procesos de fabricación de TFT son varios. En primer lugar se forma el sustrato a partir de un vidrio libre de metales alcalinos que podrían contaminar, tanto a los transistores como al propio LCD.

El vidrio fundido se vierte, en un proceso ideado inicialmente por la empresa *Corning* y es cuidadosamente controlado para formar una lámina de tal planitud que comparativamente, en un tamaño de 100 metros su espesor no varíe en más de 1 centímetro.

Luego se deposita la capa semiconductora mediante un proceso de plasma con gas silano o hidrógeno siliciado ($Si\ H_4$), inyectado a baja presión. Mediante una descarga eléctrica se ioniza el gas, con lo que se disgregan las moléculas en fragmentos que se condensan sobre el vidrio. Se forma así una red aleatoria de silicio rica en hidrógeno.

La presencia de hidrógeno es fundamental, pues químicamente cierra los enlaces rotos durante la ionización, que de otra forma atraparían electrones libres y destruirían la estructura semiconductora.

Finalmente, los electrodos metálicos, los aislantes y otros elementos del TFT se depositan según el proceso habitual de fabricación de circuitos integrados, con la diferencia que el área a cubrir es mucho mayor.

Varias compañías internacionales desarrollaron la técnica LCD-TFT a mediados de 1980 y empresas como IBM/Toshiba, Sharp o Hitachi obtenían imágenes de alta calidad sobre pantallas color de 25 centímetros de diagonal.

Si bien las pantallas planas de este tipo generan una imagen más nítida, sin distorsión y libre de fluctuaciones respecto de la generada en un TRC, su costo es aún muy superior al del receptor convencional pero, tanto ellas como las de tecnología plasma y otras en desarrollo, tenderán a desplazar a los típicos tubos de rayos catódicos.

Plasma vs LCD

Las pantallas de plasma, conocidas con la sigla PDP *(Plasma Display Panel)* pueden alcanzar anchos importantes (más de 50") sin incrementar excesivamente el volumen, ya que requieren alrededor de 6" de espesor.

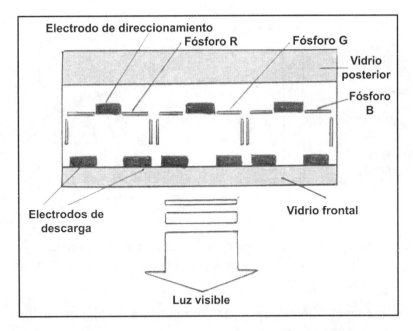

Fig. 1.8. Disposición práctica de los componentes de una pantalla PDP para reproducción del color.

El efecto cromático se obtiene en el panel de plasma de modo similar al de un TRC, es decir, excitando material fosforescente de colores primarios (Rojo, Verde, Azul), pero usando un sistema de direccionamiento propio de las pantallas LCD.

Básicamente, una descarga eléctrica excita un gas inerte que pasa al estado de plasma, emitiendo radiación que activa a los componentes de fósforo colocados recubriendo la cápsula gaseosa, y el fósforo se ilumina con el color correspondiente. La estructura elemental de este dispositivo se muestra en la Fig. 1.8, que es otro aspecto del esquema visto en la Fig. 1.1. Los PDP trabajan al modo de lámparas fluorescentes, en que cada pixel actúa como un foco coloreado en miniatura. Si bien la excitación que recibe el fósforo es en este caso luz UV, la respuesta de la sustancia es en luz visible, ya que en todo el proceso existe un efecto de corrimiento de frecuencia entre excitación y respuesta, tal como ocurre con los tubos fluorescentes, (ver la Fig. 1.9).

El gas en estado de plasma se encuentra a alta temperatura y presenta un ligero efecto de memoria, de modo que al anular la tensión eléctrica sigue emitiendo y manteniendo iluminado el punto fosforescente, lo cual constituye en

Fig. 1.9. El funcionamiento de un panel PDP requiere de un corrimiento espectral para adaptarlo a la visión humana.

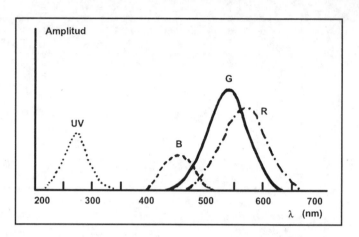

principio un efecto no deseado. Además, las altas temperaturas de trabajo del plasma requieren ventilación forzada sobre el panel y producen consumos relativamente altos de energía.

Las pantallas convencionales de plasma presentaban originalmente bajo contraste con una imagen pobre. Esto se debía a la polarización de las celdas gaseosas, necesitadas de una polarización mínima constante. Si no se aplica este potencial mínimo las celdas presentan una respuesta lenta, como sucede con los tubos fluorescentes de iluminación.

Sin embargo, se gana en velocidad de reacción a expensas de menor contraste, pues los pixels que deberían estar apagados, al ser brevemente pre-polarizados emiten cierta cantidad de luz, reduciendo el contraste general de la imagen, pues la relación blanco-negro nunca es la máxima esperada.

Actualmente existen tecnologías que han logrado elevar el nivel de contraste entre el encendido y el falso apagado en una relación de hasta 400 a 1. La fabricación de los PDP es más simple que la de los LCD-TFT y los costos son similares a los de un TRC para dimensiones diagonales superiores a 30". Sin embargo, la vida útil de un panel de plasma es del orden de 10.000 horas, por razones tecnológicas que veremos más adelante. Si bien esto no es un problema económico fundamental en receptores domésticos, sí lo es en monitores de PC de uso continuo, donde entonces el costo por hora se hace importante.

Otra limitación en vías de desarrollo en los PDP es el tamaño del pixel. Actualmente es difícil lograr pixels menores que 0,3 mm, valor poco adecuado para monitores de PC de escritorio. Este factor es menos importante con pantallas de tamaño grande, entre 30" y 70".

Tanto los LCD-TFT como los PDP resultan técnicamente más fáciles de instalar en un monitor de PC que en un TVC, ya que disponiendo de un CPU con placa de video de alta resolución, la conexión necesita menos etapas que para procesar señales de TV, como se verá en los circuitos comerciales de los receptores de televisión. A pesar de ello, ambas técnicas coexisten y compiten en receptores de diversas marcas.

Otras Tecnologías en Pantallas Planas

Si bien las pantallas LCD y PDP son las más conocidas actualmente, existen otras técnicas de paneles, algunas ya en uso y/o en etapas de desarrollo e investigación.

Las prestaciones de los monitores emisores de luz superan a las de los PDP cuando se requieren paneles superiores a 70" de longitud diagonal. Así como en pantallas para PC de escritorio, las medidas de los pixels de plasma son demasiado grandes, resultan pequeñas cuando el formato supera las 70"; cubrir estas superficies con técnicas PDP es muy costoso.

Monitores de este tamaño o mayores son empleados en escenarios deportivos cubiertos o al aire libre, en centros de exposiciones o de presentación a público numeroso, donde las observaciones de los eventos se realizan a gran distancia.

En estos casos una buena alternativa es la pantalla de Diodos Emisores de Luz *(Light Emitting Diodes)* o LED. El funcionamiento de un LED está basado en la teoría de las junturas semiconductoras y hace referencia a las energías de bandas, propias de estos materiales.

Cuando se polariza una juntura PN en sentido directo, existe un reacomodamiento de cargas (portadores) y un fenómeno de recombinación en la zona de juntura. El proceso es complejo y una explicación exhaustiva escapa al objetivo del libro. Los conceptos básicos se muestran en la Fig. 1.10. Allí se aprecia la condición de polarización directa en un diodo semiconductor y sucesivamente, la densidad de cargas donoras y aceptoras, la densidad de lagunas y electrones de conductividad, la densidad de cargas netas y la variación de potencial.

Fig. 1.10.
Efectos de juntura
en una unión p-n.
a) Polarización
directa.
b) Densidad de
donadores y
aceptores.
c) Densidad de
lagunas y electrones
de conducción.
d) Densidad de
cargas netas.
e) Variación del
potencial.

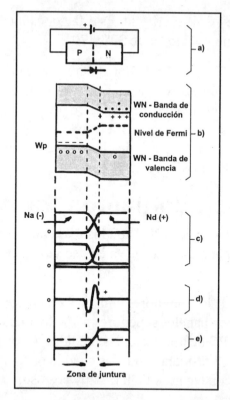

El proceso de recombinación genera una energía neta entregada por los electrones bajo la forma de radiación electromagnética. Los diagramas de la Fig. 1.10 corresponden a un diodo convencional de silicio, pero la misma juntura puede ser construida con dopado de materiales especiales para variar el tipo de radiación emitida, es decir su frecuencia o longitud de onda.

Esto se debe a que toda radiación electromagnética tiene una frecuencia y longitud de onda específica. En un diodo común de silicio la emisión se ubica en la región infrarroja del espectro, por encima de los 800 nm de longitud de onda.

Ya en 1952, el investigador N. Holonyak creó en EEUU un dispositivo de juntura capaz de emitir radiación en el espectro visible, dentro de una banda estrecha, cuyos límites visibles van de 400 nm a 700 nm, aproximadamente.

El componente básico original para esta juntura es el arseniuro de galio y fósforo, que emite en la zona de luz roja. Actualmente existe una amplia variedad de compuestos capaces de emitir, desde el UV hasta el IR y cubrir casi todo el espectro visible. A cada longitud de onda se asocia una energía de banda correspondiente en electrón-volt (eV) y esto también depende del tipo de material usado en la juntura. El gráfico de la Fig. 1.11 muestra una cantidad de combinaciones posibles. Cada diodo emite en una banda reducida del espectro electromagnético, comparada con el rango captado por el ojo humano, de modo que se pueden construir diodos LED con luz roja, naranja, amarilla, verde, azul y aún matices de estos colores. El hecho que la juntura actúe como emisora de luz monocromática definida es fundamental para la construcción de un panel en base a estos componentes.

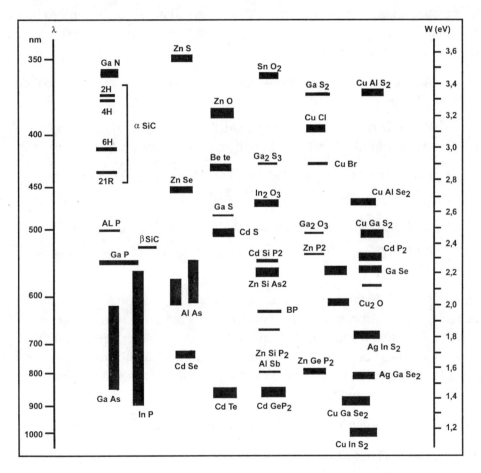

Fig. 1.11. Banda de emisión para materiales de construcción de diodos LED.

Constructivamente en una juntura de LED se busca que la emisión electromagnética (fotones) sea de mínima recombinación y máxima emisión al exterior, lo cual se consigue ubicando la zona activa de emisión en el foco de una lente plástica que forma parte del encapsulado. El LED es un dispositivo de alta eficiencia, pues tiene bajas pérdidas térmicas y una vida útil equivalente a la de un transistor típico.

En las pantallas de LED se ubican cientos de miles de diodos individuales miniatura, organizados en una red con conexiones independientes por cada pixel. El sistema de control proporciona la tensión necesaria a cada diodo de modo que la frecuencia de la luz emitida corresponda al color del pixel.

Otras tecnologías para monitores se están desarrollando y a corto plazo habrán de competir con las más usuales en la actualidad. Algunas de ellas se mencionan a continuación:

- **AliS** *(Alternate Lighting Surfaces)*. Superficies de luz alternada, de Fujitsu.

- **PALCD** *(Plasma Addressed Liquid Crystal Display)*. Display de cristal líquido direccionado por plasma, de Sony y Tektronix.

- **FED** *(Field Emission Display)*. Display de emisión por campo.

- **LEP** *(Light Emitting Polymer)*. Polímero emisor de luz.

- **DLP** *(Digital Light Processors)*. Procesador de luz digital.

- **DMD** *(Digital Micromirror Device)*. Dispositivos de microespejos digitales.

Algunas de estas técnicas son marca registrada de las empresas que las desarrollan y constituyen avances notables en la materia. Por ejemplo, el sistema DLP asociado al DMD asegura una reproducción sorprendente de color, en un rango cercano a 35 trillones de colores. Muchos de estos sistemas se emplean no solo en HDTV, sino también en video proyectores, cine digital y otras tecnologías de punta.

Dentro de las tecnologías FPD, también se incluyen las siguientes:

- **TFEL** *(Thin Film Electroluminiscent)*. Display electroluminiscente de película delgada.

- **ECD** *(Electrochromic Display)*. Display electrocrómico.

- **TCD** *(Thermochromic Display)*. Display termocrómico.

- **OELD** *(Organic Electroluminiscent Displays)*. Displays electroluminiscentes orgánicos.

- **PALC** *(Plasma Address Liquid Cristal)*. Display de cristal líquido direccionado por plasma.

- **MOEMS** *(Micro Optics Electromechanic Systems)*. Sistemas electromecánicos micro-ópticos.

Aspectos Comparativos entre Paneles Plasma y LCD

Según lo expuesto hasta aquí, y las consideraciones de carácter electrónico, que se explican en el Capítulo 2, la situación comparativa actual entre paneles plasma y LCD se resume en la Tabla 1.1.

Tabla 1.1. Comparación de Plasma vs. LCD.

Característica	Plasma	LCD-TFT
Ángulo de visión	160° o mayor, típicamente 90° verticales	Hasta 160° horizontales, típicamente menores
Tamaño	81 a 155 cm	5 a 71 cm
Fuente de luz	Emisiva (interna)	Transmisiva (luz externa posterior)
Velocidades de conmutación	<20 ms (régimen de video)	>20 ms (puede haber retraso de imagen en régimen de video)
Tecnología de color	Fósforo (colores naturales de TVC)	Filtros de color (sistema diferente al de TVC)
Aplicación ideal	TVC, letreros, exhibición pública	PC datos, PC gráficos, usos de escritorio

Ejemplos de Especificación del Producto

Cada fabricante indica en sus manuales diferentes datos de especificación de las características de su producto, de modo que la comparación no siempre es directa y se debe interpretar la información del mejor modo posible. En la Tabla 1.2 se muestran dos ejemplos de receptores de tecnologías diferentes. Una comparación total requiere los datos referentes a cada panel, tal como se estudia posteriormente en el Capítulo 5.

Tabla 1.2. Especificaciones de productos.

Sistema de panel	Marca	Modelo	Dimensiones (pulgadas)	Resolución	Color
LCD	Toshiba	23HL84	22,95	Número de pixels: 1366 (H) × 768 (V)	16.770.000 (256 pasos de cada RGB)
Plasma	LG	MP-50Px10	Ancho: 56 Alto: 30,4	1366) × 768 (Dot)	16.770.000 (256 pasos de cada RGB)

Las Opciones *Home Theater*

Las Tablas 1.1 y 1.2 no alcanzan a expresar en magnitud la gran competencia que existe a nivel comercial entre fabricantes de sistemas LCD y plasma. No siempre es posible inclinarse hacia una u otra tecnología, puesto que existen factores a favor y en contra para cada una, aunque ellos no son definitorios ni descalificativos. Por otro lado, si se comparan los aspectos positivos de los paneles de modo individual, la comparación no es total sobre el producto terminado, sea éste receptor de TV o monitor de PC, puesto que a las características eléctricas y ópticas del panel hay que complementarlas con circuitos de procesamiento de imágenes diferentes, cada uno con especificaciones propias y distintivas de marcas y modelos.

Hasta época reciente, el mercado de televisores de panel plano para visión directa estuvo segmentado en forma clara, con equipos LCD disponibles sólo en tamaños de pantalla menores a 30 pulgadas (76 cm) y los productos PDP disponibles en tamaños mayores, en un rango de 42 a 61 pulgadas (107 a 155 cm). Actualmente, el mercado consumidor de ambas tecnologías FDP está comenzando a converger, debido a la producción en masa de LCD con tamaños mayores de pantalla.

Tanto un sistema como otro ofrecen beneficios compartidos, tales como el factor de forma delgada y plana, pero existen diferencias importantes según la utilización de uno u otro panel.

Dentro del modo *home theater* el display de plasma ofrece algunas ventajas, especialmente en función del tamaño. Por ejemplo, la empresa Fujitsu General América ofrece una línea de monitores conocidos como *Plasmavisión Slim Screen*, marcas registradas para el consumo masivo, en el rango de tamaños de pantalla de 42 a 63 pulgadas (107 a 160 cm), el último disponible desde enero de 2004.

Como se ha desarrollado en el capítulo y se ampliará posteriormente, tanto los equipos LCD como los PDP incorporan técnicas de matriz fija, pero producen imágenes usando métodos muy diferentes.

Si bien el incremento en el consumo eléctrico es evidente en los equipos equipados con PDP frente a los LCD de iguales dimensiones, los constructores de aquéllos insisten en el mejor aprovechamiento de una pantalla de gran tamaño para aplicaciones de *home theater*, aduciendo beneficios tales como los siguientes:

- Tamaño mayor de pantalla.
- Óptima reproducción de imágenes respecto del color, brillo y contraste.
- Gran versatilidad para reproducir imágenes en movimiento, sin disturbios de movilidad.
- Alta confiabilidad del pixel.

Los diseños con LCD pueden contar, sin embargo, con sistemas de proceso de imágenes mediante algoritmos en técnicas digitales, capaces de minimizar los efectos indeseables de imágenes en movimientos rápidos, tal como se describe en el Capítulo 3.

Los expertos en *home theater* coinciden en que la experiencia equivalente al teatro se consigue sólo cuando el tamaño de pantalla es suficientemente grande con respecto a la distancia de visión desde la misma, generalmente cuando el área de display abarca más de 30° de ángulo visual. Por ejemplo, un monitor de plasma de 42 pulgadas (107 cm) se asemeja a una dimensión de teatro cuando se lo observa desde una distancia de unos 2 metros, siendo ésta una separación confortable entre panel y espectador.

Displays de mayor tamaño ofrecen aún más flexibilidad para esta clase de aplicaciones en el hogar. La relación entre el tamaño de pantalla y la distancia de observación se aprecia en la Fig. 1.12. Observe como los paneles LCD han avanzado en tamaños mayores a los disponibles tiempo atrás, aunque aún la técnica de plasma los supera en grandes formatos.

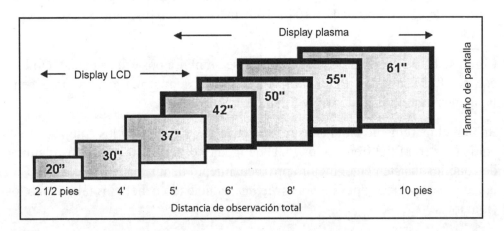

Fig. 1.12. Relación entre el tamaño de la pantalla y la distancia de observación ideal.

Un aspecto positivo de los sistemas PDP es la similitud de reproducción con los TRC tradicionales en cuanto a la emisión de luz.

En un televisor equipado con TRC y calibrado adecuadamente, los colores como el matiz de la piel humana, el cielo azul o el verde del follaje son reproducidos con excelente fidelidad.

La técnica PDP, al utilizar fósforos de tipo similar a los TRC, mantiene esta capacidad en la reproducción del color. Si se compara el espectro reproducible por un display plasma y un LCD respecto del diagrama de cromaticidad del ICI, surgen algunas diferencias.

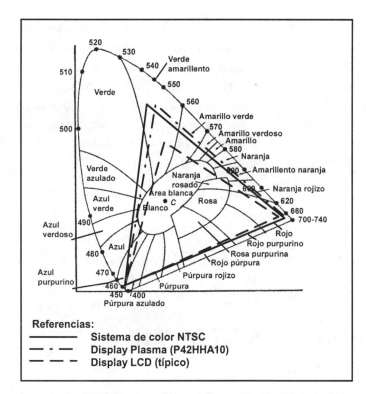

Fig. 1.13. Ubicación de la respuesta de diferentes paneles sobre el gráfico de cromaticidad del ICI.

El panel LCD permite una muy buena reproducción en la región del azul y el rojo, mientras el PDP extiende su espectro cubriendo la región del verde y verde-amarillento. Tal análisis se muestra en la Fig. 1.13.

En el caso del panel LCD, como los pixels usan filtros para sustraer longitudes de onda a partir de la luz blanca de fondo, se requiere un mayor esfuerzo de diseño para aproximar los colores primarios y mantener un amplio rango de reproducción del diagrama de cromaticidad.

El uso de filtros polarizados limita el nivel de negro y el ángulo de observación óptimo; no es recomendable situar el punto de visión más allá de 20° desde el eje. Tal limitación prácticamente no existe con pantalla PDP.

Los problemas de las imágenes en movimiento han incentivado la generación de un buen número de soluciones de variada índole.

Casi todos los géneros de entretenimiento residen en el movimiento; esto es habitual en deportes, cine, funciones de variedad, shows de distinto tipo y hasta programas de noticias.

Los paneles LCD emplean conmutadores matrizados dentro de los subpixels. Estos conmutadores necesitan un tiempo para ciclar la secuencia *on-off*, mayor que 1/30 segundo, según estudios recientes. Como 1/30 de segundo es un tiempo mayor del necesario para mostrar dos campos de video, un movimiento muy rápido de imágenes en LCD puede generar trazos espúrios detrás de la dinámica de la imagen. Tal situación se haría presente en eventos como partidos de futbol, competencias de automovilismo y otros. Otro tanto puede ocurrir con el uso de paneo y *zoom* en tomas de cámara.

Para minimizar estos efectos se recurre a funciones especiales llevadas adelante por circuitos integrados de alta complejidad. Algunas de estas mejoras se ilustran en el Capítulo 3 sobre un receptor Philips de panel LCD.

La tecnología patentada por Fujitsu se basa en un procesador de Movimiento Avanzado de Video (AVM). El sistema elimina los disturbios de movimiento y parpadeo, mejorando la resolución vertical.

El Problema de la Vida Útil de los Paneles

En virtud del costo elevado de los dispositivos con FPD en general, se impone cierto análisis sobre la vida útil de su componente básico, el panel.

La información no siempre es clara, teniendo en cuenta que las especificaciones de los paneles se hacen según los parámetros escogidos por cada fabricante, y las condiciones de prueba no siempre son comparables.

Los PDP, tal como ocurre con equipos de TV equipados con fósforos, pierden lentamente algo de su brillo inicial con el tiempo de uso.

Según se indica para los paneles *Plasmavisión*, ellos tendrán un brillo igual al 50% del inicial luego de 14 años, suponiendo un uso diario de 6 horas. A partir de este momento, el nivel de brillo disminuye en cierta proporción. Si tal información se cumple, el gráfico correspondiente es el mostrado en la Fig. 1.14.

Otros fabricantes dan los datos de vida útil para determinadas condiciones ambientes, como temperatura y humedad.

La vida útil del pixel también debe ser tenida en cuenta. Mientras que un pixel o dos, en un monitor de plasma pueden permanecer inactivos al momento de la instalación, una falla adicional luego de ella es virtualmente improbable. La razón es la naturaleza inerte del pixel plasma, donde no existen elementos de conmutación asociados.

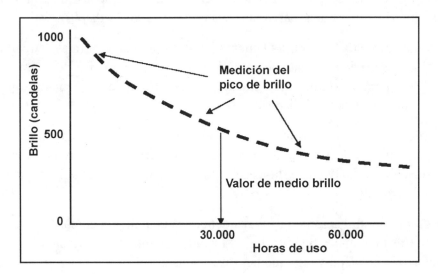

Fig. 1.14. Variación del brillo (vida útil) de un panel *Plasmavisión*, según la empresa Fujitsu.

En los PDP todas las operaciones electrónicas se realizan en las placas de video, excitadores de display y componentes externos, no dentro del panel propiamente dicho. La electrónica es periférica a los bordes del módulo o se encuentra detrás del vidrio sellado. Existe aún la posibilidad del reemplazo de partes fundamentales de la electrónica, siempre que el fabricante lo indique como factible.

En los paneles LCD la posibilidad de falla es mayor, dada la complejidad constructiva del sistema TFT y aunque las estrictas técnicas de fabricación actuales minimizan tales defectos, el porcentaje esperado de falla es siempre mayor que en PDP.

Un inconveniente de los paneles de plasma es el marcado de la pantalla debido a la persistencia de imágenes estáticas, tal como ocurre con los típicos TRC.

Más a menudo, los marcados permanentes que deterioran los displays ocurren en monitores de datos que exhiben la misma información por horas. Las terminales de aeropuertos, galerías y vestíbulos, son ejemplos donde el marcado de pantallas es más probable que ocurra.

Tales circunstancias son menos frecuentes en aplicaciones de *home theater*. El marcado significa una línea o área inactiva e inutilizada del display.

Las pantallas ofrecidas por Fujitsu cuentan con protección contra el marcado de pantalla a partir de un ajuste de pantalla blanca (característica de pantalla blanca DPMS), para excluir automáticamente todo trazo de imagen antes que se produzca el deterioro del display.

De acuerdo a estas características, las pantallas LCD resultan hasta ahora ideales para aplicaciones en monitores de tamaño reducido, por su habilidad en la reproducción de imágenes estáticas durante un tiempo mayor sin riesgo de marcado de pantalla.

De allí su mayor aplicación en usos residenciales de pantalla chica y computadoras personales o controles de teclado, mientras las necesidades de gran superficie de display aún quedan reservadas al PDP.

Capítulo 2

Aspectos
Electrónicos
de las
Pantallas Planas

Introducción

En el Capítulo 1 se describieron los aspectos generales del desarrollo y la aplicación de las pantallas LCD-TFT y PDP. El tratamiento desde el punto de vista electrónico y su adaptación a la reproducción de video, requiere conocer el proceso por el cual cada señal es ordenada, direccionada y convertida finalmente en una excitación luminosa.

Funcionamiento del Panel LCD-TFT

El material típico usado en la actualidad, es un cristal líquido llamado *biphenyl* y el LCD-TFT posee una estructura tipo *sandwich*, con el cristal líquido contenido entre dos placas de vidrio, como se muestra en los esquemas de las Fig. 2.1 y 2.2. La placa de vidrio TFT contiene tantos TFT como el número de pixels que se exhiben, mientras que la placa de filtro de color posee un filtro que genera el color primario correspondiente. La cantidad de luz suministrada por la iluminación de fondo está determinada por la cantidad de movimiento del cristal líquido y lo mismo ocurre con la generación de color.

En general, los paneles consisten en elementos de imagen (pixels) formados por celdas de cristal líquido (LC) que cambian la dirección de la polarización de la luz que los atraviesa, en respuesta a una tensión eléctrica aplicada. A medida que cambia la dirección de la polarización, una cantidad variable de luz es habilitada a pasar por la capa polarizadora en la superficie del display; cuando cambia la tensión, también lo hace la cantidad de luz transmitida.

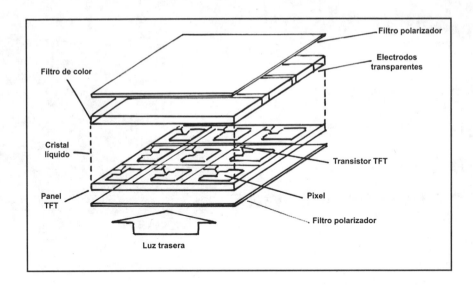

Fig. 2.1. Disposición de las placas que forman un panel LCD.

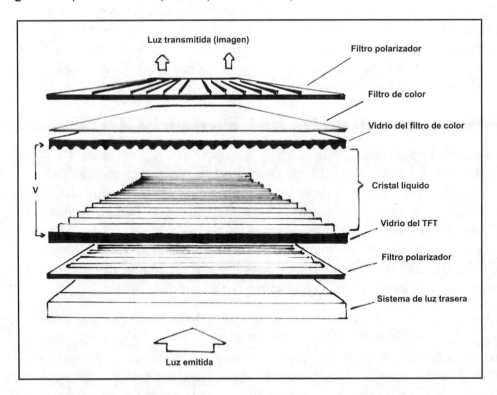

Fig. 2.2. Otra perspectiva del montaje de un panel LCD. El potencial de control **V** se aplica entre ambos vidrios.

Según se vió en el Capítulo 1, existen dos métodos para generar imágenes con este tipo de celdas: excitación por segmentos y por matriz. Este último, de mayor eficacia para la reproducción de señales de video, genera caracteres e imágenes en arreglo de puntos, como se muestra en la Fig. 2.3.a, comparados con la reproducción por segmentos (ver la Fig. 2.3.b). En este punto, se deben distinguir las distintas técnicas, sus alcances y limitaciones.

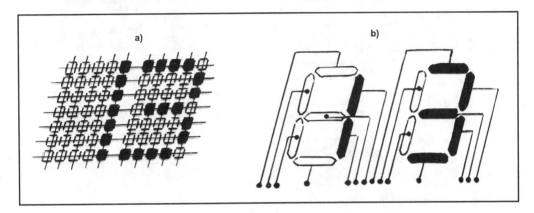

Fig. 2.3. Estructuras del display LCD, **a)** excitación por matriz (formato de matriz de puntos, **b)** excitación por segmentos (formato de 7 segmentos).

La excitación por segmentos se emplea para displays simples, como el de las calculadoras, mientras que la excitación por matriz resulta adecuada para displays de alta resolución, como en monitores y receptores de TV. A su vez, esta técnica tiene dos formas de aplicación. En el método estático o directo, cada pixel se conecta directamente al excitador; si bien es un diseño simple, a medida que aumenta el número de pixels, la cantidad de uniones se vuelve muy compleja. Un sistema alternativo es el de excitación multiplexada, en el cual los pixels están configurados y conectados en un formato matricial, con una arquitectura de filas y columnas combinadas.

Para excitar un LCD de matriz de puntos, la tensión puede ser aplicada en la intersección de los electrodos específicos verticales de la señal y los electrodos específicos del barrido horizontal, tales intersecciones se llaman *pads*.

Esto equivale a excitar varios pixels simultáneamente mediante división temporal en el excitador de pulso. Por tal motivo, se conoce a este método como de excitación multiplexada o dinámica.

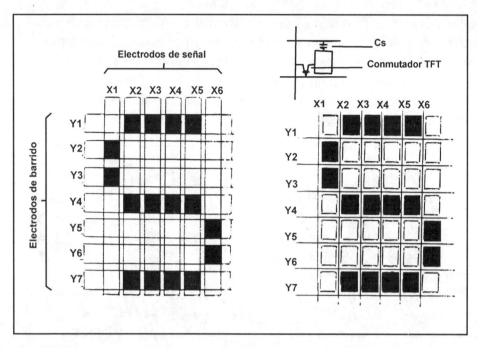

Fig. 2.4. Estructuras de excitación por matriz, **a)** matriz pasiva (PMLCD), **b)** matriz activa (AMLCD).

En el panel de matriz pasiva, conocido como PMLCD, no hay dispositivos conmutadores y cada pixel es direccionado para más de un tiempo de cuadro. La tensión efectiva aplicada al LC debe promediar los pulsos de la tensión de la señal sobre varios tiempos de cuadro, lo cual resulta en una respuesta de tiempo lenta, del orden de 150 ms, que lleva a una reducción de la relación de contraste máximo. El direccionamiento del PMLCD también produce cierto efecto de modulación cruzada causante de imágenes borrosas, debido a que los pixels no seleccionados son excitados a través de un camino secundario de la tensión de la señal.

En los LCD de matriz activa (AMLCD), es necesario integrar un capacitor de almacenamiento y un dispositivo de conmutación en cada cruce de electrodos, por lo cual a nivel de fabricación es mucho más complejo que el PMLCD. Ambas estructuras se comparan en la Fig. 2.4.

El direccionamiento activo elimina las limitaciones del multiplexado, incorporando un elemento de conmutación activo. En contraste con los LCD de matriz pasiva, los AMLCD no poseen limitación debida al número de líneas de escaneo y tienen menor incidencia de modulación cruzada. Existen varias versiones de AMLCD. Para sus dispositivos de conmutación integrada, muchos utilizan transistores depositados en película delgada y, como se explicó anteriormente, reciben el nombre de TFT. Se emplean transistores MOSFET, de compuerta aislada. La capa semiconductora más común es realizada en silicio amorfo (a-Si). Así, los TFT de este tipo se pueden fabricar sobre superficies extensas utilizando sustratos de vidrio procesado a baja temperatura (300°C a 400°C).

Una tecnología alternativa a la TFT es la del silicio policristalino o polisilicón (p-Si), pero ella es de producción costosa y técnicamente compleja en displays de gran superficie.

En general, la gran mayoría de los LCD-TFT se fabrican en a-Si, pero la movilidad del género p-Si es uno o dos órdenes de magnitud superior al tipo a-Si. De aquí surge la posibilidad que el TFT p-Si sea adecuado en arreglos con transistores integrados para displays pequeños de alta resolución, como visores de filmadoras y pantallas de proyección. Para aplicaciones en TVC y monitores, el módulo consiste en un panel TFT, la unidad del circuito excitador, el sistema de iluminación de fondo y la unidad de ensamblado, tal como se esquematiza en la Fig. 2.5.

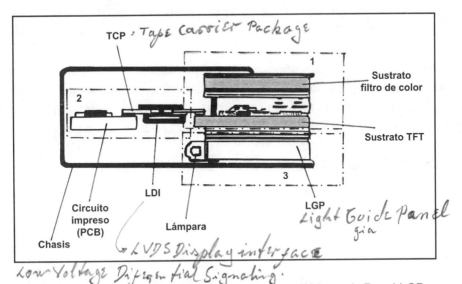

Fig. 2.5. Componentes básicos del panel LCD y sus periféricos. **1.** Panel LCD. Sustrato del arreglo TFT. Sustrato del filtro de color. **2.** Circuito de excitación. Integrados excitadores (LDI). Impreso multicapa. Componentes MTS. **3.** Iluminación posterior y chasis. Unidad de tubos fluorescentes. Conjunto del chasis.

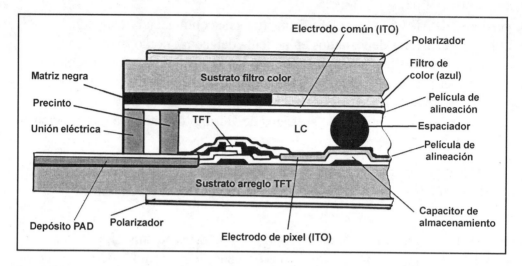

Fig. 2.6. Detalle de la estructura vertical del panel LCD donde se muestran sus partes componentes. El mismo diseño se repite para los filtros verde y rojo.

Para una mejor interpretación del conjunto, la Fig. 2.6 muestra la estructura vertical de un panel LCD-TFT de color. El sustrato de arreglo TFT contiene los transistores, capacitores de almacenamiento, electrodos de pixel y cableado de interconexión. El filtro de color incluye la matriz de negro y la película de resina conteniendo los tres pigmentos de color primario, rojo, verde y azul. Ambos sustratos de vidrio están ensamblados con un sellador, el espesor entre ellos es aportado por separadores y el material LC es inyectado en el espacio libre entre sustratos. Sobre las superficies externas del sandwich, formado por las láminas de vidrio, se sitúan dos hojas de película polarizada. Luego, se adhiere un juego de conductores en cada extremo de las líneas de bus de señal de compuerta y datos, para acceder a los *chips* de CI (LDI) del excitador del panel.

Unidad del Circuito Excitador

La excitación de un LCD-TFT a-Si requiere una unidad de circuito excitador que consiste en un conjunto de chips de CI y plaquetas de circuito impreso.

La Fig. 2.7 muestra la ubicación típica de los excitadores LCD. Para reducir la trocha del módulo LCD, la unidad del circuito excitador se puede colocar en la parte posterior del módulo LCD, utilizando embalajes de soporte de cinta plegada (TCP), y panel de guía de luz encintada (LGP). El diagrama eléctrico de estas partes del panel se muestra en la Fig. 2.8.

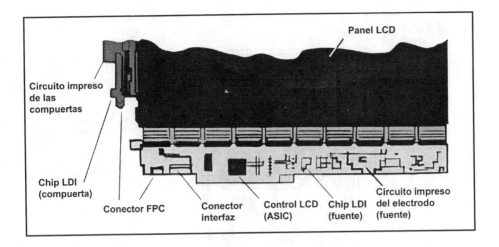

Fig. 2.7. Ubicación esquemática de los componentes periféricos a la placa LCD propiamente dicha.

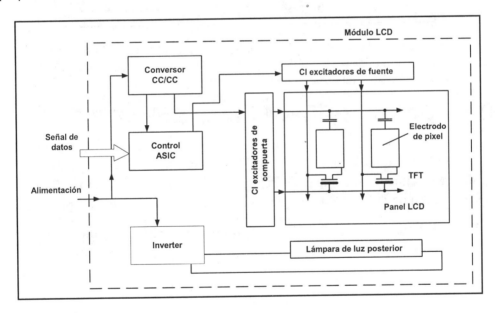

Fig. 2.8. Diagrama en bloques típico de un panel LCD.

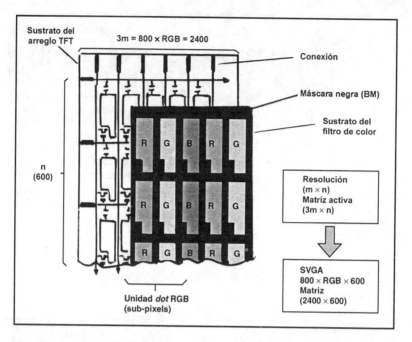

Fig. 2.9. Aspecto frontal del panel LCD, donde se muestra cómo el filtro de color cubre con precisión el arreglo TFT. El sustrato del filtro aparece desplazado para facilitar la comprensión del armado de la estructura.

Operación de los Pixels del LCD-TFT

El panel contiene un número específico de unidades pixel, conocidas como **subpixels**. Cada unidad pixel posee un TFT, un electrodo de pixel (TO), y un capacitor de almacenamiento (C_s). Por ejemplo, un panel color tipo SVGA posee un total de $800 \times 3 \times 600$, que equivale a 1.440.000 unidades pixel.

Cada unidad pixel es conectada a una de las líneas del bus de compuerta y a una de las líneas del bus de datos, en un formato matricial tipo 3m × n.

La matriz es 2.400 × 600 para el formato SVGA. Dado que cada unidad de pixel es conectada a través de una matriz, cada una es direccionada individualmente desde los *pad* (islas de contacto), adheridos a la unión de las filas y las columnas. La Fig. 2.9 muestra el aspecto interno y externo de los pixels.

El desempeño del panel está relacionado a los parámetros de diseño de la unidad pixel, por ejemplo, el ancho W del canal, la longitud L del canal del TFT, el solapado entre electrodos TFT, los tamaños del capacitor de almacenamiento y del electrodo del pixel y el espacio entre estos elementos.

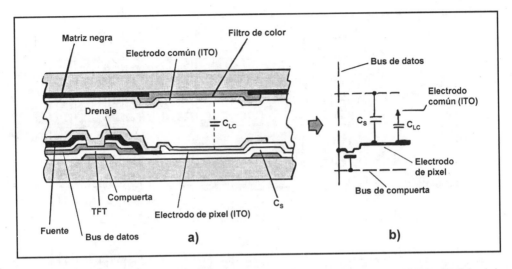

Fig. 2.10. Ubicación esquemática en el panel **(a)**, y en su circuito equivalente **(b)**, del capacitor generado en el seno del propio cristal líquido.

Los parámetros de diseño asociados con la matriz de negro, las líneas de bus y su geometría, establecen un límite muy importante del desempeño en el LCD. En la unidad pixel, la capa de cristal líquido en el electrodo pixel ITO, forma un capacitor cuyo electrodo opuesto es el electrodo común en el sustrato del filtro de color.

El capacitor de almacenamiento (C_s) y el capacitor del cristal líquido (C_{LC}), están conectados como carga en el TFT. Aplicando un pulso positivo del orden de 20 V pico a pico al electrodo compuerta, se conmuta al TFT a conducción, entonces C_{LC} y C_s se cargan, y el nivel de tensión del electrodo del pixel crece hasta el nivel de tensión de la señal (por ejemplo,+8 V), aplicado en la línea del bus de datos. La Fig. 2.10 interpreta la ubicación de C_{LC}.

La tensión en el electrodo del pixel está sujeta al cambio de nivel de tensión continua resultante del efecto de capacidad parásita entre los electrodos compuerta y drenaje, cuando la tensión de compuerta pasa desde el nivel de conducción al de corte. Luego de producido el cambio de nivel, este estado de carga se puede mantener hasta que la tensión toma el valor -5 V, donde el TFT pasa al corte. La función principal de C_s es mantener el potencial en el electrodo del pixel hasta que se aplique la siguiente tensión de señal.

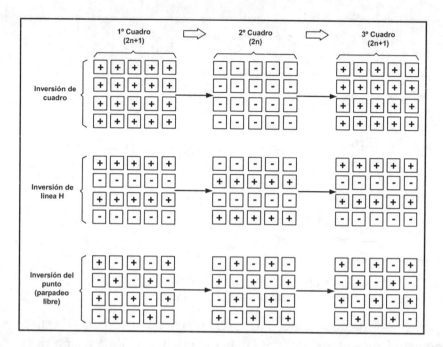

Fig. 2.11. Aspecto de los cuadros de imagen por efecto de la inversión de polaridad, con diferentes métodos de excitación.

El cristal líquido se debe excitar con corriente alterna para evitar el deterioro de la calidad de imagen como resultado de la brusca variación propia de la corriente continua.

Esto se implementa usualmente con el método de excitación inversa de cuadro, en el cual la tensión aplicada a cada pixel varía de cuadro a cuadro. Si la tensión del LC tiene cambios desiguales entre cuadros, aparece un efecto de parpadeo *(flicker)*, de frecuencia igual a la mitad de la frecuencia de campo, 30 ó 25 Hz según la norma en uso, pues un período de cuadro es normalmente 1/60 ó 1/50 de segundo. Este método de excitación exhibe su comportamiento durante tres campos consecutivos, como se muestra en la Fig. 2.11. Actualmente se dispone de otros métodos de excitación más elaborados para prevenir el *flicker*.

En un panel de matriz activa, los electrodos de compuerta y fuente se usan en un circuito conocido como **base repartida**, pero cada unidad de pixel es direccionable individualmente seleccionando dos cruces o *pads* apropiados al final de las filas y las columnas.

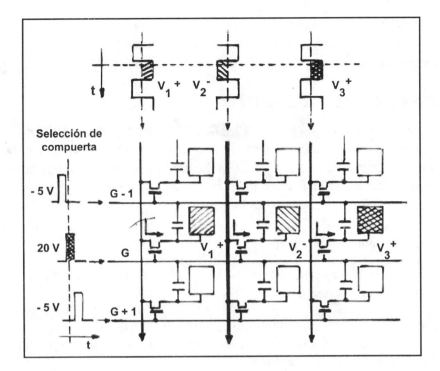

Fig. 2.12. Secuencia del escaneo de las filas y las columnas en el panel LCD.

Mediante el escaneo secuencial de las líneas del bus de las compuertas y aplicando las tensiones de señal a todas las líneas de buses de la fuente en una secuencia específica, es posible direccionar todos los pixels. El resultado de tal operación resulta en un direccionamiento del AMLCD línea por línea.

Virtualmente, todos los AMLCD están diseñados para producir niveles de grises, es decir, los niveles intermedios de brillo entre el blanco de máximo brillo y el negro más acentuado que el pixel unitario puede generar. Tal situación puede producir uno de los niveles mediante un número discreto como 8; 16; 64 ó 256, ó bien una gradación de niveles contínuos, dependiendo cada caso del LDI. La Fig. 2.12 muestra la secuencia de escaneo de las filas y las columnas. La transmitancia óptica del cristal líquido de modo TN cambia de manera continua en función de la tensión aplicada.

Un LDI analógico puede producir una señal de tensión continua, de modo que su rango de salida en niveles de gris también es continuo.

Active matrix liquid Cristal Display.

El LDI digital produce amplitudes de tensión discretas y ello equivale a un rango discreto de matices de gris. El número de niveles de gris está determinado por el número de bits de datos producido por el excitador digital.

Generación de Color

El filtro de color de un TV con panel LCD-TFT consiste en tres colores primarios, rojo, verde y azul, que están incluídos en el sustrato del filtro de color. Los elementos de este filtro se alinean uno a uno con los pixels unitarios del sustrato del arreglo TFT. Cada pixel en el LCD de color está subdividido en tres subpixels, donde un juego o conjunto RGB es igual a un pixel. El efecto de los filtros se resume en la Fig. 2.13, donde se aprecia la respuesta en función de la longitud de onda de cada filtro.

Cada subpixel consiste en una subdivisión del pixel considerado unitario hasta este punto del análisis del panel.

Puesto que los subpixels son demasiado pequeños para ser distinguidos visualmente en forma individual, los elementos RGB aparecen al ojo humano como una mezcla de los tres colores.

Cualquier color secundario o un matiz determinado se puede generar por la mezcla de los tres primarios. El número total de colores del display, utilizando un LDI de n-bit está dado por el producto $(2^3)^n$, pues cada subpixel puede generar 2n diferentes niveles de transmitancia.

Fabricación del Panel LCD-TFT

A nivel de mercado comercial existe una presión permanente para reducir el costo de fabricación de los display LCD-TFT, tal como sucede con la industria de los semiconductores. Para incrementar la productividad, los fabricantes de circuitos integrados reducen constantemente el tamaño de los chips c-Si y los transistores. Esto aumenta el número de chips por *wafer* y baja los costos. Sin embargo, esta estrategia no funciona con los paneles LCD, pues los usuarios demandan paneles de tamaño cada vez mayor. No obstante, incrementando el número de paneles producidos a partir de un sustrato simple, se consigue reducir el costo final de cada panel individual. Este proceso requiere que el tamaño del sustrato de vidrio vaya en aumento, de modo que el número de paneles LCD fabricados sobre él también se aumente.

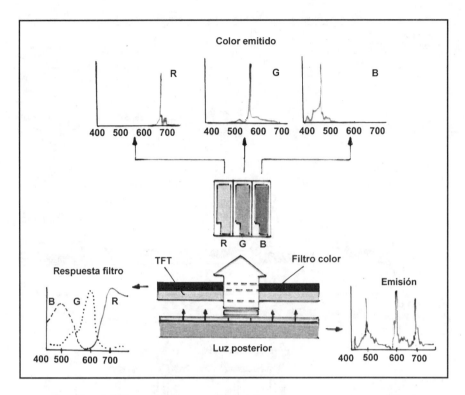

Fig. 2.13. La luz proveniente de las lámparas fluorescentes contiene radiación de varias longitudes de onda. Los filtros de color interpuestos, tienen respuestas específicas a colores definidos. La emisión de los filtros corresponde a la tríada RGB de un sistema de reproducción típico.

En general, como se explicó en el Capítulo 1, la mayoría de los paneles utilizan un arreglo TFT a-Si del tipo inversamente escalonado como elemento conmutador de matriz activa.

El proceso de fabricación es similar al utilizado en dispositivos semiconductores c-Si. Intervienen varias etapas, incluyendo la limpieza, deposición de películas delgadas y fotolitografía; el grabado en húmedo y seco de las películas delgadas es muy similar en ambos casos.

La diferencia entre los procesos TFT a-Si y semiconductores c-Si radica en que la capa semiconductora de los paneles se deposita sobre un sustrato de vidrio, mientras que en los semiconductores dicho sustrato es el propio *wafer* de silicio c-Si.

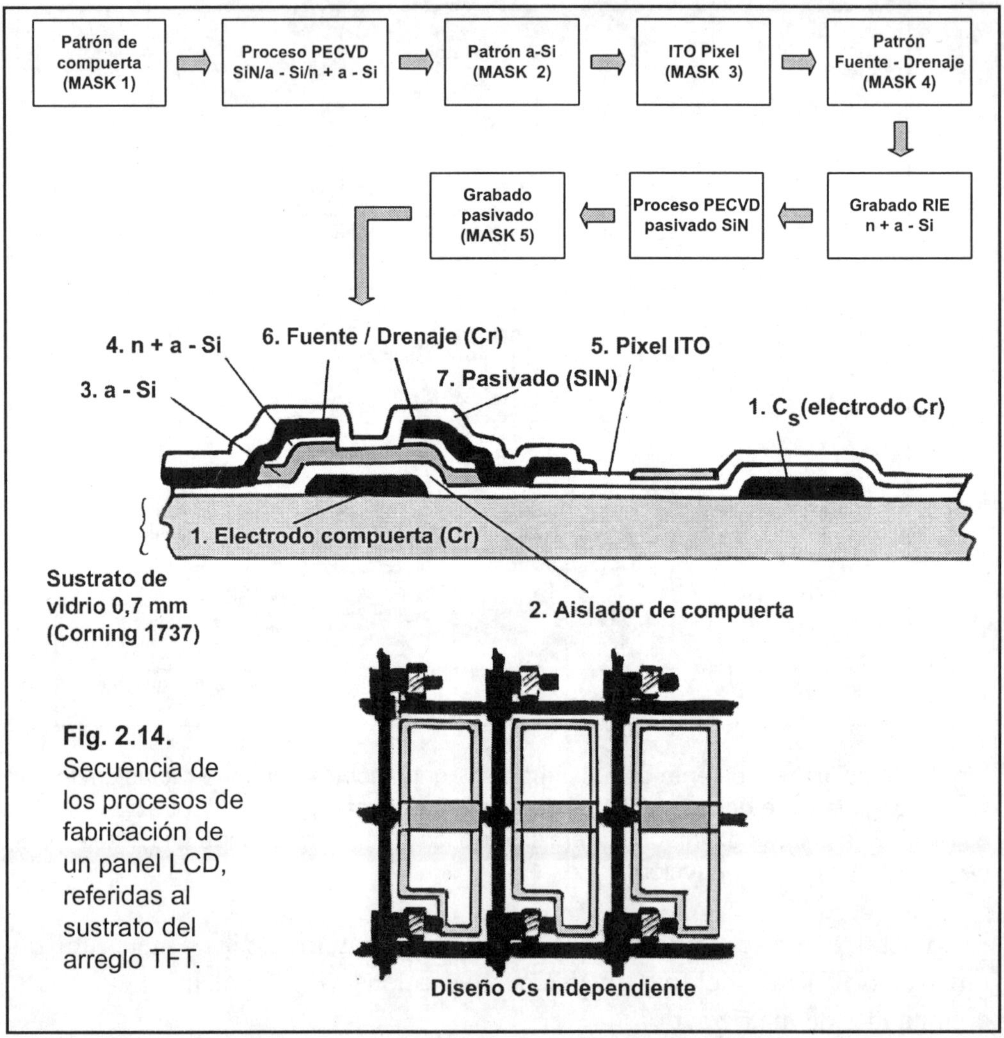

Fig. 2.14. Secuencia de los procesos de fabricación de un panel LCD, referidas al sustrato del arreglo TFT.

Actualmente, los resultados críticos en el proceso de arreglo TFT incluyen el desarrollo de una línea de bus de compuerta de baja resistencia, grabado uniforme y refinado y alta precisión litográfica. Los procesos generales de fabricación se resumen en la Fig. 2.14 y con ciertos detalles entre etapas, en la Fig. 2.15. Las tecnologías futuras TFT aspiran a lograr alta precisión, amplia relación de apertura, bajo consumo de potencia y adicionalmente, mayor tamaño de pantalla.

Los fabricantes de AMLCD compiten también para minimizar el número de procesos de manufactura, con el fin de reducir el número de fotomáscaras y

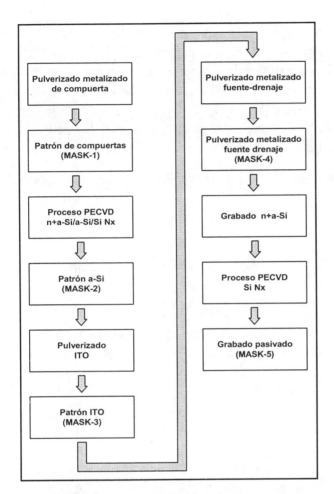

Fig. 2.15.
Secuencia pormenorizada de la fabricación del sustrato TFT.

simplificar los métodos de formación de película delgada y los de grabado. En el proceso de fabricación de la compuerta inferior del arreglo TFT, la primera capa consiste de electrodos de compuerta y líneas de bus de compuerta, las que pueden tener una o dos capas metálicas. Algunos capacitores de almacenamiento pueden ser construídos empleando una parte del electrodo de compuerta como uno de los electrodos del capacitor. Éste se llama método de compuerta C_s-on, mientras que otros capacitores son construídos en forma independiente de la línea bus de compuerta.

Si las líneas de C_s independientes son construídas simultáneamente con las líneas de bus de compuerta usando la misma capa metálica, entonces no hay diferencia en el proceso de fabricación entre el método C_s-on y el de línea de bus C_s independientes.

El proceso general de un arreglo TFT es complejo. Despúes de la construcción de los electrodos de compuerta y de C_s con capas de 2.000 a 3.000 Å de metales como aluminio, cromo, tántalo o tungsteno, se deposita una triple capa de nitruro de silicio y silicio amorfo, mediante el uso de deposición de vapor químico de plasma enriquecido (PECVD). Este procedimiento no se debe confundir con la tecnología de paneles de plasma, donde el uso de gas en estado de plasma es permanente y totalmente diferente del mencionado aquí.

En la estructura TFT del tipo *etch-back*, la capa triple consiste en aplicar 4.000 Å de Si Nx, 2.000 Å de a-Si y 5.000 Å de n+a-Si, todas sustancias químicas depositadas sobre el electrodo de compuerta en un proceso contínuo, por ejemplo, sin corte de vacío.

Para la estructura TFT del tipo *etch-stopper* se depositan las capas anteriores, pero en espesores de 4.000 Å, 500 Å y 2.000 Å respectivamente; en lo que sigue se analiza este último tipo con mayor detalle.

Después de definir el área a-Si mediante el uso de grabado en seco de litografía y plasma, se deposita una capa ITO con un espesor aproximado de 500 Å mediante rociado. Luego, los electrodos del pixel se construyen por moldeado, se depositan por rociado unos 2.000 Å de metal, mientras que las líneas del bus de datos y los electrodos TFT son moldeados por litografía. Posteriormente, la capa de contacto óhmico (n+ a-Si) en la región del canal es grabada por método seco. Finalmente, es depositada una capa Si Nx protectora y son abiertas ventanas de contacto. La estructura TFT tipo *etch stopper* requiere un paso adicional de proceso, la deposición química de vapor (CVD), no empleada en la estructura *etch- back*.

Para la fabricación del tipo *etch stopper*, se deposita una capa n+a-Si en forma separada despúes de ser moldeado el aislante superior de la capa triple SiNx/a-Si/SiNx.

El área a-Si es moldeada y luego se remueve la capa n+a-Si en la parte superior. Los electrodos de la fuente y el drenaje se forman usando aproximadamente 2.000 Å de metal; luego se depositan por rociado unos 500 Å de ITO y se moldean los electrodos de pixel; finalmente se deposita una capa protectora de SiNx, y son abiertas las ventanas de contacto. La sigla ITO se utiliza para identificar un compuesto conductor eléctrico de propiedades especiales, translúcido, generado a partir de óxidos de indio (In_2O_3) y estaño (SnO_3), en proporción 9 a 1.

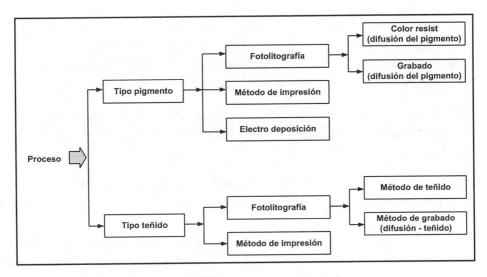

Fig. 2.16. Elaboración del filtro de color.

Fabricación de Filtros de Color

Los filtros de color (CF_s) se pueden realizar con tinturas o pigmentos, utilizando métodos de coloración como entintado, difusión, electro-deposición e impresión. Los procesos involucrados se resumen en la Fig. 2.16.

Hay varias configuraciones comunes de elementos de color para LCD. La forma de franjas o tiras es la más común, aunque actualmente se están usando formatos **mosaico** y **delta**.

Entre los diversos métodos de fabricación, de combinaciones de configuraciones y tipos de filtros, el método *color-resist* con el arreglo RGB tipo franja resulta el más popular.

Entre los bloques de color, en el filtro, se ubica una matriz negra (BM), hecha con metal opaco, como el cromo, a fin de resguardar al TFT a-Si de la luz incidente y prevenir contra fugas de luz entre pixels. Para minimizar la reflexión desde la matriz negra, se usa una doble capa de cromo y óxido de cromo. La película BM es depositada por rociado y moldeada por fotolitografía.

A fin de reducir costos y reflectividad se puede emplear como materia BM, resina negra generada por difusión de carbono y titanio en *foto-resist*.

En el método de *color-resist,* los moldes de filtros de color primario están formados por técnica de fotolitografía. El *color-resist* es negativo y realizado por pigmento de difusión en una resina tratada con luz UV, como la resina *acryl-epoxy,* y por disolución de la resina en solvente.

El *resist* coloreado es revestido sobre el sustrato de vidrio, en el cual se ha formado previamente la máscara BM. El molde rojo es formado entonces mediante la exposición del *resist* rojo a través de la máscara y revelándolo.

El mismo proceso repetido, usando la misma máscara con la técnica de alineado desplazado, se aplica a las resinas coloreadas en verde y azul. Posteriormente, se coloca una película protectora y se depositan por rociado 1.500 Å de ITO para el electrodo común del arreglo, finalizando el acabado del filtro de color. La Fig. 2.17 muestra los diferentes formatos de los filtros, y sus características constructivas y funcionales se indican en la Tabla 2.1.

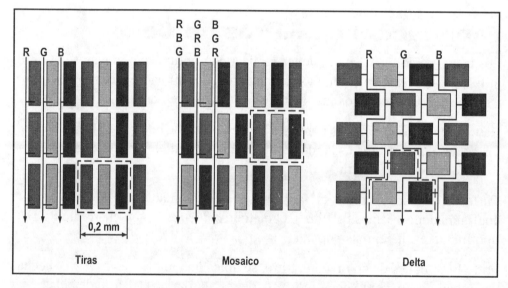

Fig. 2.17. Formatos posibles en la distribución de las unidades de los filtros RGB. El recuadro punteado representa un pixel.

Proceso de Celda de Cristal Líquido

Los sustratos del arreglo TFT y el filtro de color se construyen en el panel LCD, mediante el ensamblado de dos placas unidas por un sellador, mientras que el espesor ocupado por la celda LC es mantenido por espaciadores.

Tabla 2.1. Características de la configuración de pixels LCD.

Ítem	Arquitectura		
	Tiras	Mosaico	Delta
Diseño del arreglo	Simple	Simple	Complejo
Proceso de fabricación	Simple	Dificultoso	Dificultoso
Diseño de excitación	Simple	Complejo	Simple
Mezcla de color	Baja resolución	Buena	Muy buena

El ensamble se inicia imprimiendo una película de alineado, de poliamida, teniendo el arreglo TFT perfectamente limpio y libre de impurezas, frotando la superficie de la película con una pieza de paño arrollada sobre un rodillo, que orienta las moléculas de poliamida en una dirección determinada, para formar luego las superficies polarizadoras.

Del mismo modo, otra película de alineado es aplicada al sustrato del filtro de color, luego ésta también es frotada en una dirección determinada y, finalmente, se coloca sellador a la periferia del sustrato TFT.

Las conexiones eléctricas se hacen desde los electrodos comunes en el sustrato del filtro de color al arreglo TFT; se reviste a este último con una pasta conductora en toda la periferia del mismo.

Los espaciadores se generan también por pulverizado sobre el sustrato del filtro de color o sobre el arreglo TFT, ambos sustratos son luego ensamblados, una vez endurecido el sellado. A continuación, los conjuntos son marcados con un disco de diamante y separados en celdas individuales; las celdas vacías son rellenadas con material de cristal líquido por inyección al vacío.

Por último, se emplea un agente sellador para obturar la celda y se aplican polarizadores a ambas superficies de ella, después de un *test* funcional visual. La Fig. 2.18 muestra aspectos del armado del panel.

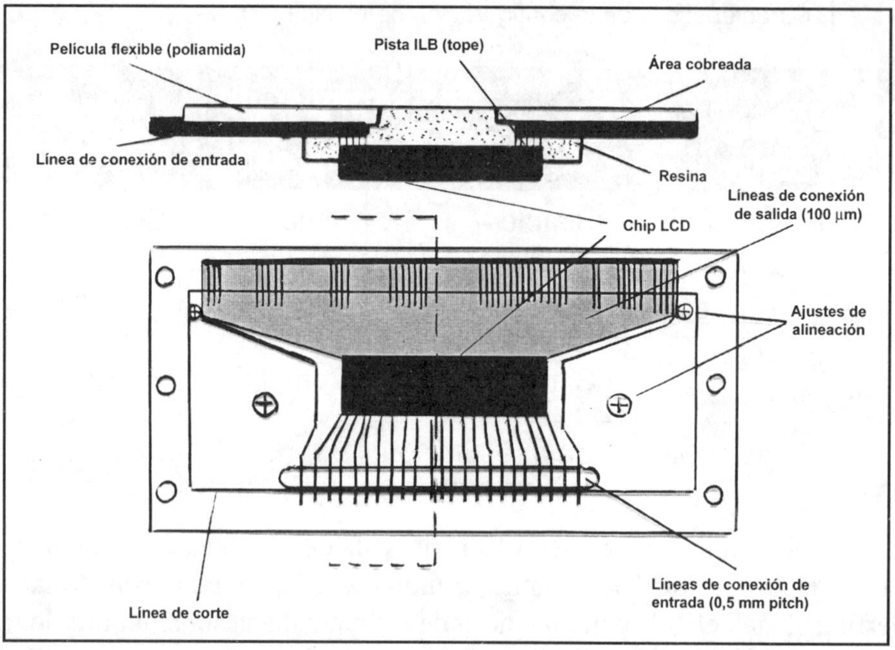

Fig. 2.18. Aspectos de armado del panel.

Ensamblado de Módulos LCD

Aunque resulten críticas las características necesarias y su costo, para la producción de paneles, los detalles del proceso de manufactura de los paneles AMLCD son, a menudo, de menor interés inmediato para los fabricantes de equipos originales, compradores de displays, comparados con sus características de producto terminado.

Esto es así porque las características físicas y eléctricas del módulo son los factores básicos que el fabricante del equipo definitivo, sea TV y monitor de PC, tiene en cuenta para brindar su producto al usuario.

El diagrama de flujo del proceso de ensamblado de un panel usando el método de conexión automatizada por cinta (TAB) es conceptualmente completo, pero no resulta sencillo.

La primera decisión a tomar es resolver el uso del sistema TAB en conjunto o parcialmente, usando aplicación de chips LDI para excitar el panel TFT.

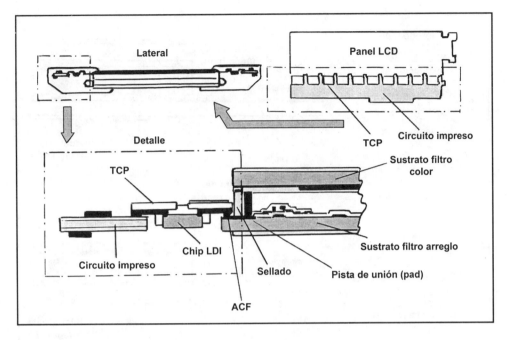

Fig. 2.19. Detalle del ensamblado del panel a los periféricos de control y excitación.

En el método TAB el chip se vincula al sistema por cinta (TCP) y éste luego es conectado al sustrato TFT. Se aplica una película anisotrópica (ACF) a los *pads* de contacto, donde los terminales de conexión en forma de franja constituyen un agrupamiento.

Los TCP están en consecuencia alineados y sujetos a unión por presión. Los componentes del circuito de excitación, tales como el controlador de temporizado, los filtros EMI (en base a circuitos LVDS, que se explicarán en el Capítulo 3), los amplificadores operacionales, capacitores *chip* y resistores, están montados sobre el circuito impreso multicapa, mediante el uso de tecnología de montaje superficial (SMT). El método de soldadura es utilizado comúnmente para las conexiónes de compuerta y control, al otro extremo de los terminales TCP, aunque en algunos casos se usa conexión ACF. Todos estos detalles de las nomenclaturas de fabricación se muestran en las figuras anteriores y específicamente en la Fig. 2.19.

Para minimizar el tamaño del armazón, la unidad del circuito excitador se instala sobre el lado posterior del módulo LCD, utilizando TCP curvados. Como alternativa, se puede usar el método COG (chip-en-vidrio), en el cual los chips LDI están montados directamente en el sustrato del arreglo TFT.

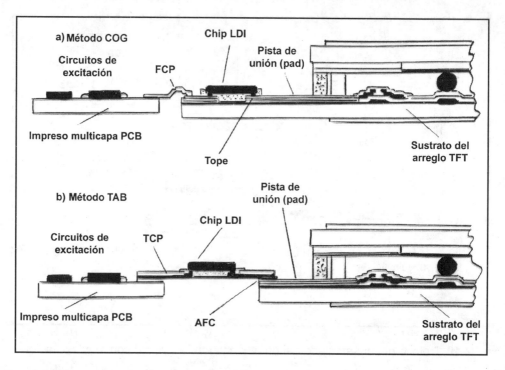

Fig. 2.20. Métodos diferentes en el ensamblado de las placas LDI y excitadoras, según los requerimientos de espacio del módulo terminado.

La elección del método COG o TAB es determinada por el área periférica disponible y las limitaciones en el tamaño del armazón para el display. Ambos métodos se muestran en la Fig. 2.20.

Luego de controlar las funciones eléctricas, sólo los módulos LCD aprobados son sometidos al proceso final de ensamblado, en el cual la unidad de iluminación de fondo y el armazón metálico se fijan para completar el panel LCD.

El Concepto de Plasma Gaseoso

Las pantallas de plasma actúan como lámparas fluorescentes donde cada pixel se asemeja a un foco miniatura coloreado.

La actividad del gas introducido en una ampolla o celda de dimensiones mínimas es la que determina el funcionamiento. Por ello es necesario explicar el comportamiento de los gases sometidos a influencias eléctricas es decir, la conducción en gases.

El átomo normal de un gas contiene cantidades iguales de cargas negativas y positivas siendo eléctricamente neutro. Si el mismo se desintegra en partículas cargadas llamadas **iones**, éstas constituyen materia con signo eléctrico positivo o negativo de dimensiones subatómicas, atómicas o moleculares, dependiendo esto del tipo de sustancia o mezcla gaseosa que se trate.

El menor ión es el electrón arrancado del átomo y constituye un **ión negativo**. Presenta la particularidad de tener muy poca masa, por lo que puede ser fácilmente acelerado bajo la acción de un campo eléctrico. Si tal electrón se une a un átomo neutro forma también un ión negativo, pero de gran masa y movimiento reducido.

La parte del átomo restante al perder un electrón, constituye un **ión positivo** y como tal tiene poca movilidad, pero su gran masa le confiere alta energía cinética. Esta energía del movimiento tiene gran influencia en el comportamiento del gas, como sustancia conductora eléctrica. El proceso de formación de iones es llamado **ionización**, uno de cuyos procesos de origen es la ionización por choque. Tal fenómeno tiene lugar cuando un electrón tiene la velocidad o energía cinética suficiente para impactar y arrancar uno o varios electrones de un átomo inicialmente neutro.

En la ionización por choque es importante el tiempo de excitación, pues en dicho período el átomo es inestable y factible de ser ionizado. Valores de 10^{-8} segundos son típicos de la mayoria de los elementos gaseosos, es decir, se trata de tiempos muy cortos. En general, luego de tal período los electrones excitados vuelven a su estado normal y al hacerlo, entregan el exceso de energía adquirido en forma de **quanta de energía** electromagnética, por ejemplo, como radiación visible o UV.

Una forma de producir ionización es colocar al gas bajo la influencia de un campo eléctrico. La eficiencia del sistema depende en gran medida de las dimensiones sobre las que actúa el campo, o sea la distancia entre los electrodos de signo opuesto, y las características del gas empleado. Para el aire, una mezcla de gases diversos, a la temperatura y presión normales, la densidad molecular es grande y el camino libre medio recorrido por los iones es pequeño; se necesitan tensiones muy altas y distancias reducidas para producir ionización por choque. La situación cambia si se emplean gases especiales como el argón, neón o xenón.

Fig. 2.21.
Establecimiento de la descarga luminosa en una ampolla gaseosa sometida a un campo eléctrico.

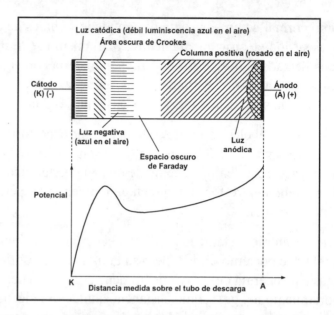

La forma de establecer el campo eléctrico consiste en colocar dos electrodos situados en una ampolla con un gas, preferentemente un gas inerte. Cuando se aplica tensión a los electrodos, el negativo repele los electrones y atrae los iones positivos, el electrodo positivo se comporta en forma inversa. Debido a su mayor movilidad y menor masa, los electrones abandonan rápidamente la proximidad del electrodo negativo, pero los iones positivos pesados tienden a

Fig. 2.22.
Distribución de las caídas de tensión en la descarga gaseosa, en función de la distancia cátodo-ánodo.

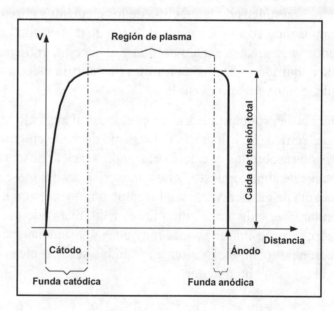

permanecer allí. En las proximidades de dicho electrodo se forma una capa delgada de carga espacial positiva, en lugar de la distribución uniforme que existía anteriormente. El resto del volumen de gas ionizado, donde las cargas de distinto signo se distribuyen uniformemente se denomina **plasma gaseoso**.

Cuando se produce una descarga luminosa activada por medios externos como un campo eléctrico, ésta es automantenida por la ionización por choque generada en el plasma. Por los efectos de la carga espacial, la distribución del potencial no es uniforme a lo largo del tubo o ampolla de gas, efecto que se traduce por zonas de diferente luminosidad.

En la Fig. 2.21 se muestra el fenómeno sobre una ampolla conteniendo aire y la distribución del potencial en función de la distancia entre los electrodos. La columna positiva, región más amplia de la columna gaseosa es la responsable de los procesos de ionización de los átomos de gas o zona de plasma. Los fenómenos de excitación y recombinación tienen lugar en la zona de plasma.

Como muestra la Fig. 2.22, la caída de potencial en el plasma es prácticamente constante y esto se repite en dispositivos de atmósfera gaseosa, como válvulas o simples tubos de neón, con ligeras diferencias en el formato de las curvas, como se muestra en la Fig. 2.23. En el cátodo hay una gran caída de potencial que es difícil de neutralizar. Se genera aquí un fenómeno de bombardeo por los iones positivos pesados al chocar contra el cátodo y desprender sistemáticamente partes microscópicas del propio metal.

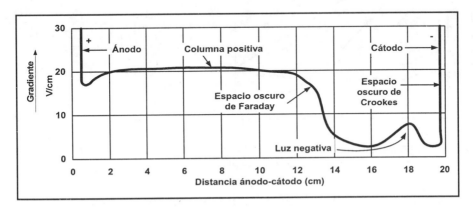

Fig, 2.23. Gradiente del potencial en una ampolla de neón.

Este efecto agresivo puede ser minimizado con un diseño especial del electrodo, pero nunca eliminado totalmente. Se busca una intensidad de bombardeo pequeña por unidad de superficie, para prolongar la vida útil del electrodo. El bombardeo forma una delgada película metálica en la cara interior de la ampolla cercana al cátodo. Al depositarse dicha capa, se ocluye el gas útil del conjunto, disminuyendo la presión gaseosa y aumentando el camino libre medio de los iones pesados. El resultado es la necesidad de mayor tensión para mantener excitado el tubo de gas y la degradación lleva a inestabilidad de la descarga automantenida; la ampolla comienza a titilar y, finalmente, deja de funcionar. Una situación similar en las ampollas especiales de las pantallas de plasma puede acortar su vida útil. Esto y otros factores relacionados a la descarga, limitan el uso pleno del panel a aproximadamente 10.000 horas de operación normal.

El tipo de radiación emitida durante la descarga eléctrica depende básicamente de la mezcla de gases usada. En el caso de las pantallas de plasma para reproducción de imágenes se busca generar radiación UV, con la cual posteriormente se excitan las sustancias fosforescentes que producen luz monocromática roja, azul o verde, según el fósforo donde inciden.

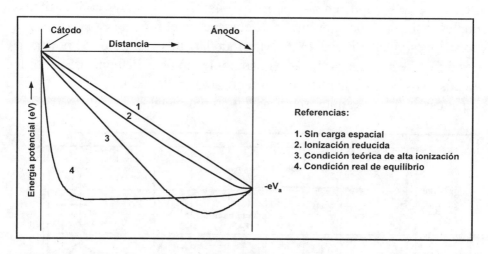

Fig. 2.24. Estados de la energía potencial con diferentes grados de ionización. La condición 3 no es estable en un sistema real.

Es importante destacar que, según se muestra en la Fig. 2.24 para la formación y el mantenimiento del gas en estado de plasma, es condición necesaria que la generación de iones positivos sea suficiente para producir por sí misma una curva con un mínimo de energía potencial en un punto entre ambos electrodos.

Por lo tanto, el plasma desaparece si la tensión aplicada o la corriente generada desciende por debajo de cierto límite. Esta situación si bien es crítica, facilita el control del sistema global cuando cada ampolla forma parte de la red total del panel en una pantalla reproductora de imágenes.

Paneles de Display Plasma

El panel de display plasma (PDP) consiste esencialmente en una matriz de diminutos tubos fluorescentes que están controlados con un equilibrio muy preciso. Si se utilizan dos fuentes principales, CC y CA, la última se elige como el flujo principal, debido a su estructura más simple y su mayor duración.

La descarga de plasma es inducida en principio por el período positivo de un campo de CA, que produce durante un breve instante la formación de una capa delgada de portadores en la parte superior del medio dieléctrico. Esto hace que la descarga finalice, pero es nuevamente inducida cuando la tensión cambia de polaridad. De este modo, se obtiene una descarga sostenida. La tensión de CA se ajusta exactamente por debajo del umbral de descarga, de modo que el proceso se puede conmutar entre los estados de encendido (ON) y apagado (OFF) de la celda gaseosa aplicando una tensión reducida de direccionamiento.

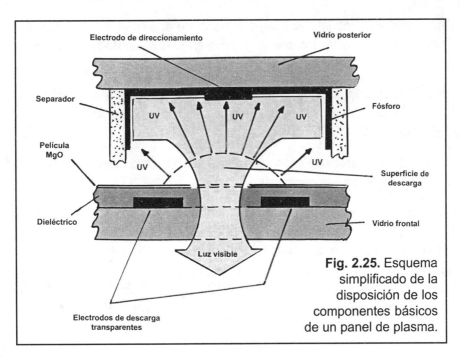

Fig. 2.25. Esquema simplificado de la disposición de los componentes básicos de un panel de plasma.

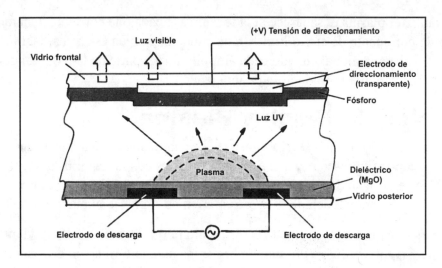

Fig. 2.26. Variante para la construcción del panel de plasma con excitación por CA.

La radiación UV generada es capaz de excitar elementos de color RGB sensibles a la energía contenida en ella. Una disposición posible de los electrodos y la acción del plasma a través de su radiación sobre una celda específica de color se muestra en la Fig. 2.25.

También, se puede encontrar el mismo principio de excitación empleando técnicas de electrodos transparentes y generando luz visible según el esquema mostrado en la Fig. 2.26.

Puesto que cada celda de descarga puede direccionar individualmente, es posible conmutar numerosos elementos de imagen (pixels), entre los dos estados posibles, ON-OFF.

Para generar los matices de color, la intensidad percibida de cada color RGB se debe controlar independientemente.

Mientras esto se logra en los TRC modulando la corriente del haz electrónico, y con ello las intensidades de la luz emitida, el sistema PDP lleva a cabo la gradación de matices mediante la modulación por código de pulso (PCM). Dividiendo un campo en ocho sub-campos, cada uno con un peso de pulso acorde a los bits en una palabra de 8 bits (2^0; 2^1; 2^2; 2^3; 2^4; 2^5; 2^6; 2^7) posibilita el ajuste del ancho de los pulsos de direccionamiento en 256 pasos.

Dado que la respuesta del ojo es mucho más lenta que la velocidad del PCM, aquél integrará la intensidad al cabo del tiempo. La modulación del ancho del pulso trasladará las diferentes intensidades de cada color a 256. De ahí que el número de combinación de colores es de $256 \times 256 \times 256 = 16.777.216$.

Según lo expuesto en el Capítulo 1, los PDP han sufrido problemas con disturbios causados por interferencias entre el PCM y las imágenes en movimiento rápidas. Sin embargo, mediante el ajuste fino de los esquemas PCM, este problema ha sido eliminado.

Pese a que el PDP presenta un peso relativamente liviano y se puede fabricar con un espesor de 75 a 100 mm, consume no obstante una potencia no despreciable. La eficiencia lumínica, esto es, la cantidad de luz para una dada cantidad de potencia eléctrica suministrada, está fijada en aproximadamente 1 lm/W, aproximadamente un 10% de otras tecnologías de paneles delgados (FPD). Además, el proceso de descarga produce efectos de arco en las celdas, uno de los factores que acorta la vida útil del panel.

Sin embargo, con la inclusión de la nueva capa dieléctrica protectora de óxido de magnesio (Mg O), este problema ha sido ampliamente reducido.

En oposición a estas limitaciones, el PDP resulta ventajoso en el aspecto constructivo, ya que exige pocos requerimientos durante su manufactura. Comparado con el TFT LCD, que usa procesos fotolitográficos y de alta temperatura, en ambientes purificados, el PDP se puede fabricar en establecimientos con mayor polución, empleando bajas temperaturas y procesos económicos de impresión directa.

Por otra parte, el PDP se caracteriza por presentar ángulos de visión amplios y no es afectado por campos magnéticos, siendo posible expandir su aplicación incluso a montajes con formato de cuadro mural, para la reproducción de TVC en alta definición.

Tecnología del Tubo de Plasma Fujitsu

Las tecnologías del tubo de plasma Fujitsu posibilitan futuras fabricaciones de displays de pantalla plana de 2,5 metros de diagonal o aún mayores.

Fujitsu Laboratories Ltd, ha desarrollado una nueva tecnología del tubo de plasma para producir tubos de vidrio angosto, con dimensiones de 1 metro de

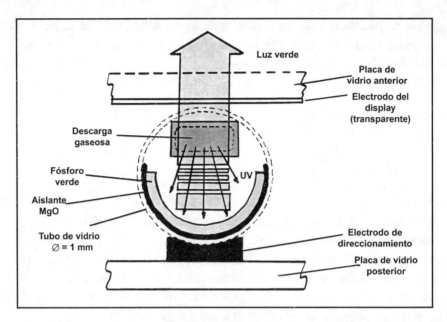

Fig. 2.27. Vista en corte esquemático de un tubo de plasma Fujitsu, (subpixel verde).

longitud y un milímetro de diámetro, que emiten luz usando la misma estructura de fósforo que en el PDP convencional. Adicionalmente, la compañía ha desarrollado una tecnología que forma un *sandwich* con un arreglo de estos tubos plasma entre dos placas electrodo, para constituír un panel display. Fujitsu ha tenido éxito en producir un panel prototipo utilizando 128 tubos plasma (para un tamaño de pantalla de 128 mm × 1m) que exhibe imágenes de color en movimiento. Un corte esquemático de este tipo de tubo se muestra en la Fig. 2.27.

Puesto que actualmente es posible producir tubos plasma que miden un metro, el último logro de la compañía representa un gran paso hacia la comercialización de arreglos de display plasma. Esta tecnología puede producir paneles de gran tamaño livianos, configurados en diferentes formatos con un alto grado de flexibilidad, y que se pueden manufacturar utilizando equipamiento en menor escala que el requerido para la fabricación de los PDP de tamaño similar y estructura convencional.

Las nuevas tecnologías proveen displays ultra-grandes para uso en interiores, factibles de ser curvados para extensión plena de una visión espacial, resultando en una sensación muy realista de la imagen, lo cual invita a nuevas aplicaciones del display, como son la educación en realidad virtual, estadios virtuales y otros usos de medios de banda ancha.

Desarrollado con fondos de asistencia recibidos de NEDO *(New Energy and Industrial Technology Development Organization)*, la prueba del concepto de la tecnología fue demostrada con el display prototipo, que medía 15 cm de diagonal, en mayo de 2002.

Fundamentos

Con el sistema de banda ancha en crecimiento, más avanzado y difundido, los displays de video muy grandes tienen la expectativa de constituirse en los componentes fundamentales para la siguiente generación de sistemas, conectando al mercado de consumo en un espacio visual que suministre información en forma directa. Las tecnologías de display que habilitan imágenes a tamaño natural de personas y objetos en pantalla, por ejemplo en una que cubra totalmente la pared de una habitación, se considera vital para el vínculo entre personas a través de un medio virtual compartido.

El advenimiento de displays de pantalla extremadamente grande, puede considerarse por lo tanto indispensable para la adopción difundida de la siguiente generación de aplicaciones de medios de banda ancha.

Principios Tecnológicos

Se utilizan convencionalmente proyectores frontales para las pantallas de interiores que midan más de 2,5 metros, pero ésta propuesta tiene bastantes desventajas, siendo la principal, la incapacidad para producir una imagen clara y definida, salvo en una habitación oscura. Debido a estos inconvenientes, ha surgido la necesidad de sistemas de pantalla grande que utilicen un display del tipo emisivo.

Otra aproximación, la creación de un arreglo de diodos emisores de luz (LED), está ya disponible comercialmente, pero la construcción de una grilla de millones de LED es de obtención difícil a un costo razonable. Semejante grilla requeriría una matriz excitadora a gran escala, que consumiría una elevada cantidad de electricidad, haciendo que el requerimiento de potencia para un display doméstico de 2,5 m exceda los 3.000 watt.

Los paneles de display plasma, basados en el principio emisivo que utilizan descarga, poseen realmente mejor eficiencia luminosa en tamaños mayores, por lo cual los PDP poseen una clara ventaja sobre otros tipos de displays, en el hecho que, cuando mayor es el tamaño, mayor es la eficiencia de potencia de los mismos (en términos de consumo de potencia por centímetro de tamaño de pantalla). No obstante, producir un PDP de 2,5 m requerirá sustratos de vidrio que midan dimensiones acordes, que necesitará facilidades de transporte a gran escala, y considerable inversión de capital.

Las tecnologías relacionadas al tubo de plasma poseen las siguientes prestaciones:

1. **Extensión de la tecnología PDP**. El arreglo de tubos de plasma constituye un agrupamiento de tubos, midiendo cada uno un milímetro de diámetro y un metro de longitud, y conteniendo cada uno los mismos fósforos que el PDP convencional. Los tubos están alineados en un arreglo y dispuestos en *sandwich* entre placas de electrodos. El arreglo utiliza tres tipos de tubos de plasma consistente en fósforos rojo, verde y azul, y tensiones pulsantes aplicadas a los electrodos, los cuales pueden generar colores específicos.

Los mismos integrados excitadores utilizados ampliamente en paneles de display de plasma, también se pueden utilizar para los arreglos de tubos de plasma. Dado que las placas de electrodos se fabrican separadamente de los tubos de plasma, los mismos son de construcción mucho más sencilla.

2. **Pantallas de tamaño y formato flexible ultralivianas**. El hecho de no requerir grandes hojas enteras de vidrio, hace que los arreglos de tubos de plasma puedan pesar tan poco como la cuarta parte de los PDP convencionales. El desarrollo está encaminado a producir un display que mida 3 × 2 metros cuyo peso sería de 20 Kg. Y dado que los displays son simplemente arreglos modulares de tubos de plasma, se puede incrementar fácilmente expandiendo tan sólo el número de tubos utilizados en el arreglo. El desarrollo está actualmente enfocado en displays en un rango que abarca desde 3 × 2 metros, a 6 × 3 metros. El formato del display se puede cambiar disponiendo en forma diferente los tubos, con posibilidades como displays con forma de domo o cilíndricos.

3. **Alta eficiencia lumínica**. Con la tecnología PDP, la eficiencia luminosa crece con cámaras de descarga de tamaño de celdas más grandes. Puesto que los elementos en un arreglo de tubo de plasma son considerablemente más grandes que en la celda convencional PDP, la expectativa es de que sean más eficientes. La ventaja de esta tecnología, es hacer que la eficiencia sea cuatro veces mayor que la de los PDP corrientes, pues para una luminosidad pico de 1.000 candelas por metro cuadrado (el equivalente al TV plasma), el arreglo del tubo de plasma de 2,5 m puede llegar a consumir solamente unas pocas centenas de watt. El acierto del desarrollo presente para los arreglos de tubos de plasma consiste en conseguir una eficiencia luminosa de más de 5 lúmenes por watt.

4. **Producción a bajo costo**. La fabricación de PDP grandes requiere equipamientos capaces de manejar enormes sustratos de vidrio. Con el arreglo de tubos de plasma, en contraste, la unidad básica de producción es el tubo de plasma simple y angosto, el cual se puede manufacturar con estructuras de fábrica a escala mucho menor. Por otro lado, mientras que los PDP convencionales requieren condiciones de ambientes limpios, para no adquirir contaminantes, los tubos de plasma poseen diseños resistentes a la contaminación inherente, haciendo innecesaria la creación de habitaciones descontaminadas.

La tecnología está siendo actualmente evaluada, para la vida útil de la luminancia y otros factores de confiabilidad. En forma simultánea se desarrollan técnicas de ensamblado y producción.

Capítulo 3

El Receptor de Plasma y LCD en Bloques

Introducción

Las técnicas implementadas en los receptores de plasma y LCD tienen semejanzas en el tratamiento del video y diferencias en el modo de excitación. Prácticamente, en todos los casos se recurre a circuitos multifunción de alta densidad de integración con control I²C. Es común el uso de decodificadores, conversores de formato *(scalers)*, acoplamientos LVDS y memorias SDRAM o tipo *flash*. Sin embargo las combinaciones y el tipo de integrados difieren ampliamente. Es conveniente comenzar el estudio viendo el circuito como esquema en bloques, previo a la consulta del diagrama eléctrico.

Tampoco los esquemas en bloques son comparables entre marcas y modelos, aunque ayudan a identificar el recorrido de las señales fundamentales.

Philips LCD, Chasis LC03

Se toma este circuito para explicar de manera general un receptor típico con panel LCD.

El chasis LC03 se emplea en una serie de receptores de 15; 17 y 23 pulgadas, adaptados específicamente a diversas regiones comerciales, como se indica en la Tabla 3.1. En la versión de mayor tamaño se incorpora el formato especial de pantalla denominado *Wide Screen*.

Tabla 3.1. Receptores Philips con el chasis LC03.

Aparato tipo	Región
23" WS	
23PF9945/12	
23PF9945/37	NAFTA
23PF9945/69	A/P
23PF9945/61	A/P
17" WS	
17PF9945/12 &/58	
17PF9945/37	NAFTA
17PF9936/37	NAFTA
17PF9945/69	A/P
17PF9945/61	A/P
17PF9945/78	LATAM
15"	
15PF9936/12 & 58	
15PF9945/37	NAFTA
15PF9936/37	NAFTA
15PF9936/69	A/P
15PF9936/61	A/P
15PF9936/78	LATAM
15" IPS	GLOBAL

Dada la complejidad circuital de este chasis, como de la mayoría de su tipo, es conveniente estudiarlo primero como esquema en bloques para una mejor identificación posterior del circuito eléctrico general. La Fig. 3.1 muestra cuatro bloques básicos y el panel LCD. En la descripción se introducen una serie de siglas y denominaciones empleadas en las hojas de datos de Philips, muchas de las cuales no tienen una traducción técnica textual adecuada en idioma español; por este motivo se conserva la nomenclatura original.

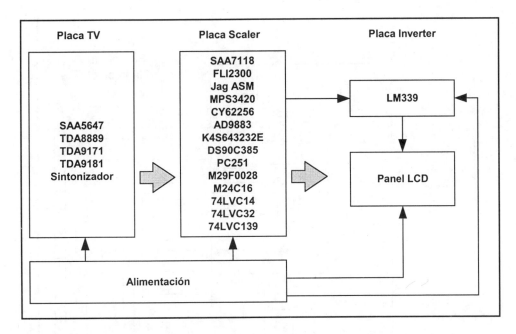

Fig. 3.1. Esquema en bloques del chasis Philips LCO3 y los principales circuitos integrados empleados.

Placa TV

El primer bloque o placa TV no difiere en gran medida del circuito de un TVC convencional, salvo por el hecho que incorpora circuitos integrados de última generación. En este caso, si bien el diseño del circuito impreso es diferente, tanto los circuitos internos, como los componentes corresponden al receptor con chasis A10, basado en un TRC convencional. La Fig. 3.2 muestra los sub-bloques de la placa TV con los componentes principales, que se describen a continuación.

El sintonizador entrega dos señales de frecuencia intermedia diferentes: en el pin 11 aparece la FIV típica y en el pin 10 la componente que luego se convierte en FIS-FM, cuando el receptor funciona en el modo radio. La entrada del módulo cuenta con una toma especial para la banda de FM.

Luego de atravesar el filtro de onda superficial, la señal FIV ingresa al amplificador incluído en el procesador multifuncional TDA8889H. Éste es un integrado del tipo I²C conocido como BOCMA *(BiMOS One Chip Mid-en Architecture).* Si bien tal denominación no se usa normalmente en las hojas de

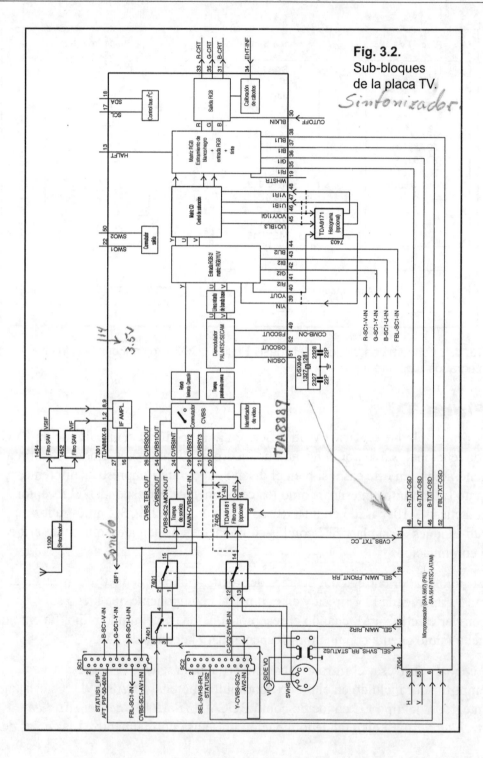

Fig. 3.2.
Sub-bloques
de la placa TV.

datos, la empresa Philips suele citarlo de esta forma. Las características generales de éste y otros CI especiales se exponen en el Capítulo 4.

La salida de video compuesto más la señal de audio en 4,5 MHz se toma en el pin 16. En cambio, la señal independiente CVBS proveniente del sintonizador ingresa al pin 24, una de las entradas de selección de programa del integrado.

Si el sonido se procesa desde la FIV, en el pin 27 aparece video compuesto (señal CVBS) más audio en 4,5 MHz, que constituye la señal de interportadora de sonido aplicada posteriormente al decodificador estéreo.

La señal CVBS externa se inyecta al pin 29 y, finalmente, la señal compuesta seleccionada emerge por el pin 54 para ser aplicada a un filtro activo integrado (TDA9181). Este filtro entrega además las señales Y (luminancia) y C (crominancia), que ingresan al TDA8889 por los pines 21 y 20, respectivamente.

Si se elige un programa externo, la señal de luminancia ingresa al pin 29 y la de croma mantiene el mismo pin 20. Se trata en este caso de señales tipo Súper VHS (S-VHS).

El cristal de reloj del procesador, conectado entre los pines 51 y 52 cumple la doble misión de sincronizar tanto las funciones de este integrado para la demodulación de croma como la de controlar al microprocesador primario SAA 5647.

Por esta razón, aún en posición *stand-by* el TDA8889 presenta una tensión permanente de 3,5 V en su pin 14. En su ausencia no existe señal de *clock* para activar el encendido del receptor.

Considerando la señal de video en sus componentes de luminacia (Y) y de crominancia U y V, ellas están presentes en ese orden, en los pines 40; 45 y 46. Las mismas se inyectan al TDA9171 denominado chip de histograma. El proceso que cumple este integrado constituye un refinamiento para mejorar la calidad de la imagen final. Básicamente, realiza las siguientes funciones:

1. LTI *(Luminance Transient Improvements).* Mejora en las transiciones de luminancia.

2. CTI *(Crominance Transient Improvements).* Mejora en las transiciones de la señal de color.

3. *Dynamic Skin Tone Control*. Efectúa la corrección dinámica de la tonalidad de la piel humana. Tiene por objeto detectar todos los colores cercanos al de la piel y afectarlos de modo que viren al color de aquélla. El ángulo (fase) de la corrección es controlado por el bus de I²C.

4. *Green Enhancement*. Actúa como realce en las componentes correspondientes al color verde.

Luego del tratamiento y enfatizado de las tres señales, éstas son reingresadas al TDA8889 por los pines 39; 47 y 48 para ser matrizadas, según el proceso convencional y entregadas como señales RGB a través de los pines 33; 35 y 31, respectivamente. A partir de este punto finalizan las operaciones consideradas como tradicionales, puesto que se ingresa a la placa exclusiva de los sistemas LCD y plasma, es decir, la placa de proceso de adaptación y conversión del formato de las señales que dan lugar a la imagen final en el panel.

También, parte del proceso de sonido se realiza en la *placa scaler* pues aparecen ciertas particularidades en el tratamiento de la señal de audio que no existen en un receptor con TRC.

Placa de Procesamiento Escalar (Conversor de Formato o *Scaler*)

Si bien el concepto de deflexión horizontal y vertical no es aplicable a la tecnología LCD, en cierta forma se puede admitir la inclusión de una interfaz entre la información de video y la presentación en la pantalla plana. Las funciones de la placa *scaler* son las de colocar todas las señales de entrada a la resolución del planel LCD elegido. Esto significa tomar las señales analógicas aportadas por la placa TV o bien introducidas por una PC y adaptarlas para excitar una matriz, cuyos componentes activos se hallan distribuidos según los ejes coordenados previamente explicados en el estudio de los paneles LCD. El concepto de escala implica aquí la sucesión ordenada y sincronizada de la información de video para formar una imagen completa sobre una superficie prefijada.

Mediante el **escalamiento** se adapta la imagen a los distintos formatos de pantalla, lo cual implica por ejemplo, que el circuito debe ser capaz de mostrar imágenes tomadas en una relación de aspecto 4:3 sobre displays del tipo 16:9 y viceversa, lo que equivale a un proceso de conversión de formato.

La cantidad de procesos necesarios antes de llegar a la imagen LCD son numerosos y se apartan, en muchos casos, de las operaciones tradicionales en receptores con TRC.

Placa TV
→ TDA8889

Nuevamente, es aconsejable recurrir a diagramas en bloques sucesivos para evitar la complejidad del conjunto, tal como se muestra en la Fig. 3.3.a. Cuando las señales provienen del BOCMA, las entradas se resumen al esquema de la Fig. 3.3.b y son básicamente las señales RGB provenientes del TDA8889 y una señal de sincronismo compuesto (C-SYNC), también proveniente de la placa TV. La información mencionada ingresa a un decodificador de video SAA7118, un circuito integrado de captura de video analógico y salida de señal digital.

Este integrado de moderna generación, utiliza la llamada tecnología BGA *(Ball Group Arrangement),* con 16 entradas analógicas de video que puede ser provisto para adaptar niveles CVBS, Y, Pb-Pr o directamente señales RGB. En este receptor, puesto que el TDA8889 entrega señales RGB, el decodificador emplea dicho formato. La secuencia Y-Pb-Pr significa: Luminancia-señales de croma azul y rojo analógicas.

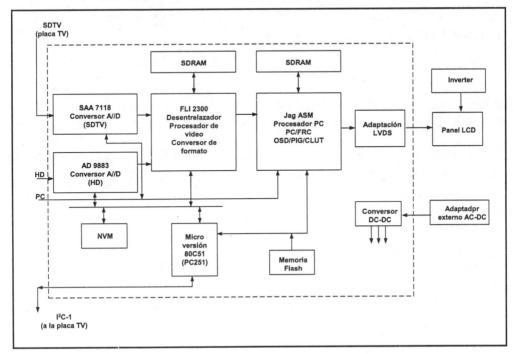

Fig. 3.3. a) Bloques integrantes de la placa *scaler*.

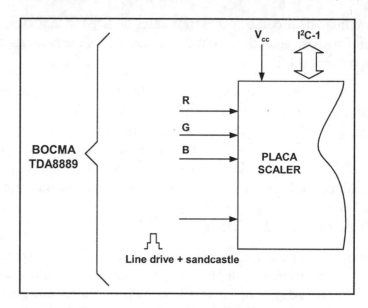

Fig. 3.3. b) Magnitudes de entrada a la placa *scaler*, provenientes del BOCMA.

Las señales RGB ingresan al integrado a través de los pines G_3 *(green)*, F_2 *(blue)* y D_2 *(red)*. No incluyen información de sincronismo, de modo que el mismo es introducido en el pin K1 (C-SYNC). El pulso es conformado en la placa TV, combinando las señales *Line drive 1* (pin 56) y *Sandcastle* (pin 57), ambos del TDA8889.

Manteniendo aún su carácter analógico, las señales RGB pasan dentro del SAA7118 a una etapa de enclavamiento y a un amplificador de ganancia ajustable para acomodar la señal al rango de los conversores A/D posteriores. El siguiente paso interno es un filtro *anti-aliasing* totalmente integrado.

El efecto de *aliasing* es una distorsión del perfil de una onda, que se asemeja a una falta de integración de puntos consecutivos a lo largo de la trayectoria. Visualmente el fenómeno se asemeja a una línea aserrada. Las distorsiones de *aliasing* son un tema importante en mediciones electrónicas.

 Si desea más información sobre el tema de las distorsiones de aliasing, le recomendamos consultar el Capítulo 2 del libro **Osciloscopios***, de Editorial HASA.*

El paso siguiente a la limitación de banda es la conversión analógico-digital. Los conversores entregan las señales RGB codificadas con 8 bits.

Las señales RGB son muestreadas a una frecuencia de 13,5 MHz, valor que se conoce como frecuencia de reloj de pixel. Por la exigencia de precisión en el clock, su frecuencia es controlada por el cristal de referencia (24,756 MHz) asociado al SAA7118.

La frecuencia del reloj de pixel está enganchada en fase con la frecuencia de línea de la señal de entrada, es decir que la sincronización tiene en cuenta la señal C-SYNC, a fin que sean muestreadas las mismas cantidades de información por cada campo de video. Además, esto asegura que el muestreo de video tenga lugar siempre en los mismos puntos.

Una señal de frecuencia doble a la del reloj de pixel, es decir, 27 MHz y con su misma fase, se extrae del pin 24. Este pin se denomina LLC *(line locked clock)*, es decir reloj de fijación de línea, y la señal allí disponible (DA-CLK), será utilizada posteriormente por una etapa llamada conversor de video.

Algunos diseños emplean también al SAA7118 como procesador de video, decodificador de croma y escalamiento H-V de la imagen; sin embargo, una función primordial antes de excitar el LCD es la de **desentrelazado**. Como este proceso lo realiza aquí un integrado altamente especializado, también se incluyen en él las funciones antedichas y otras adicionales, desvinculándose al SAA7118 de estas operaciones.

Las salidas digitales aparecen en los pines llamados puerto de expansión (X-PORT). Se trata de 8 pines indicados como XPD7 a XPDO que entregan señales a nivel Y-Cb-Cr codificadas en 8 bits.

Estas señales contienen la información de luminancia (Y) y de las señales diferencia de color del azul (Cb) y el rojo (Cr).

La señal a nivel Y- Cb- Cr en el formato 4:2:2 contiene la información digital de 720 pixels activos por línea de video de entrada. Luego de la conversión A/D los valores asignados a las tres componentes se indican en la Fig. 3.4.

Además de la información digital, el puerto de expansión contiene otras señales auxiliares para distintas etapas del TV indicadas a continuación.

- **Señal XCLK.** Se ubica en el pin A7, como dicho punto está configurado como salida, la señal allí presente es una copia de la disponible en el pin 4 (LLC), es decir que es una señal de 27 MHz transformada luego en la señal DA-CLK.

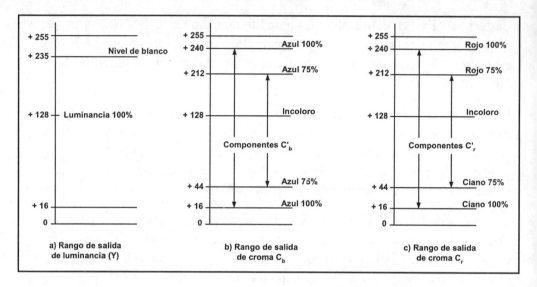

Fig. 3.4. Valores de las señales Y-Cb-Cr luego de la conversión A/D.

- **Señal XRH.** Se encuentra en el pin C7 y corresponde a pulsos de frecuencia horizontal en fase con las señales de salida del puerto. La señal XRH contempla el retardo introducido en el proceso de conversión A/D.

Se trata de pulsos que cambian de estado durante el período de borrado horizontal. Estos pulsos se usan para sincronizar el conversor de video posterior y la referencia OSD que necesita el microprocesador primario para generar los caracteres OSD.

- **Señal XRV.** Se encuentra en el pin D8 y es una referencia vertical puesta como salida en el puerto de expansión. Constituye la información de identificación de campo (Field ID) para determinar el carácter par o impar del mismo, no se debe confundir con los pulsos de sincronismo vertical.

La señal FID en el pin D8 (XRV), adquiere estado alto a partir de la línea 23 del campo impar y toma estado bajo, a partir de la línea 23 del campo par, proceso que se muestra parcialmente en la Fig. 3.5. La señal FID se convierte luego en señal DA-FID para alimentar los circuitos de desentrelazado del conversor de video.

- **Señal RST1.** Se encuentra en el pin N10. Es un pulso positivo presente durante las tres primeras líneas de video de cada campo.

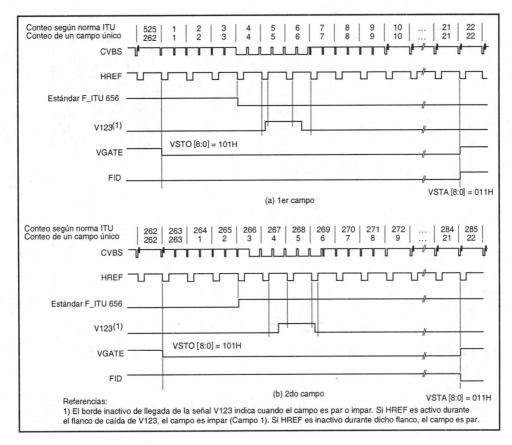

Fig. 3.5. Sincronización de las señales durante los campos impares y pares del cuadro vertical. Consultar las funciones del SAA7118 en el Capítulo 4.

Luego se convierte en las señales DA-VS y NC, para el conversor de video y VS-OSD, para la generación de caracteres OSD, por parte del microprocesador primario.

Otro pin importante del SAA7118 es el N4, pin de habilitación *(Chip Enable)*. Para que el integrado funcione, este pin debe estar en nivel alto; es posible **resetear** el integrado conectando temporariamente a potencial de masa el pin N4. En tal caso, la salida RESON pasa a nivel bajo por un instante.

Desentrelazado

Las frecuencias de campo, normalmente 50 ó 60 Hz, transmiten una cantidad de cuadros por segundo igual a la mitad de dichas frecuencias.

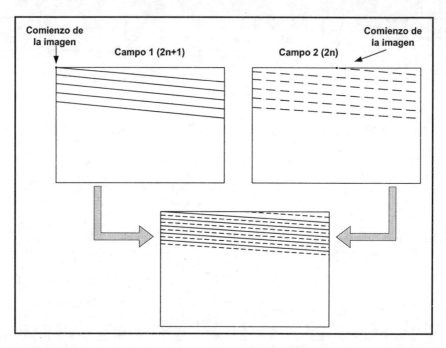

Fig. 3.6. División del cuadro vertical en dos campos, en el sistema de barrido entrelazado.

Por ejemplo, en un sistema de 50 Hz se transmiten 25 cuadros o imágenes completas por segundo. Para evitar efectos de parpadeo en la pantalla de TRC cada cuadro se divide en dos imágenes parciales superpuestas, tal como muestra la Fig. 3.6.

En el sistema estandar de 625 líneas, primero se transmite el campo 1 ó campo impar (2n + 1), formado por 312,5 líneas, la primera de las cuales coincide con el extremo superior de la pantalla.

Luego, se transmite el campo 2 ó campo par (2n), compuesto también por 312,5 líneas, pero en este caso la primera línea comienza en el centro de la pantalla.

La inercia del ojo en la percepción visual retiene ambas imágenes y se tiene así la sensación de un cuadro formado por 625 líneas. Las líneas correspondientes a los campos 2 n+1 y 2 n aparecen **entrelazadas**.

Debido a esto, entre cada campo existe un corrimiento de media línea y dicho corrimiento es controlado por los pulsos de sincronismo.

En el sistema NTSC las líneas requeridas son 525, pero el sistema de entrelazado opera del mismo modo.

La distribución de los campos entrelazados para ambos sistemas resulta entonces así:

- Líneas impares (2n + 1): 1 a 525 en NTSC.

- 1 a 625 en PAL.

- Líneas pares (2n): 2 a 524 en NTSC.

- 2 a 624 en PAL.

El resultado es que sólo la mitad del área del display es reproducida cada 1/60 segundo en NTSC y cada 1/50 segundo en PAL.

A pesar de las ventajas introducidas por el sistema entrelazado, cuando se pretende una reproducción de alta definición surgen inconvenientes, tales como los enunciados a continuación.

- Estructura de líneas visible, como se muestra de modo magnificado, en la Fig. 3.7

- Reaparición del parpadeo, causado por la exposición alternada de ambos campos (visible en alta resolución).

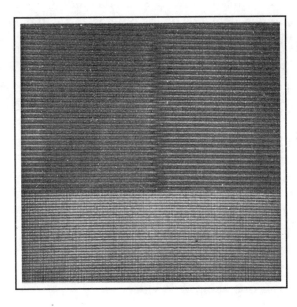

Fig. 3.7.
Efecto de las líneas visibles debido al barrido entrelazado aplicado a un sistema de alta resolución.

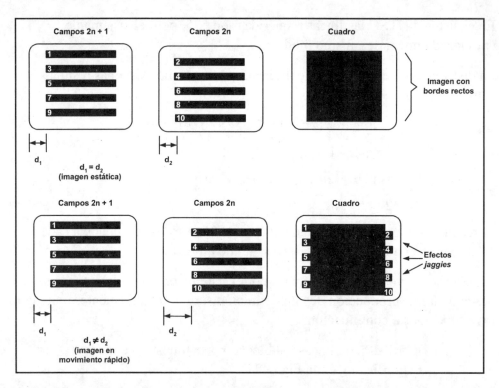

Fig. 3.8. Efectos indeseables producidos por imágenes en movimiento rápido en sistemas de alta resolución, compensados con el algoritmo *Motion Adaptive*.

- Aparición de efectos no deseados como *combing* o peinado de la imagen y *jaggies*, dentados de los objetos en sus flancos.

Estos efectos son más notables cuando se reproducen imágenes en movimientos rápidos, ya que el campo muestra a los objetos en posiciones distintas entre las líneas pares e impares, cuando en realidad ambos campos debieran componer la misma imagen. La profundidad del aserrado depende del grado de rapidez con que se mueve el objeto de la imagen, como esquematiza en forma exagerada la Fig. 3.8.

Como las fuentes de señal progresiva que minimizan tales efectos no son aún muy comunes y las transmisiones de TV son todas con sistema entrelazado, se debe efectuar el proceso inverso en el receptor antes de mostrar las imágenes en una pantalla LCD o plasma de reproducción progresiva. Significa que se debe incorporar un **circuito desentrelazador**. En el chasis LC03 analizado, esta función la cumple un integrado de alta complejidad, el FLI2300, que además ejecuta numerosas operaciones de video.

El resultado buscado es obtener un display del tipo progresivo, con las siguientes ventajas respecto del tipo entrelazado:

- Imagen libre de todo parpadeo.

- Líneas de barrido prácticamente imperceptibles, que permiten reducir la distancia entre el panel y el observador, respecto de la necesaria con un TRC.

- Eliminación de la pérdida de captura de detalles finos, cuando la imagen tiene dimensiones de altura menores que dos líneas de barrido.

Con el barrido entrelazado estos detalles sólo aparecen en un campo de video, quedando ocultos en el siguiente, es decir, se pierden como información útil generando una imagen más pobre.

El desentrelazado anula el efecto de reproducción alternada y presenta simultáneamente las líneas pares e impares de cada cuadro. Debido a esto, el cuadro progresivo debe ser mostrado al menos dos veces para emplear el mismo tiempo que tomarían dos campos originales separados.

La necesidad de tener 50 ó 60 destellos por segundo es una consecuencia de la inercia del ojo para fundir los mismos en una imagen única. Un ritmo menor sería detectado por el cerebro como una imagen discontinua en formación.

El desentrelazado de señales de video, cualquiera sea el sistema de transmisión, es una operación muy compleja que requiere notaciones de cálculo matemático (algoritmos) manejados por un procesador. En el FLI2300 se emplean funciones especiales tales como *Motion Adaptive* (Adaptación de movimientos) y DCDi *(Direccional Correlation Deinterlacing)*, cuyos desempeños se explican a continuación.

Algoritmo Motion Adaptive

Tal como se expresó anteriormente, la imagen puede resultar distorsionada cuando ella representa un objeto en movimiento y sus partes aparecen en distintas posiciones al combinarse dos cuadros sucesivos.

Una forma de integrar el objeto en una imagen única es usar la información de **un único campo** de video y obtener las 525 líneas (NTSC) ó 625 líneas (PAL) de un cuadro a partir de la información de **ese único campo**.

Por ejemplo, a partir de un solo campo de video de líneas impares $(2n + 1)$, representadas por las líneas 1; 3; 5; 7, etc., la interpolación o intercalamiento se usa para promediar la información de las líneas pares $(2n)$, es decir las líneas 2; 4; 6; 8, etc.

Si se debe visualizar la línea 2, se usa la información contenida en las líneas adyacentes 1 y 3, y así sucesivamente. Este sistema elimina el problema de las imágenes en movimiento rápido, pero pierde resolución vertical en un 50%.

Un método más avanzado, llamado *Motion Adaptive*, desarrollado por la empresa Faroudja, es el que utiliza el integrado FLI2300, y constituye un algoritmo matemático.

Tal función matemática interpola y mantiene la resolución vertical en todas las áreas de imagen estáticas. La operación se realiza analizando pixel por pixel y combinando áreas de imagen estática con resolución al 100%, interpolando sólo los sectores donde se detecte movimiento.

Algoritmo DCDi

El proceso anterior no mejora la pérdida de resolución vertical si la imagen en movimiento tiene flancos diagonales, y esto es tanto más crítico cuanto mayor inclinación tenga el detalle de la imagen.

Un flanco diagonal en movimiento, reproducido con resolución vertical al 50% se transforma en una rampa escalonada de aspecto no deseado.

Mediante esta nueva función matemática, el integrado analiza el contenido de la señal de video, detecta todas aquellas partes con flancos inclinados en movimiento y rellena los espacios que quedan vacíos como producto de la interpolación entre líneas pares e impares. El efecto visual es un suavizado de las líneas de la imagen, confiriéndole un aspecto más natural al conjunto, tal como se muestra en la Fig. 3.9. El mejor ejemplo de tal situación es la imagen de una bandera con franjas horizontales ondeando. La misma tiene flancos diagonales en movimiento permanente y el efecto es más notable si la luminosidad entre las franjas es grande.

En este chasis el integrado FLI2300 lleva también adelante el proceso de escalamiento, es decir, la adaptación de la imagen a los distintos formatos de pantalla. Imágenes tomadas con aspecto 4:3, se pueden mostrar en displays del tipo 16:9 y viceversa.

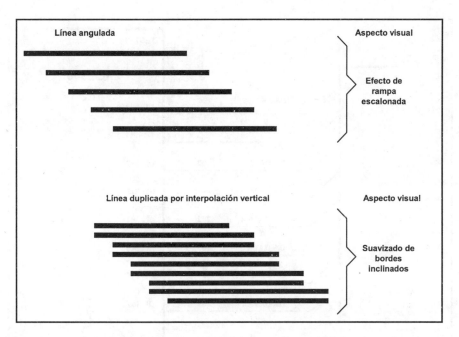

Fig. 3.9. El algoritmo DCDi compensa la falta de uniformidad de las imágenes con flancos escalonados en movimiento.

Funcionamiento del FLI2300

La información de video digital del puerto B entra a los pines que se muestran en la Fig. 3.10, junto con los pulsos de sincronismo H-V y una señal DA-FID para identificación del campo par-impar.

El integrado convierte las señales digitales de este puerto al formato 16 bits YU/V 4:2:2.

Otro puerto (A) permite el ingreso de señales de alta definción provenientes de fuentes de barrido progresivo, aunque también aquí se pueden inyectar señales de barrido entrelazado.

Las señales de alta definición tipo HDTV ingresan a nivel Y-Pb-Pr analógico a través de un conector apropiado. Aquí se admiten los siguientes estándares:

    a. 576 p, 576 i, 720 p y 1080 i, para PAL.

    b. 480 p, 480 i, 720 p y 1080 i, para NTSC.

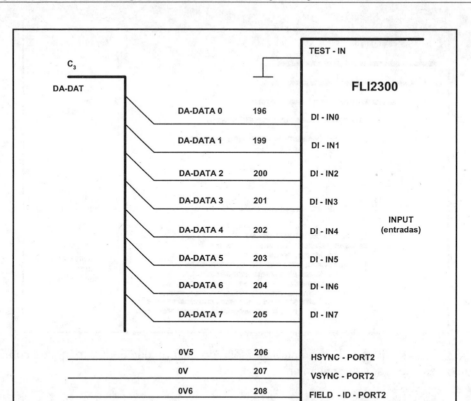

Fig. 3.10. Entradas digitales de video del integrado FLI2300.

El valor de las diferentes resoluciones se acompaña por las letras **p** *(progresive* = progresivo) e **i** *(interlaced* = entrelazado) para hacer referencia al sistema de transmisión empleado.

Las señales analógicas de luminancia y crominancia HDTV son convertidas al dominio digital por medio de un triple conversor A/D con salidas en modo paralelo, de 8 bit cada una.

Para este proceso se usa el integrado AD9883AKST. Las señales HDTV externas llegan directamente al desentrelazador sin pasar por la placa TV.

Para la operación básica de desentrelazado usando los algoritmos ya vistos, es necesario contar las imágenes de distintos campos; esto se logra con una interfaz para la conexión directa a una memoria SDRAM. La memoria es del tipo K4S643232E.

Internamente está organizada como 4 bancos de 524.288 posiciones de 32 bits cada una. Puede trabajar a una frecuencia máxima de 200 MHz.

Señales de Control del Desentrelazador

Todas las señales se indican con la sigla SDRAM, seguida por la función específica y el pin correspondiente donde se hallan presentes.

- **WEN (pin 104):** en estado bajo habilita la escritura en la memoria. Actúa sobre el pin 17 de la memoria.

- **RASN (pin 105):** en estado bajo le indica a la memoria que la información del bus de *address* corresponde a un número de fila. Actúa sobre el pin 19 de la memoria.

- **CASN (pin 106):** en estado bajo le indica a la memoria que la información del bus de *address* corresponde a un número de columna. Actúa sobre el pin 18 de la memoria.

Sin estas dos últimas líneas no se podrían direccionar las matrices fila-columna de la SDRAM y posteriormente del panel LCD.

- **BA1- BA0 (pines 107-108):** seleccionan uno de los cuatro bancos de memoria, sobre los pines 23 y 22 de la SDRAM.

- **CSN (pin 109):** selecciona la memoria en modo activo-inactivo; normalmente su estado es bajo, para mantener activada la memoria a través del pin 20.

- **DQM (pin 110):** en nivel bajo pone en alta impedancia al bus de datos de la memoria. Se conoce a esta condición como *third state*. Actúa sobre los pines 16; 71; 28 y 59 de la memoria.

- **CLK OUT (pin 111):** es la señal de reloj para la SDRAM; se genera con un PLL interno, controlado por el cristal de 13,5 MHz. Actúa sobre el pin 68 de la memoria.

- **CLK IN (pin 114):** rastrea la señal de reloj y es una muestra de la misma.

Salidas Analógicas

El FLI2300 incorpora tres conversores D/A que proporcionan salidas de señal a nivel **RGB analógicas**. La distribución es la siguiente:

- **DAC-BOUT:** salida azul (pin 170).

- **DAC-GOUT:** salida verde (pin 173).

- **DAC-ROUT:** salida rojo (pin 176).

Estas señales constituyen una muestra de las salidas del integrado por el puerto paralelo digital de 24 bits (3 × 8 bits). Las señales tomadas sobre el conector de prueba (1352) se hallan ya en formato progresivo.

Como ahora la cantidad de cuadros es 50 en PAL, y dado que el display tiene una conformación de 1024 columnas × 768 filas, es decir, una resolución XGA de 1024 × 768, la cantidad de información por unidad de tiempo es:

Número de líneas / segundo = 50 cuadros / segundo × 768 líneas / cuadro = 38.400 Hz.

El período de líneas de información es del orden de 26 µs. El conector de prueba 1352 de este TV resulta fundamental para medir sobre él el proceso realizado por el SAA7118 y el FLI2300.

Si las mediciones son correctas, las posibles causas de mal funcionamiento se deben atribuir a los últimos eslabones de los pasos siguientes: el procesador de display o el propio panel LCD.

Procesador de Display

El integrado de alta complejidad que realiza las funciones de procesador de display en el chasis LC03 es el conocido como Jag-ASM.

Realiza todas las funciones para excitar y controlar una matriz TFT-LCD. Este componente debe entregar la información digital RGB y los sincronismos para que el display pueda ir excitando con el brillo correcto cada uno de los pixels del panel. Por ejemplo, en uno de 15 pulgadas se controlan 786.432 pixels ordenados en 768 filas de 1024 pixels, cada una con una relación de refresco vertical de 60 Hz típica. Este concepto de repetición de campo se ha desarrollado previamente y corresponde en tal ejemplo al sistema NTSC. A su vez, cada pixel contiene tres sub-pilxels que definen el color del pixel.

Dado el tamaño de las matrices a controlar, y a pesar de su dimensión reducida, este integrado de tecnología BGA cuadrangular contiene 388 bolillas de estaño para otras tantas conexiones al circuito impreso.

De ellas, 352 son conexiones de señal y alimentación, y 36 centrales actúan como contacto térmico para disipación de calor.

Dentro de este integrado se realizan las siguientes funciones:

- Control de temperatura de blanco (referido al matiz del blanco W).
- Control de contraste para los modos SDTV, HDTV y PC.
- Control de Brillo para el modo PC, para el resto de los modos este control lo ejecuta el desentrazador.
- Conversión A/D de la entrada de PC; escalamiento y relación de cuadro para entrada de PC.
- Generación de OSD para los modos PC y HDTV.

El diagrama en bloques simplificado, junto con las señales de entrada y salida, se muestran en la Fig. 3.11.

El Jag ASM tiene tres puertos configurados como entradas de video digital. En los puertos A y B se pueden ingresar señales de video digital RGB de 24 bits. El puerto C admite video digital YU/V de 16 bits. En este chasis toda la información de video, ya sea SDTV o HDTV ingresa por el puerto B, a través de los pines PB00 a PB23, inclusive.

También sobre este integrado se reciben las señales que convierten al receptor en un monitor de PC. Para esto se cuenta con una entrada RGB analógica, pues las señales de la placa de video de una PC son de este tipo.

Por medio de una entrada VGA para conexión a la PC, el integrado recibe señales RGB de 0,7 Vpp de polaridad positiva, de modo que el nivel de blanco corresponde a 700 mV y el nivel de negro a 0 V.

Los pulsos de sincronismo V-H generados en la PC ingresan también al integrado, admitiéndose pulsos de polaridad positiva o negativa.

Tanto el sincronismo horizontal como el vertical recorren dos caminos al ingresar al receptor; por un lado se usan como control del PLL para generar la frecuencia de muestreo de las señales RGB analógicas tomadas de la PC, tal como ocurre con las señales RGB que, llegando de la placa TV, excitan al decodificador SAA7118. Además, sirven para ordenar el almacenamiento en las SDRAM cuando se debe realizar una relación de conversión de cuadro.

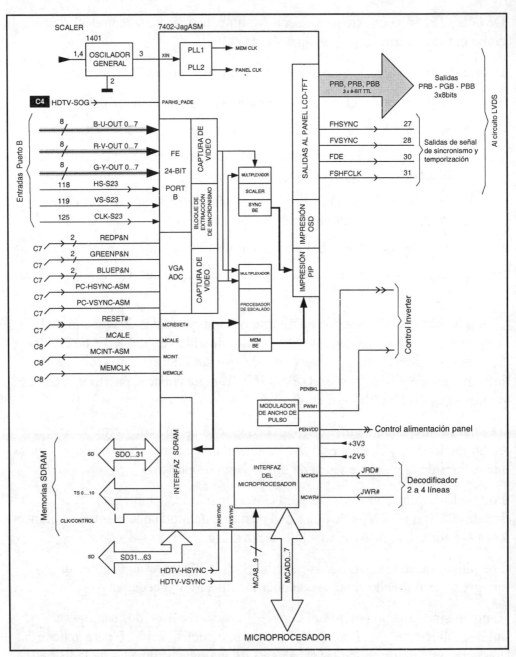

Fig. 3.11. a) Señales de entrada y de salida del Jag ASM.

Este segundo camino es también muy importante, porque informa al microprocesador primario sobre la existencia de señales de PC.

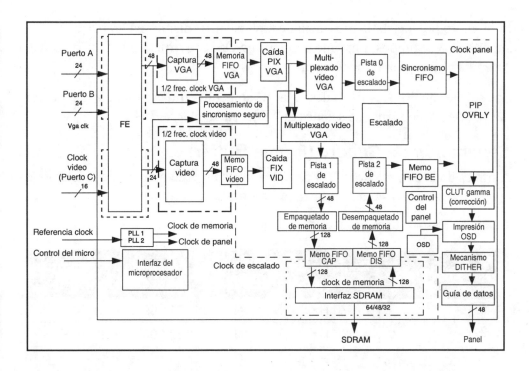

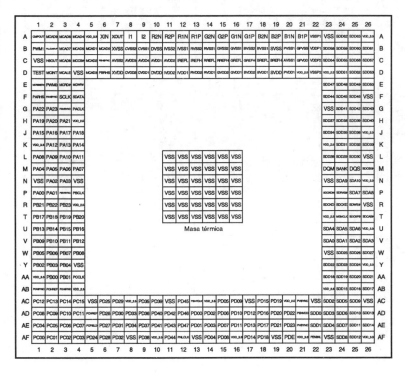

Fig.3.11.
b) Bloques principales del integrado conversor de formato Jag ASM (arriba)
c) Distribución de pines (izq.).

Si el micro no detecta la presencia de ambos sincronismos en un período superior a 3 segundos, imprime un mensaje OSD advirtiendo la falta de señal y conmuta el receptor al modo *stand-by*.

Las señales analógicas RGB desde la PC son convertidas a modo digital dentro del Jag ASM, en forma de señales de 8 bits cada una.

Separación de Cuadro (Frame Buffer)

A través de la entrada de PC, el equipo admite un gran número de resoluciones posibles, las cuales se muestran en la **Tabla 3.2**.

Tabla 3.2. Resoluciones del chasis LC03 de Philips.

Nº	Resolución	Régimen de refresco	Polaridad V	Frecuencia horizontal	Polaridad H
1	640 × 350	70 Hz	N	31.469 kHz	P
2		85 Hz	N	37.900 kHz	P
3	640 × 400	70 Hz	P	31.400 kHz	N
4		85 Hz	P	37.900 kHz	N
5	720 × 400	70 Hz	P	31.469 kHz	N
6		85 Hz	P	37.900 kHz	N
7		60 Hz	N	31.500 kHz	N
8		67 Hz	N	35.000 kHz	N
9	640 × 480	72 Hz	N	37.900 kHz	N
10		75 Hz	N	37.500 kHz	N
11		85 Hz	N	45.300 kHz	N
12		56 Hz	P	35.100 kHz	P
13		60 Hz	P	37.900 kHz	P
14	800 × 600	72 Hz	P	48.100 kHz	P
15		75 Hz	P	46.900 kHz	P
16		85 Hz	P	53.700 kHz	P
17	832 × 624	75 Hz	P	49.700 kHz	P

Nº	Resolución	Régimen de refresco	Polaridad V	Frecuencia horizontal	Polaridad H
18	1024 × 768	60 Hz	N	48.400 kHz	N
19		70 Hz	N	56.500 kHz	N
20		75 Hz	P	60.000 kHz	P
21		85 Hz	P	68.700 kHz	P
22	1152 × 864	75 Hz	P	67.500 kHz	P
23	1280 × 960	60 Hz	P	60.000 kHz	P
24	1280 × 1024	60 Hz	P	64.000 kHz	P
25		75 Hz	P	80.000 kHz	P

Esta tabla debe ser compatible con las características del panel LCD; volviendo al ejemplo del panel de 15", tipo LC151XO1, con una matriz de 1024 × 768, éste puede ser excitado con información temporizada, según se indica en la Tabla 3.3.

Tabla 3.3. Temporización del panel LCD (chasis LC03).

Ítem	Parámetro	Simbolo	Mín.	Típ.	Máx.	Unidad	Notas
DCLK	Período	tCLK	14,3	15,4	20,0	ns	
	Frecuencia	-	50	65	70	MHz	
Hsync	Período	tHP	1208	1344	1388	tCLK	
	Frecuencia	fH	37	48,36	52	kHz	
	Ancho	tWH	8	136	-	tCLK	
Vsync	Período	tVP	774	806	830	tHP	PAL: 47-53 Hz NTSC: 57-63 Hz
	Frecuencia	fV	47	60	63	Hz	
	Ancho	tWV	2	6	-	tHP	

Estudiando ambas tablas se observa que la mayoría de las resoluciones no son aceptadas por el panel, de modo que el Jag ASM tiene que llevar adelante un proceso de conversión *(frame rate conversion)*, por el cual la cantidad de cuadros/segundo de salida son diferentes de los cuadros/segundo de entrada a fin de adaptarlos a los que admite el panel.

Ya sea que se trate de resoluciones mayores o menores, el integrado debe operar para llenar correctamente toda la superficie del panel y ésta es la operación escalar propiamente dicha. El escalamiento es, precisamente, un proceso de interpolación de alta calidad en el cual la imagen es afectada en factores de tamaño muy variados que van desde 0,5 a 256.

Resumiendo, cuando el equipo trabaja como monitor de PC, la información de entrada se pasa a la memoria *(frame buffer)*, es afectada por un factor de escala a la resolución de 1024 × 768 pixels y, finalmente, es leída para que se adapte a las normas del panel en uso.

La separación de cuadro se conforma con dos memorias SDRAM, como la empleada en el desentrelazador (K45643232E).

Interfaz de Salida

La salida del procesador contiene 24 bits de datos y 4 señales de control y temporización. Los 24 bits de datos corresponden a la información necesaria para un pixel completo, distribuida en 8 bit para cada color primario.

Para direccionar la información al pixel correspondiente se requieren las cuatro señales de control:

- FHSYNC (pin AE21). Es un pulso de sincronismo horizontal para que el panel excite el primer pixel de una línea.

- FVSYNC (pin AC21). Es un pulso de sincronismo vertical para que el panel excite el primer pixel de un cuadro.

- FSHFCLK (pin AC13). Pulso de desplazamiento para indicar al panel la excitación del próximo pixel. Se trata de una señal fundamental, pues determina el ritmo de transferencia de datos entre la placa *scaler* y el panel.

- FDE (pin AF20). Habilitación del display; adquiere estado alto mientras se transfiere información al panel durante el período de imagen visible.

La Etapa LVDS

La conexión entre la placa *scaler* y el panel tiene condiciones críticas y puede sufrir importantes interferencias externas visibles en la imagen. Para minimizar estos efectos se recurre a una interfaz con adaptación especial. Se emplea para ello el DS90C385, un integrado LVDS *(Low Voltage Diferencial Signaling)*, es decir, con salida diferencial por baja tensión.

La salida del integrado es del orden de 350 mV, de tipo diferencial, con dos pines de salida independientes de masa, adaptados a un sistema idéntico en el panel. Así, el circuito LVDS constituye un conjunto emisor-receptor capaz de eliminar interferencias magnéticas (EMI) sin recurrir a blindajes complejos.

La resistencia típica de entrada del receptor es baja (100 Ω), de modo que la tensión de salida del emisor debe ser reducida, para evitar desarrollar potencias elevadas.

Placa *Inverter*

Se denomina así al circuito encargado de excitar y controlar la fuente luminosa que abastece al panel. Se debe recordar que los sistemas LCD son transmisores de luz, a diferencia de los paneles de plasma, capaces de generar su propia fuente de emisión.

La placa *inverter* alimenta dos conjuntos de lámparas fluorescentes del tipo CCFL *(Cold Cathode Fluorescent Lamp)*.

Estas lámparas de cátodo frío se ubican en la parte superior e inferior del panel y son, desde el punto de vista del mantenimiento, parte integral del panel, no siendo posible su reemplazo individual.

Las características generales del circuito excitador se detallan en la Tabla 3. 4. El sistema tiene protección integral, cuando una de las lámparas falla, el circuito corta la alimentación de las restantes y el receptor permanece con el sonido normal y la pantalla oscura.

Tabla 3.4. Características generales del circuito excitador.

Parámetro a medir	15"	17"
Tensión de salida sin carga (lámpara)	1.189 V	1.257 V
Tensión de salida con carga (lámpara)	520 V	609 V
Frecuencia de salida	44,9 kHz	46,7 kHz
Corriente de retorno (promedio)	8,09 mA	7,89 mA

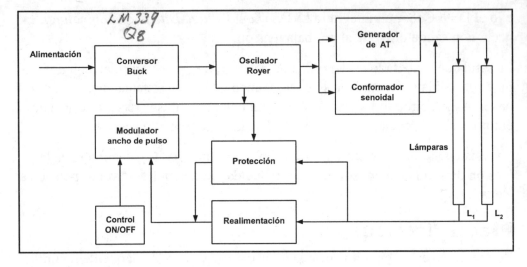

Fig. 3.12. Esquema en bloques de la placa *inverter*, alimentación del sistema de iluminación del LCD.

El diagrama en bloques se muestra en la Fig. 3.12. La estructura del conversor llamado **circuito Royer**, vista en la Fig 3.13, convierte la tensión de CC aplicada al transformador T_1, en un potencial de CA superior a 1 kV. Junto con los transistores Q_9 y Q_{10}, T_1 forma un oscilador auto-resonante. Según cuál es el transistor que conduce, existe un flujo magnético variable en el núcleo de T_1 que induce tensión en el secundario. La relación de transformación es tal, que la tensión obtenida a la salida es cercana a 1 kV, dependiendo el valor nominal del tamaño de panel empleado.

La frecuencia de oscilación es del orden de 45 kHz, determinada por C10-C11.

El control de conmutación tiene lugar mediante el bobinado 6-1, la realimentación positiva sobre las bases de Q_9 y Q_{10} es tal, que satura a uno mientras bloquea al restante. Cada conjunto de lámparas es excitado desde su propio transformador, aunque los primarios se conectan en paralelo.

El conversor tiene un control electrónico para estabilizar la alimentación de las lámparas. Q_8 controla la tensión aplicada al oscilador por medio del principio de variación de ancho de pulso. Este transistor forma parte de un circuito conversor CC-CC previo, llamado **conversor Buck**.

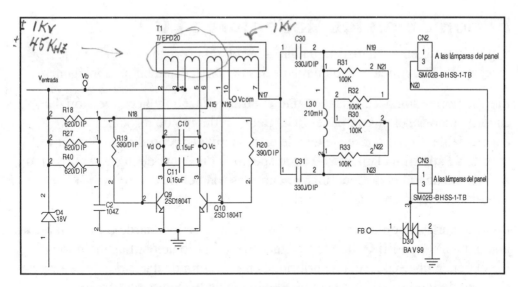

Fig. 3.13. Conversor de la alimentación de los tubos fluorescentes (circuito Royer).

Variando el ancho de la onda rectangular sobre la compuerta de Q_8 se determina el valor medio de la tensión aplicada al oscilador. Si la relación TON es mayor que TOFF, mayor será la tensión generada y aplicada a las lámparas, con el consecuente aumento del brillo de las mismas. La señal rectangular es generada por un integrado LM339.

El control externo del oscilador se hace desde el procesador ubicado en la placa *scaler*, a través de un circuito ON-OFF. Cuando la señal recibida desde el procesador de video tiene valor alto (3,2 V), se habilita la señal rectangular modulada en ancho de pulso para que excite a Q_8 y con ello se genere la alimentación de las lámparas.

Si la orden desde el procesador es OFF, ninguna señal alcanza a la compuerta de Q_8, con lo cual las lámparas permanecen apagadas.

Conformador de Balance Senoidal

A fin de mejorar la eficiencia luminosa del panel y aumentar la confiabilidad de las lámparas, es necesaria una forma de onda perfectamente senoidal para la excitación. Se requiere una asimetría de semiciclos inferior al 10% y una distorsión mucho menor de la que entrega el oscilador convencional; para ello se acopla a la salida un circuito resonante RLC, que por sus características propias convierte la señal de salida en una sinusoide típica de baja distorsión.

El Sonido en los Receptores LCD

Según lo visto en el análisis de la placa *scaler*, el proceso de video en un receptor LCD implica el uso de memorias de almacenamiento de imágenes.

Las memorias son necesarias durante el desentrelazado y la conversión del cuadro; además, el propio panel LCD tiene un tiempo de respuesta no despreciable. Como consecuencia de esto, la imagen reproducida tiene un retardo de aproximadamente 80 ms respecto del instante de ingreso al receptor. Así, existe una falta de sincronismo entre las señales de audio y video simultáneas en la entrada.

Para restaurar la coincidencia se introduce una línea de retardo digital en base a una memoria tipo FIFO, donde se almacena la información. Las memorias FIFO tienen una secuencia de prioridad en la lectura de datos donde se respeta el orden de ingreso de los mismos. El tamaño de la memoria (B) y la frecuencia del reloj fijan la demora introducida.

Por ejemplo, con una memoria de 16 bits se necesitan 16 pulsos de reloj para pasar de la entrada IN a la salida OUT (como se muestra en la Fig. 3.14).

Si la frecuencia del reloj (CLK) es 1 kHz, el período de la misma es 1 ms, por lo tanto el tiempo de demora al paso de los datos en este caso es 16 ms. La ecuación para calcular de modo genérico el tiempo de retardo es:

$$t_r = B \times t_{CLK}$$

Fuente de Alimentación

La alimentación de la placa TV responde a los requerimientos típicos de los procesos de sintonía y tratamiento primario de las señales, incluido el microprocesador convencional. En este caso, las tensiones se obtienen a partir de tres conversores CC-CC basados en el MC34063A.

Las únicas particularidades son la tensión de alimentación del micro, que en este caso es de 3,5 V, y la de sintonía, que reemplaza a la típica de 33 V por un potencial de 7,1 V en el pin 9 del sintonizador.

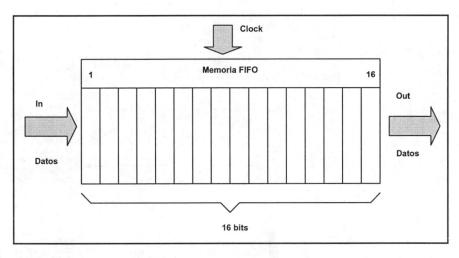

Fig. 3.14. Diagrama idealizado del funcionamiento de una memoria FIFO para el retardo de audio.

Las diferentes etapas de la placa TV utilizan las siguientes tensiones:

- **+8V3.** Alimentan al TDA8889 y al sector analógico del decodificador de audio BTSC, en este caso el integrado MSP3420.

- **+5V4.** Alimentan al sintonizador, el sector digital del BTSC, todos los componentes asociados al retardo de audio y todos los pines del microprocesador primario (SAA5647) que no tienen actividad en el modo *stand-by*. La tensión de sintonía (7,1 V) se obtiene a partir de + 5V4, con un conversor CC/CC.

- **+3V5.** Alimentan al micro y su memoria asociada.

La alimentación de la placa *scaler*, a partir de la tensión de entrada +12 V abarca una serie de bloques, indicados en el esquema de la Fig. 3.15.

La placa *scaler* opera con tensiones inferiores a 12 V e incluso no es necesario alimentarla durante el modo *stand-by*. Para reducir la tensión en actividad e interrumpirla en *stand- by* se incorporan el circuito integrado LM2596 y sus periféricos (como se muestra en la Fig. 3.16). El esquema actúa como conversor CC-CC por conmutación, trabaja a una frecuencia elevada (150 kHz) y entrega una tensión regulada de 5 V. El pin 5 del integrado es controlado por Q7003, que recibe en su base la señal STBY del micro primario, llamada *Power-Con-Scaler* en esta placa. Para que la tensión +5 esté presente en la placa *scaler*, el pin 13 del micro debe entregar un nivel bajo.

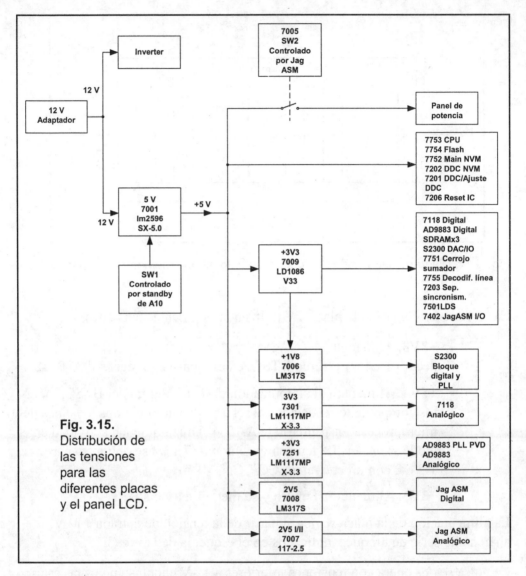

Fig. 3.15.
Distribución de las tensiones para las diferentes placas y el panel LCD.

Una particularidad de esta placa es la gran cantidad de integrados a alimentar y la diversidad de funciones digitales y analógicas. Por ello, una cantidad de tensiones de valor similar son generadas por diferentes circuitos que se muestran en la Fig. 3.15 y resumidas del siguiente modo:

- **IC 7009 (LD1086 V 33):** +3V3 tensión de circuitos digitales.
- **IC 7006 (LD1086 D2T18):** +1V8 tensión de circuitos digitales.

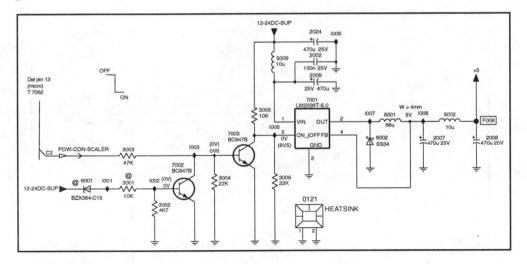

Fig. 3.16. Control de la tensión para la placa *scaler*.

- **IC 7301 (LM1117MPX3.3):** +3V3 tensión de circuitos digitales.

- **IC 7251 (LM1117MPX3.3):** +3V3 tensión de circuitos analógicos.

- **IC 7008 (LM317D2):** +2,5V tensión de circuitos digitales.

- **IC 7007 (LD1117D25):** genera dos tensiones de 2,5 V para circuitos analógicos.

La tensión de entrada +12 V a la placa *scaler* genera también la tensión del panel LCD cuando el procesador de video entrega un nivel alto en el pin AD 21 (PANEL-PWR_ CLT). El proceso de control es el que se muestra en la Fig. 3.17.

Microprocesadores

Dada la complejidad circuital y la cantidad de información a procesar y controlar, se requieren dos microprocesadores, uno para cada placa. El microprocesador primario cumple las funciones típicas del receptor:

a. Controla el funcionamiento general del TV.

b. Recibe los comandos del usuario y ejecuta las órdenes impartidas por el mismo.

c. Genera los caracteres OSD cuando el receptor funciona en el modo TV.

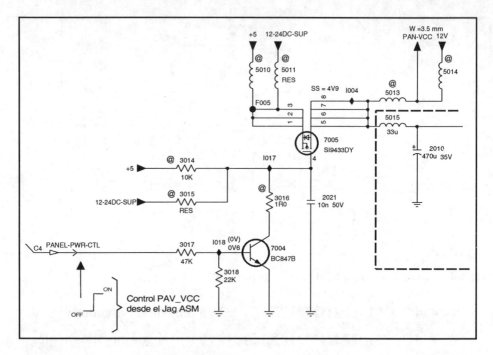

Fig. 3.17. Control de tensión para el panel LCD.

d. Puede comunicarse con los periféricos o internamente con los circuitos propios del TV a través de los puertos de entrada- salida del mismo.

e. Genera los códigos de error cuando aparecen condiciones anormales o de falla del receptor.

El SAA5647 opera con una memoria EPROM asociada (M24G-32W6).

El Bus de I²C

Controlados por el microprocesador, existen tres líneas I²C con distintos propósitos:

1. Hardware I²C bus. Manejado por el micro en sus pines 82 y 81, genera las señales SDA-O y SCL-O. Representa la comunicación bidireccional con todos los dispositivos comandados por I²C dentro de la placa TV, salvo la memoria EPROM.

2. NVM I²C bus. Es un bus exclusivo del micro para comunicarse con la memoria y evitar la contaminación de datos fundamentales guardados en la EPROM. Uno de estos conjuntos de datos es la configuración del receptor. Se utilizan los pines 1 y 78 del micro, donde se encuentran las señales SDA- NVM y SCL-NVM respectivamente.

3. **External Devices I²C bus.** Como la placa TV y la placa *scaler* están interconectadas, debe existir una comunicación mutua a partir del micro primario. Los pines 84 y 83 entregan las señales SDA-1 y SCL-1 para tan fin.

 Si desea más información sobre el bus I²C, le recomendamos consultar el libro **Reparando Equipos con Memorias EEPROM,** *de Gastón Hillar, Editorial HASA.*

Control de la Placa *Scaler*

La placa *scaler* trabaja controlada por el microprocesador secundario PC251, versión mejorada del 80C51, asociado a una memoria de 256 K x 8, donde se guarda el software de dicha placa. El micro tiene cuatro puertos de entrada-salida de múltiples bits cada uno.

El sincronismo entre ambos micros tiene lugar entre los pines 7 y 4 provenientes del micro primario y aplicado al puerto 1 del secundario.

Los pines 2 y 3 llevan la actividad I²C de la placa *scaler* a los integrados que así lo requieren.

El procesador de video Jag ASM y la memoria *flash* asociada se controlan por un bus paralelo, exclusivo para estos integrados, desde los puertos 0 y 2. Se trata de un bus multiplexado que alterna valores de direccionamiento y de datos. Finalmente, el puerto 3 contiene las entradas de interrupciones externas.

La comunicación entre ambos micros es posible cuando la señal TV-IRQ entre el pin 17 del SAA 5647 y el pin 15 del micro secundario está en nivel bajo. En condiciones normales esta línea se halla en estado alto, funcionando entonces cada micro independiente del otro.

Philips, Modelo Nexperia TV 506 E

Se trata de un desarrollo de última generación y alta eficiencia dentro de la tecnología LCD, optimizando aplicaciones de mediano y gran tamaño de pantalla.

Estos receptores basan su diseño en dos integrados multifuncionales: en primer lugar se destaca la serie TDA151xx, integrados del tipo UOC *(Ultimate One Chip)*. Este dispositivo, similar a los usados en receptores convencionales de última generación, agrupa las funciones de control del microprocesador y tratamiento de video y sincronismos en un solo chip; de allí surge la denominación UOC, cuya traducción técnica, en español, sería **procesamiento único en integrado fundamental**. Este integrado incluye, además del control básico del receptor, las siguientes funciones:

- Procesamiento del FIV y el AGC.
- Selección de la fuente de programa.
- Decodificación global de la crominancia.
- Filtro *comb* 3 D.
- Circuitos de control del ruido.
- Decodificación del audio y el video.
- Procesamiento del audio.

El otro dispositivo fundamental es un integrado de la serie PNX50xx, un conversor de formato *(scaler)* de altas prestaciones, responsable de funciones complejas tales como:

- Desentrelazado MCDI, MADI, EDDI.
- Modo cine 32; 22 e híbrido.
- Reducción temporal del ruido.
- Conversión del formato (scaler V-H).
- Función histograma.
- Control automático de la imagen.
- Control automático del contraste.
- Gráficos basados en pixel.
- Teletexto 2000 p a 2.5.
- Control de entradas PC-HD-DVI-HDMI.
- PIP-DW.
- Control MP3-MPEG-JPEG.

La concentración de funciones en integrados multifuncionales permite construir un diagrama en bloques muy simplificado, pues la mayor parte de las operaciones tienen lugar internamente. El esquema básico es el que se muestra en la Fig. 3.18.

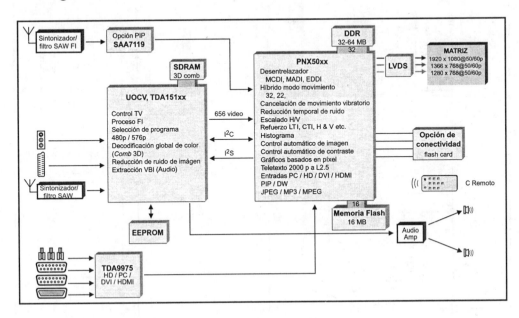

Fig. 3.18. El receptor Philips, modelo Nexperia TV506E, en bloques.

Toshiba, Modelo 23HL84

Éste es un receptor de 23 pulgadas con panel TFT-LCD adaptado al sistema NTSC-M. Como en todos los receptores de esta tecnología debido a la complejidad de los circuitos, conviene comenzar el análisis a partir de esquemas en bloques y, posteriormente, inspeccionar el circuito correspondiente a cada bloque o el circuito general.

Fuente de Alimentación

El esquema en bloques se muestra en la Fig. 3.19. La red de CA (110 V) suministra energía a la fuente conmutada de *stanby*, que comprende el integrado STR-A6159 M, controlado en destino y realimentado a través del optoacoplador IC3805. Las tensiones del secundario de T3801 alimentan al microprocesador y sub microprocesador, encargados de controlar las funciones

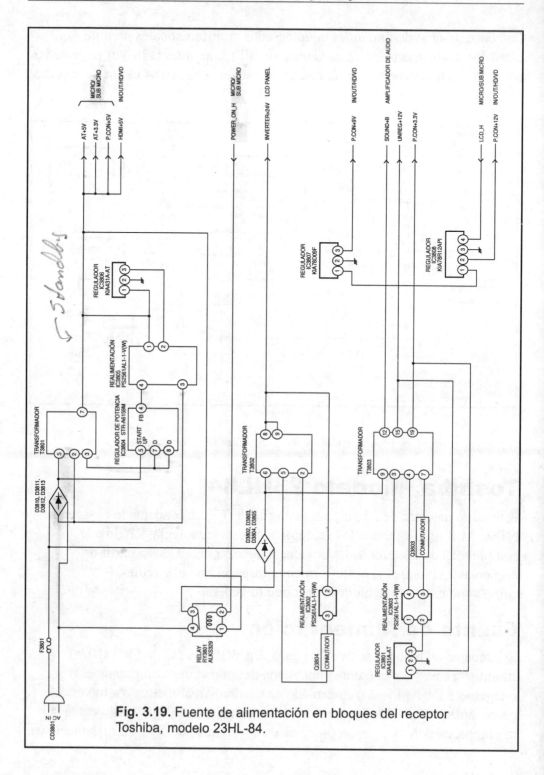

Fig. 3.19. Fuente de alimentación en bloques del receptor Toshiba, modelo 23HL-84.

generales del receptor y del procesamiento del video para el panel, respectivamente. Cuando se establece la orden POWER-ON-H desde el micro, se excita el relevador RY3801 y con ello se activan las fuentes del inverter (+24 V) para el panel LCD desde el transformador T3802 y del resto del receptor, desde el transformador T3803. Se emplea también control en destino y realimentación por optoacoplador.

Ambas etapas trabajan con sistemas similares, salvo que la tensión P.CON+3,3 V controla un regulador de referencia (IC3801) colocado en el lazo de realimentación de este sector de la fuente. Otras tensiones necesarias son obtenidas por reguladores serie de 9 y 12 V.

Procesador de Audio y Amplificadores de Salida

Todo el proceso de audio se realiza en el IC301 (MSP3441G). Las funciones efectuadas son:

- Control de volumen.
- Balance.
- Control de graves y agudos.
- Modos estéreo, SAP y monoaural.
- Procesamiento Dolby.

Las entradas y salidas HD/DV para los programas AV-1 y AV-2 se ubican en los pines 56-57 y 53-54 respectivamente, mientras que los pines 47 y 48, habilitan las conmutaciones de los canales derecho e izquierdo.

Las temporizaciones necesarias se sincronizan mediante el cristal de 18,432 MHz. Asimismo, los pulsos de reloj y datos (SCL-SDA) provienen del microprocesador principal, desde un bus I^2C.

Además de las salidas a cada amplificador, DACM-R y DACM-L, se provee una salida independiente para auriculares estereofónicos en los pines 38 y 34. La inyección de la señal analógica del FIS se hace en el pin 67.

El esquema en bloques muestra que además del microprocesador, también interviene sobre los circuitos de audio, el submicroprocesador. Tal necesidad obedece al retardo que se debe introducir en audio, dependiendo de las

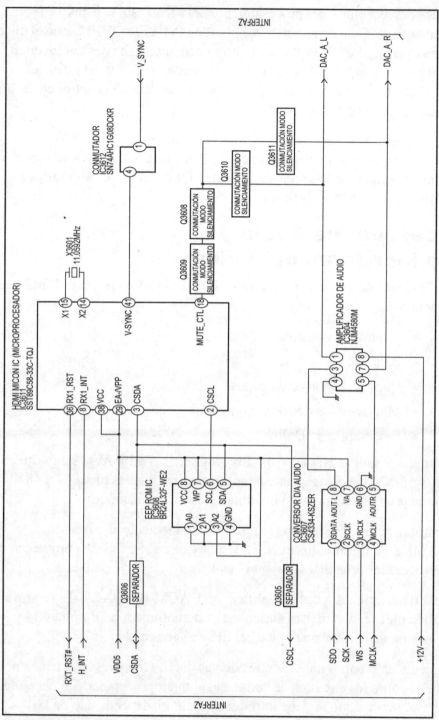

Fig. 3.20. Bloque del submicro-procesador para el control del audio.

condiciones de formato en que se efectúa el matrizado de la imagen, la cual determina el tiempo de demora aplicado a las señales de audio para que lleguen en sincronismo con el video. Se trabaja con retardos del orden de 80 ms.

La información del audio digitalizado entra a un conversor digital-analógico (DAC), representado por IC3607. Dicho conversor trabaja con un microprocesador auxiliar IC3611, al cual se asocia una memoria EEPROM. Este controlador genera también la señal de MUTE a partir de la información de sincronismo vertical V-SYNC, inyectada al pin 41 del diagrama en bloques que se muestra en la Fig. 3.20.

Microprocesador y Submicroprocesador

El micro principal, IC101 tiene asociado una memoria EEPROM de 64 K y un sistema de *reset* integrado externo. El sincronismo está a cargo de un cristal de 16 MHz y dispone de un bus EEPROM-SCL-SDA exclusivo para comunicarse con la memoria. El bus típico SCL-SDA controla varias etapas, como el sintonizador, el procesador de audio y comunica mutuamente al micro y submicroprocesador. Este último se sincroniza también a 16 MHz, pero con cristal propio y genera el bus SCL1-SDA-1 para el control de los circuitos *scaler1* y *scaler2*. Tiene asociada una memoria EEPROM de 16 KB, donde se almacenan los datos referidos a escalamiento y control del panel LSD.

La impresión OSD queda a cargo del micro principal, lo mismo que otras funciones típicas como POWER-ON, MUTE, entrada de señal IR, etc.

Conmutaciones AV-Sincronismos

El diagrama de la Fig. 3.21 muestra las diferentes posibilidades de conmutación de programas. Dos integrados similares IC4307 y 4304 toman las señales Y-P_b-P_r desde una interfaz o señales YU/V desde jacks externos.

Recuerde que las señales U-V son señales diferencia de color A-Y y R-Y, respectivamente corregidas en gamma. En este último caso las señales pasan desde IC4304 a IC4307 y éste finalmente envía las señales SW-PR/R; SW-PR/B y SW-Y/G a los circuitos *scaler*, conversor A/D y memoria de procesamiento de video, a través del bus correspondiente; del mismo modo, el sincronismo V-H es extraído en IC4308 ó adaptado desde las entradas VGA-HS y VGA-VS, para ser enviado igual que las señales de luminancia y crominancia.

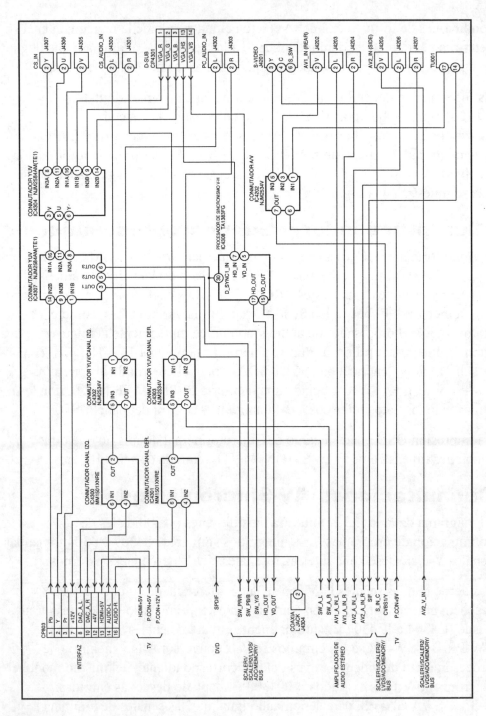

Fig. 3.21. Conmutación A/V y sincronismos.

Circuitos *Scaler* 1-2, Conversor A/D y Periféricos al Panel LCD

Estas etapas y sus interconexiones son de alta complejidad; el esquema en bloques muestra sólo las relaciones más importantes entre los circuitos que forman el proceso de imagen hasta excitar la pantalla LCD. El esquema se complementa necesariamente con el diagrama circuital, luego de ser analizadas sus relaciones fundamentales. El bloque básico es mostrado en la Fig. 3.22.

La señal de video desde la placa AV o placa TV, puede provenir del sintonizador o de fuentes externas. Junto con la anterior, la Fig. 3.23 ayuda a seguir la trayectoria de una señal compuesta proveniente del sintonizador (TV-V-OUT). Como el proceso FIV y detector se incluye en el grupo sintonizador, la señal compuesta está disponible en el pin 17 del mismo. La salida FIS se toma de un pin independiente de la misma unidad de sintonía. La señal TV-V-OUT ingresa al conmutador entrada/salida (I/O) compuesto por IC4202 y controlado por el microprocesador, y egresa como CVBS1/Y, para alimentar el decodificador, ya en la placa LCD, llamada en otros modelos placa *scaler*. El decodificador construido en base a IC801 se denomina en este caso *scaler1*, siendo la primera etapa de conversión donde la señal se adapta como salida digital RGB de 24 bits.

La señal RGB junto con los pulsos de sincronismo y de reloj pasa a una interfaz *(bus transceiver)*, circuito que centraliza la información proveniente de otras fuentes (señales digitales de PC).

Los datos de salida pasan al conversor de formato, llamado *scaler2* ó procesador de imagen. Esta etapa de alta complejidad trabaja con dos memorias, una de ellas tipo EEPROM de 16 KB. Las memorias se comunican con el micro y el submicroprocesador, que sincronizan todas las operaciones del integrado. Asimismo, las funciones de escalamiento requieren adicionar una memoria tipo *flash* (IC808).

Finalmente, se proveen salidas digitales RGB de 24 bits, junto con los datos de reloj y sincronismos necesarios para excitar y controlar el panel LCD. La conexión entre el *scaler2* y el panel se hace a través de un circuito LVDS, a fin de reducir al mínimo las interferencias electromagnéticas que ocasionarían serias distorsiones en la imagen. Esta forma de acoplamiento entre la placa y el panel es prácticamente común a los receptores de esta tecnología.

Fig. 3.22.
Etapas del procesamiento de video, compuestas por el decodificador *(scaler 1)*, el conversor A/D y el conversor de formato *(scaler 2)*, con sus memorias asociadas, y la salida adaptada mediante un circuito LVDS.

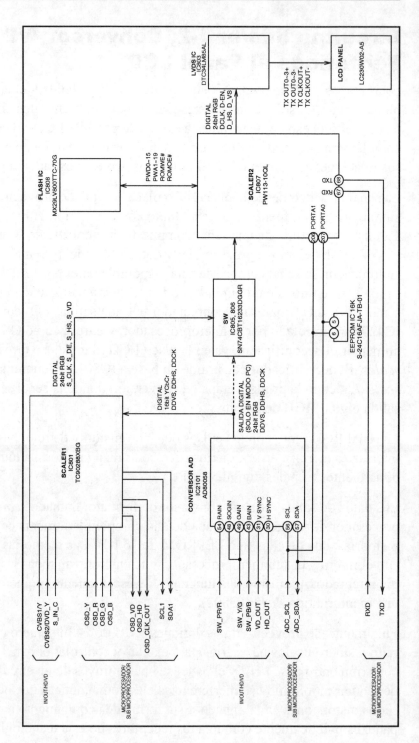

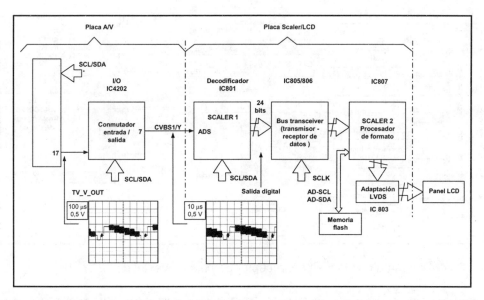

Fig. 3.23. Recorrido simplificado de una señal de video compuesto y su tratamiento en el receptor Toshiba, modelo 23HL84.

Vestel Plasma, Modelo 42"

Es un receptor de 42 pulgadas con panel de plasma, contiene circuitos de reproducción progresiva, con desentrelazado y función *scaler*.

Opera en los sistemas PAL/NTSC y SECAM en estándares múltiples, tales como normas B/G, D/K, I/I´ y L/L´; admite numerosos periféricos que se enumeran a continuación:

- 4 conexiones SCART.
- 2 entradas AV (señales CVBS y audio estereofónico).
- Entrada súper VHS (S-VHS).
- Salida auricular estéreo.
- Salida de línea para *sub-woofer*.
- Entrada PC tipo D-sub 15.
- Entrada DVI (opcional).
- Entrada para PC/DVI de audio estereofónico.
- Conector LVDS para conexión a panel de plasma.

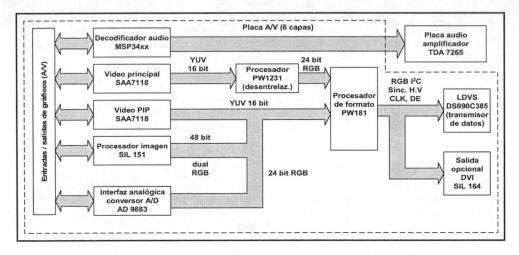

Fig. 3.24. Diagrama en bloques del receptor de plasma Vestel de 42".

Además, incluye modos especiales como teletexto, PIP *(Picture-In-Picture)*, PAP *(Picture-And-Picture)*, PAT *(Picture-And-Text)* y efecto *Picture Zoom*.

El esquema general en bloques se muestra en la Fig 3.24. La descripción detallada de las características de los circuitos integrados fundamentales se da en el Capítulo 4.

Goldstar LCD, Modelo RM15LA70, Chasis ML-024E

El diagrama de la Fig. 3.25 muestra los siguientes bloques funcionales:

- **DC-AC inverter.** Es la placa de excitación y control de las lámparas fluorescentes encargadas de iluminar la cara posterior del panel LCD; se utilizan 6 lámparas de 6 mA, excitadas por una forma de onda controlada electrónicamente. La alimentación del *inverter* se toma desde la placa CC-CC a partir de la tensión +15 V. El encendido y apagado de la placa *inverter* se hace desde el microprocesador.

La placa CC-CC suminista además de la tensión +15 V al *inverter*, los potenciales del resto del receptor, tales como *stand-by* (3,3 y 5 V) y la polarización de los integrados. A su vez el conversor CC-CC construído en base al MP1583 se alimenta desde la fuente conmutada controlada por un

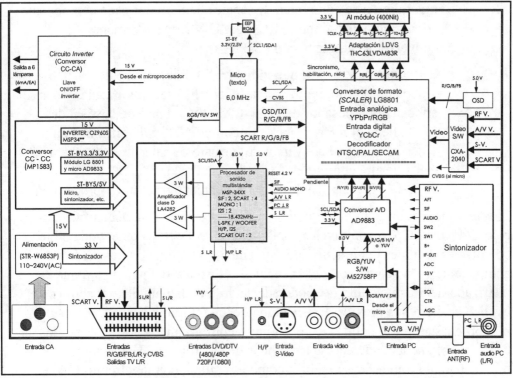

Fig. 3.25. Bloques del receptor LCD Goldstar, modelo RM15LA70.

STR-W6853. La fuente abastece también la tensión de 33 V para los varicap del sintonizador. El receptor funciona con tensiones de línea de 110 a 240 VCA.

Las señales de entrada reciben tratamientos distintos de acuerdo a su naturaleza. Las posibilidades de las fuentes de programa son múltiples y se enumeran a continuación:

- **Entrada DVD/DTV.** En formatos 480i/480p, 720p 1080i.

- **Entrada RGB desde una PC.** Ambas entradas se aplican al conmutador M52758; la conmutación RGB o señales YU/V es controlada desde el microprocesador. La etapa se alimenta con +8 V. La salida digital YU/V o RGB y sincronismos V-H alimenta el conversor A/D tipo AD9883. El conversor también recibe los pulsos V-H cuando se activa el modo PC, puesto que los pulsos de sincronismo no pasan por el conmutador. Existe comunicación a través de un bus SCL-SDA con el microprocesador. Las salidas a nivel digital se componen de señales de 8 bit por cada componente correspondiente al modo RGB o YU/V respectivamente. El conversor se alimenta con +3,3 V

- **Entradas A/V, V y súper-video (S-V).** Por tratarse de señales de video compuesto, junto con la señal RFV del sintonizador, ellas se aplican al procesador de video CXA2040. Parte de la señal de salida llega al microprocesador como CVBS y la información de video se aplica al conversor de formato o scaler LG8801. Esta etapa de alta complejidad también recibe la señal SCART R/G/B / FB y las señales OSD provenientes del microprocesador.

El *scaler* ejecuta un gran número de funciones, entre ellas la decodificación NTSC/ PAL/SECAM con niveles analógicos Y-Pb-Pr/RGB de entrada o bien con niveles digitales del mismo tipo. Sin embargo, la función básica de este componente es la adaptación de las señales al formato del panel para que el matrizado del mismo cubra de modo adecuado toda la pantalla, tal como se explicó en ejemplos previos. Existe comunicación digital SCL-SDA con el microprocesador. Las salidas RGB digitales conforman 24 bits, distribuídos en 8 bits para cada una, además de las salidas de sincronismo H/V, habilitación y reloj al panel. La interfaz se realiza, como es común, con un circuito LVDS para minimizar las interferencias electromagnéticas sobre la pantalla. Tanto el LVDS como el panel se alimentan con + 3,3 V.

El bloque del microprocesador se resuelve con un integrado relativamente sencillo de 52 pines, asociado a una memoria EEPROM. Como es usual en sistemas digitales muy densos, la comunicación entre el micro y su memoria se hace con un bus independiente SCL-1/SDA-1, para evitar contaminar datos fundamentales de instalación.

El sector de audio y sonido se resuelve con un integrado MSP *(Multi Standard Procesor)*, que realiza todas las funciones de sonido estereofónico de alta calidad, a partir de la entrada FIS provista por el sintonizador o desde las diferentes entradas Audio Mono; A/VR, L; SR/ L y PCL,R.

La salida de audio de los canales estereofónicos R y L cuenta con dos amplificadores clase D integrados en un chip único. Las operaciones de audio digital son sincronizadas en el MSP3410 por un cristal de 18,432 MHz. El procesador ofrece salida de auriculares (H/PL,R).

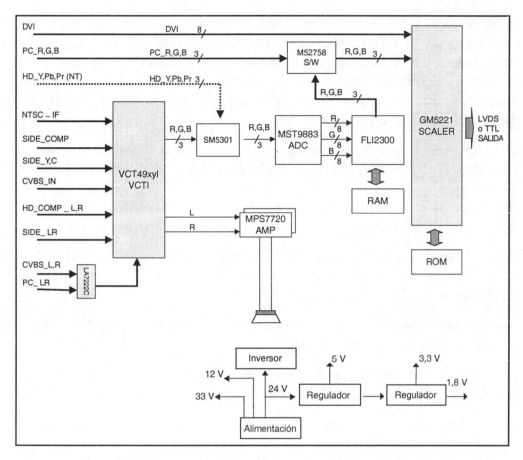

Fig. 3.26. Bloques del receptor LCD Goldstar, modelos RM-26LZ50 y RM-26LZ50C.

Goldstar LCD, Modelos RM-26 LZ 50 y RM-26 LZ 50C, Chasis ML-041 A

El esquema en bloques de este receptor se muestra en la Fig. 3.26. En este caso se ha reducido la representación a su mínima expresión, lo cual no implica necesariamente un diagrama eléctrico sencillo.

Los bloques considerados como de alto desempeño se muestran sombreados y corresponden al VCTI y al *scaler*.

El primero, VCT49xyI, es un diseño similar al UOC ya estudiado en receptores Philips. Incluye el microprocesador y el tratamiento primario de las señales de video provenientes del sintonizador, como los puertos AV, AV1, AV2, S-Video y componentes Y-Pb- Pr. Las señales digitales (3 bits) son procesadas en el conversor analógico digital MST9883, para generar un formato 4:4:4 digital. Las señales son introducidas en un FLI2300, otro procesador de video con funciones y algoritmos que enriquecen la información y mejoran ciertos detalles de contorno. El funcionamiento general de este integrado se explicó al principio del capítulo aplicado a otro modelo.

La imagen mejorada y desentrelazada pasa el conversor del formato *(scaler)* tipo GM5221. Note que los procesos digitales del FLI2300 son acompañados por una memoria RAM, mientras que los del GM5221 actúan con una memoria ROM, cuando en otros modelos se empleaban formatos SDRAM. Esto obedece a la diferente arquitectura de los circuitos integrados, exclusivos de cada diseño.

El acoplamiento al panel se hace, como de costumbre, a través de un integrado LVDS, aunque en esta versión se indica la posibilidad de utilizar un acoplamiento TTL.

Los procesos de sonido se realizan en su mayoria en el VCTI, emergiendo las señales L y R para cada amplificador.

El sector llamado **controlador gráfico** recibe la señal analógica de una PC a nivel RGB o desde la entrada DVI-D (señal digital).

La fuente de alimentación, a partir de la red de 110-240 VCA con un sistema de conmutación, suministra tensiones de 33 V para sintonía, 24 V para el panel *inverter* de las lámparas fluorescentes y la salida de audio, y 12 V para el panel LCD. Además, a partir de +24 V se obtienen las respectivas tensiones de 5 V; 3,3 V y 1,8 V para los diferentes integrados.

Goldstar Plasma, Modelos MP-42PX11 y MP-42PX11H, Chasis RF-043C

Son versiones de pantalla grande (48 pulgadas de ancho por 27 pulgadas de altura) y de altas prestaciones. Tienen una resolución de 852 × 480 *(dot)* y 256 pasos de color RGB, con un total de 16.770.000 puntos.

El esquema en bloques que se muestra en la Fig. 3.27 indica mayores detalles que los vistos en el modelo anterior, pero este receptor es más complejo por disponer de modos especiales, como el PIP.

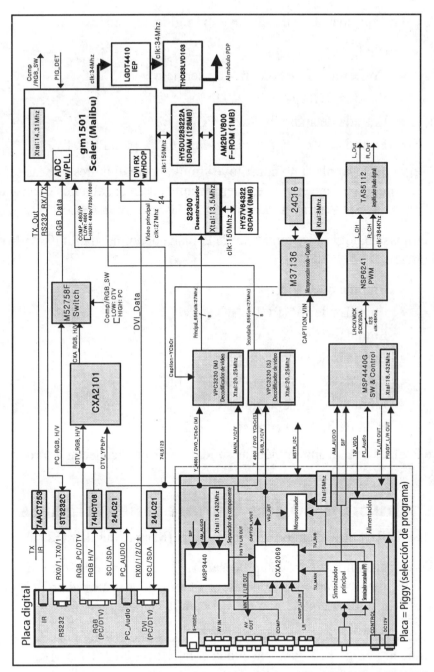

Fig. 3.27. Bloques del receptor plasma Goldstar, modelos MP-42PX11 y MP42PX-11H.

El bloque de entradas digitales incluye los siguientes modos:

- Cable IR.
- Conector RS 232 (control de servicio).
- Entrada RGB para PC y DTV.
- Entrada de audio digital de PC.
- Entrada DVI *(Digital Visual Interface)*, para PC/DTV.

Se observa que esta placa no constituye simplemente el ingreso de las señales a los conectores, sino que en ella existen circuitos activos, algunos controlados por el bus SCL-SDA a través del micro y de las memorias 24LC21.

Las entradas analógicas se toman sobre la placa denominada PIGGY y son las siguientes:

- Entrada de S-Video.
- Entradas de AV (RGB).
- Entradas de señal Y-Cb-Cr.
- Entradas de audio L/R.
- Entrada de control remoto por cable.
- Entrada de alimentación CC 12 V.
- Entrada de 75 Ω a los sintonizadores.

Sobre la placa se ubican también las salidas RGB para conectar a otro monitor de PC.

Distribución de las Señales Principales

La señal de RF entra al sintonizador principal (M) y al auxiliar (S).

Ambos entregan información al procesador CXA2069 bajo la forma TV-MAIN y TV-SUB, respectivamente. Además, el sintonizador principal proporciona señales FIS y audio demodulado en AM para la etapa de tratamiento de audio.

Al procesador CXA2069 también le llegan las entradas analógicas que se muestran en la Fig. 3.27 para que pueda convertirlas en señales MAIN-Y/C/V y SUB-Y/C/V para dos decodificadores independientes de video. La salida R/L alimenta al procesador de audio MSP4440-G.

El microprocesador SDA555 se sincroniza con un cristal de 6 MHz y está asociado a una memoria EEPROM 24C16, siempre con un bus de datos y reloj independiente del bus principal.

Fuera de la placa descrita, dos decodificadores pasan al dominio digital las señales recibidas. El *decoder-main* recibe las siguientes señales:

- MAIN Y/C/V.
- Y-480i/DVD- Y-Cb-Cr (M).
- Caption-Y-Cb-Cr (función de subtitulado).

El *decoder-sub* no recibe función de subtitulado y su salida codificada en 8 bits pasa directamente al integrado *scaler*.

La salida del *decoder-main* también codificada en 8 bits, entra al integrado desentrelazador S2300 asociado a una memoria DRAM, cuyas funciones ya han sido explicadas en ejemplos previos. Finalmente, la salida MAIN-VIDEO llega al circuito *scaler* GM1501, cuyas entradas fundamentales se enumeran a continuación:

- Señal TX-Out (procesada desde el jack IR).
- Señal RS 232-RX/TX (puerto de entrada para PC).
- Señal RGB-Data.

Esta señal proviene del conmutador M52758, que habilita señales desde el procesador CXA2101 ó bien desde un puerto, como muestra el diagrama en bloques. En estado alto se habilita el modo PC, en estado bajo el modo DTV.

La señal RGB-Data ingresa al sector de conversión A/D dentro del propio *scaler*.

- Señal COMP-480i/p; cuando el IC203, un monoestable redisparable habilita su nivel bajo, la resolución disponible es 480i, mientras que en nivel alto la misma es 480p; 720p; 1080i.
- Señal digital SUB (para el PIP).
- Señal principal de 24 bits (MAIN-VIDEO).
- Señal DVI-Data, desde el panel de entradas digitales.

El *scaler* trabaja asociado con dos importantes memorias, una SDRAM de 128 MB y una F-ROM de 1 MB.

La comunicación con el integrado es mediante una señal reloj de 150 MHz.

La salida principal de datos del *scaler* se sincroniza con un reloj de 34 MHz y es procesada en IC500 (LGDT-4410), que se acopla a un sistema LVDS para minimizar interferencias en las señales que llegan al panel de plasma. En estas últimas etapas se mantiene una frecuencia de reloj de 34 MHz.

El sonido se procesa en IC403, un integrado MSP3440G controlado por un cristal de 18,432 MHz, cuyas entradas se toman de la placa PIGGY.

El integrado se controla por el bus I^{2}C proveniente del micro y aunque dispone de entradas I^{2}S, no se utilizan en esta aplicación.

La conmutación de modos y procesos de audio se efectúan en IC1600, un integrado MSP4440-G, que se sincroniza también en 18,432 MHz y alimenta a IC1601 para la conversión a modo digital. Finalmente, las señales R-L son amplificadas por el TAS5122.

Como se observa, existe un tratamiento muy elaborado para las señales de sonido y su conversión a audio de alta calidad (audio digital).

La fuente de alimentación (110-240 VCA) emplea los sistemas tradicionales de conmutación y recurre a numerosos reguladores serie para generar las tensiones necesarias, de 1,8 V; 2,5 V; 3,3 V; 5 V y otras más.

El panel requiere +19 V y un sistema alimentado desde 5 V para el control de la ventilación forzada, necesaria en los diseños con paneles de plasma, además de las tensiones más altas para el proceso de encendido de la celdas.

Goldstar Monitor Plasma, Modelo LGMP-50PZ40

Como resumen de los esquemas en bloques analizados en el capítulo, el monitor de la Fig. 3.28 puede excitar un panel plasma de gran dimensión. Las etapas típicas del procesamiento del video son resueltas aquí con otros circuitos integrados, pero respetando la arquitectura básica ya estudiada.

Se ha prestado en este chasis especial atención a la diversidad de opciones de entrada A/V y existen interfaces separadas según la norma en uso, PAL o NTSC.

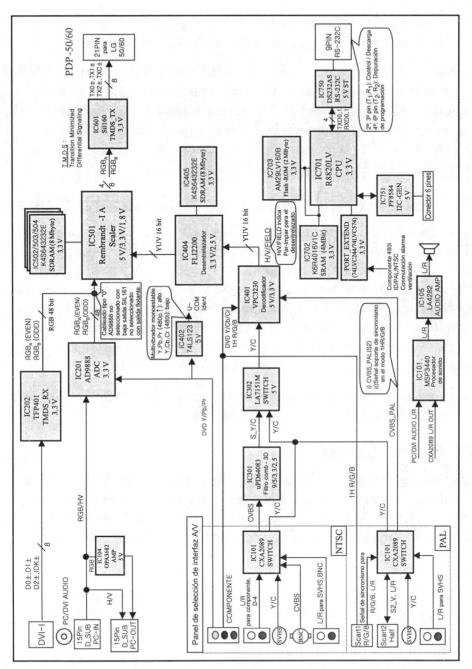

Fig. 3.28. Diagrama en bloques del monitor plasma Goldstar, modelo LGMP-50PZ40.

La señal CVBS proveniente de un puerto NTSC es tratada en un integrado de última generación, tipo filtro *comb* 3D (μPD64083).

El desentrelazado está a cargo del FLI2200 integrado de la serie ya conocida, que alimenta al *scaler* IC501, un componente de fabricación exclusiva.

Al *scaler* también ingresan señales provistas por el conversor A/D (AD9888) en formato RGB digital. Las señales aplicadas al puerto DVI (RGB, 48 bits) ingresan al *scaler* adaptadas a través de un receptor TMDS para asegurar la mínima influencia de interferencias. Observe que mientras IC202 es un receptor TMDS, IC601 es un transmisor de la misma tecnología, usado para acoplar la salida de datos (8 bits) al PDP.

Bloques Funcionales de Aplicación General

En la mayoría de los circuitos comerciales vistos en el capítulo se destacan ciertas etapas que, pese a su diferente arquitectura, son comunes a la generalidad de receptores o monitores de pantalla LCD y plasma. Algunas funciones específicas, como el desentrelazado o la conversión de formato, cuentan con algoritmos y operaciones especializadas; muchas de ellas son patentes exclusivas de las empresas fabricantes de los circuitos integrados, por lo que se describen en particular, como se ha hecho en los ejemplos previos y se ampliará en el Capítulo 4 sobre los circuitos integrados.

Otras funciones de carácter más general, como los *comb-filter* y LVDS, tienen principios de operación que se pueden razonar en conjunto.

El Filtro *Comb*

Las primeras versiones de este tipo de filtro ya se emplearon hace varias décadas en receptores NTSC. El diseño original no permitía su uso en el sistema PAL por las razones que se explican más adelante, pero actualmente los procesos digitales a que son sometidas las señales de video, pueden incorporar el filtro *comb* en varios sistemas y normas de televisión. La traducción literal al español es equivalente a **filtro peine**, siendo la analogía correcta si se tiene en cuenta la particular forma de respuesta del filtro. Los bruscos puntos de la caída de la amplitud en valores críticos de frecuencia eliminan las señales no deseadas; la forma general de la respuesta recuerda las puntas o púas de un peine típico.

Para comprender el funcionamiento de un filtro *comb* y evaluar su eficacia en circuitos de video, se necesitan recordar ciertos principios de la transmisión y recepción de las señales de televisión color.

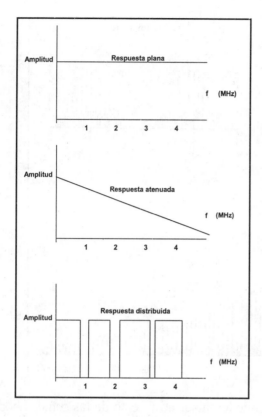

Fig. 3.29.
Modos posibles de la distribución de una banda pasante.
a) Distribución continua uniforme, **b)** Distribución continua atenuada, y **c)** Distribución discontinua concentrada.

La transmisión de la señal de luminancia Y corresponde a la información de video, tal como sucede en receptores de blanco y negro. La compatibilidad inicialmente requerida en las transmisiones de TV Color, obligó a una ingeniosa ubicación de la información de color sin alterar el ancho de banda original.

La transmisión adicional de las señales (R-Y) y (A-Y) se debe hacer dentro de la banda preestablecida sin producir fenómenos de interferencia. Al evaluar esta situación es necesario estudiar la distribución espectral de las señales de televisión. Para reproducir una imagen de calidad se necesita al menos un ancho de banda de 4 MHz; dentro de este rango, la distribución u ocupación de la banda puede tener formatos como los mostrados en la Fig. 3.29.

En a) se obtiene una distribución uniforme y continua, que no permite intercalar ninguna otra información sin riesgos de interferencia; en b) si bien la energía en frecuencias altas tiene cierta atenuación, aún aparece solapado si se adiciona cualquier otra información de video. En cambio, en c) existen

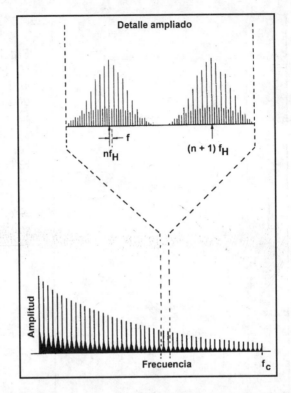

Fig. 3.30.
Distribución de la
energía de las
señales de video.

espacios libres donde se pueden insertar el resto de las señales necesarias a transmitir.

En este caso, la energía espectral se halla concentrada en cuatro zonas, permaneciendo vacías algunas bandas de frecuencia que se pueden aprovechar adicionalmente. El canal continúa teniendo un ancho de banda de 4 MHz, pero con una distribución acotada por zonas.

La distribución de la energía del canal de video se muestra en la Fig. 3.30; la parte superior de la figura muestra, magnificado, el comportamiento de un sector reducido del espectro. La energía alcanza un máximo en las frecuencias múltiplo de la frecuencia de barrido horizontal (por ejemplo, en PAL N resulta f_H =15.625 Hz). Luego, comienza una atenuación progresiva para valores 2 f_H; 3 f_H, etc, hasta alcanzar un mínimo en las armónicas superiores.

Los espacios vacíos están ubicados entre las frecuencias con mayor concentración de energía. La ubicación de estos espacios se calcula tomando múltiplos impares (2n + 1) de la mitad de la frecuencia f_H.

La ecuación general para las frecuencias libres resulta entonces:

$$f_L = (2n + 1) f_H / 2$$

El estudio anterior es válido totalmente para imágenes estáticas y parcialmente para aquéllas en movimiento rápido, pero se obtienen resultados satisfactorios respetando algunas consideraciones adicionales. Como es necesario enviar dos informaciones de crominancia, es conveniente ubicarlas cerca del extremo alto de la banda, donde la concentración de energía es menor. La frecuencia de la subportadora de crominancia (f_C), se toma como un múltiplo impar de f_H.

Al elegir la zona de alta frecuencia, la estructura de interferencias tiene un tamaño menor sobre el display. Así se obtienen valores de subportadora ubicados entre 3,58 y 4,43 MHz aproximadamente, según las normas adoptadas en cada país.

En general, se debe elegir un valor tal que la interferencia produzca una estructura inclinada sobre el display, pues las figuras inclinadas resultan menos visibles al ojo que las estructuras verticales u horizontales. El método se llama entrelazado de frecuencias.

Al establecer la frecuencia exacta de la subportadora se debe considerar también el efecto con la portadora de sonido. Por ejemplo, en el sistema NTSC de USA se eligió el múltiplo impar 459 de $f_{H/2}$; en este caso f_H es 15.750 Hz. Sin embargo el valor resultante, $f_C = 3.583.125$ Hz, al batir con la portadora de sonido ($f_S = 4.500.000$ Hz), produce una interferencia de 916.875 Hz. Como dicho valor no es un múltiplo impar de $f_H/2$, surge otra estructura de interferencia que también se debe eliminar. Para ello se entrelaza la frecuencia no sólo con f_C, sino también con la resultante del batido entre f_C y f_S.

Mediante operaciones matemáticas sencillas se llega a determinar entonces que en esta norma el valor f_C con menor incidencia en estructura de interferencias resulta ser 3.579.545,454 Hz. Para la norma PAL N, vigente en Argentina y otros países, se adoptó un valor f_C a partir del múltiplo 917, según la ecuación:

$$f_C = 917 \times \frac{f_H}{4} + \frac{f_V}{2}$$

Donde f_H y f_V son las frecuencias de línea (15.625 Hz) y de campo (50 Hz), respectivamente, con que resulta:

$$f_C = 3.582.056,25 \text{ Hz}$$

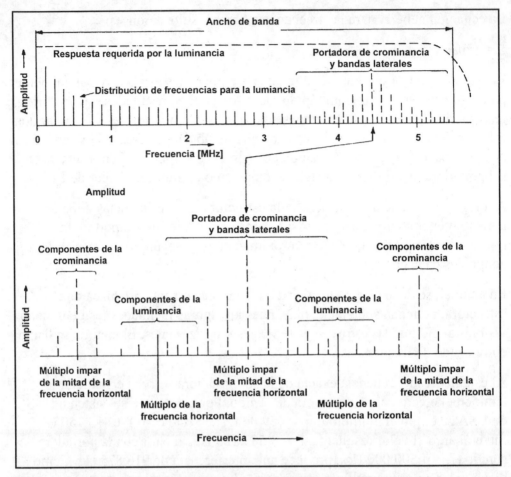

Fig. 3.31. Entrelazado de las frecuencias en el espectro de video.

Para comprender mejor esta técnica, se debe considerar que la información de crominancia tiene una distribución de frecuencia para su espectro, que también se agrupa en múltiplos de f_H, pero a partir del valor de su portadora. Esto produce el efecto de entrelazado de frecuencias, cuya distribución se muestra en la Fig. 3.31.

Para prevenir cualquier otro factor de interferencia, se recurre al sistema de subportadora suprimida en la transmisión. Si bien transmitir f_C simplifica al receptor, disminuye el rendimiento del sistema por los motivos mencionados. También, se suprime parcialmente una de las bandas laterales. La inclusión de las dos informaciones de croma no debe generar nuevas interferencias y para

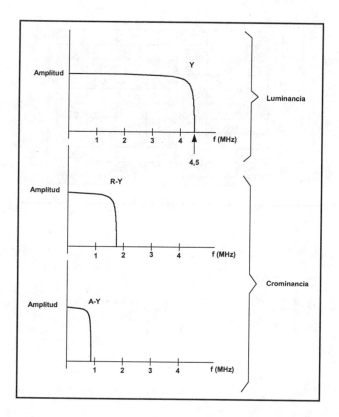

Fig. 3.32.
Espectros
correspodientes
a las señales de
luminancia y
diferencia de color
en los sistemas
NTSC y PAL.

acomodarlas dentro de la banda, se aplica modulación con señales desfasadas en 90°. En definitiva, en los sistemas NTSC y PAL, la distribución de frecuencias toma el aspecto mostrado en la Fig. 3.32. En SECAM no es posible suprimir las portadoras, pues en él se emplea modulación de frecuencia.

Relación entre f_C y f_H

Para que se mantengan figuras de interferencia mínimas se deben cumplir estrictamente las condiciones antes mencionadas respecto de f_C y f_H en cada norma. La Fig. 3.33 muestra, en forma muy esquemática, como una interferencia de subportadora de 4 ciclos podría afectar la imagen del display; tal situación, aunque minimizada por la correcta elección de f_C sería intolerable, si su amplitud tuviera un valor suficiente.

Una trampa sintonizada a la frecuencia f_C suprime todas las frecuencias cercanas a ella y elimina la interferencia, pero simultáneamente atenúa la respuesta de video, como se muestra en la Fig. 3.34.

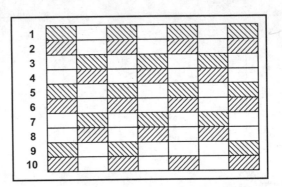

Fig. 3.33.
Aspecto esquemático simplificado de la acción de una interferencia de 4 ciclos debida a una relación f_C a f_H no adecuada.

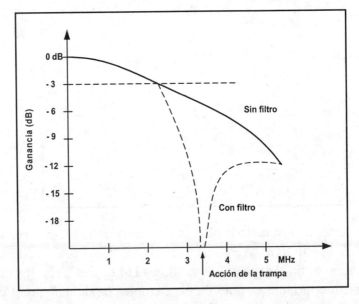

Fig. 3.34.
Condiciones de la respuesta de video con y sin atenuación debida al filtro de crominancia.

Analizando el sistema NTSC en dos líneas sucesivas del barrido, por ejemplo las líneas 1 y 3, se observa que el pico positivo de las señales de crominancia no coincide por estar en oposición de fase. Dicho en otros términos, la fase de la señal de croma en dos líneas sucesivas se invierte. Teniendo en cuenta sólo las relaciones de fase, las líneas sucesivas presentan el aspecto esquemático de la Fig. 3.35.

Simultáneamente, la información de luminancia no es alterada en fase, por ejemplo, si la naturaleza de la imagen transmitida se debe repetir en dos líneas sucesivas, como cuando se reproduce una línea vertical continua. Esta característica de conformación y ubicación de las señales es la que posibilita la aplicación del filtro *comb* para la separación de la luminancia y la crominancia con el mejor rendimiento y mínima interferencia.

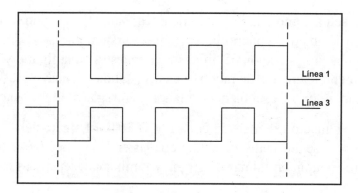

Fig. 3.35. Relaciones de fase entre la subportadora de crominancia de dos líneas sucesivas en el sistema NTSC.

Suponga el esquema en bloques de la Fig. 3.36.a, formado por un circuito de retardo o memoria de 64 μs, un inversor y dos sumadores.

Si se aplican durante la línea 3 señales Y, S_C arbitrariamente, en coincidencia de fase, se deduce que en la línea anterior hubo oposición de fase, ya que S_C se invierte periódicamente en líneas sucesivas.

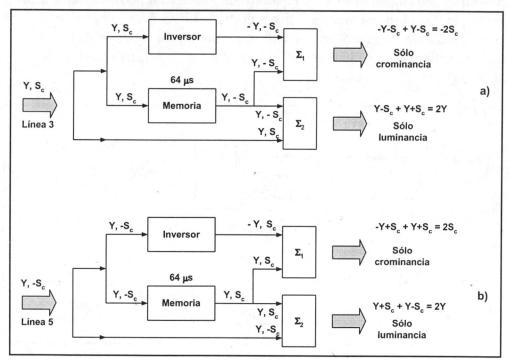

Fig. 3.36. Esquema en bloques del principio de funcionamiento de un filtro *comb*.
a) Circuito equivalente para la línea 3. **b)** Circuito equivalente para la línea 5.

El retardo de 64 μs actúa como una memoria de línea, ya que el barrido de ésta tiene tal duración; la salida de la memoria representa la condición de la línea anterior. Simultáneamente, la acción del inversor se muestra en la figura, y el sumador 1 actúa algebraicamente, de modo que en su salida sólo hay señal de croma. Por el mismo motivo, la salida del sumador 2 entrega sólo luminancia.

Durante la línea 5 la situación se muestra en la Fig. 3.36.b. El efecto del retardo de 64 μs genera señales tales que, adicionadas en los respectivos sumadores, siempre resultan en salidas de croma y luminancia separadas e independientes.

La ventaja del filtro *comb* es evidente, pues se han separado la luminancia y la crominancia sin atenuación de la banda pasante, como sucede con la trampa de la Fig. 3.34. La mejora en definición de la imagen en el display resulta así aumentada notablemente.

Si sólo se necesita eliminar la señal de croma y recuperar la de luminancia, la estructura del filtro se reduce a la que muestra la Fig. 3.37, también para la condición de líneas sucesivas, con ambas señales en coincidencia de fase durante la línea inicial. Se requiere aquí un solo sumador, cuya salida es la señal de luminancia exclusiva.

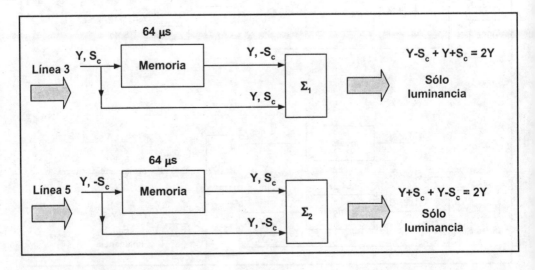

Fig. 3.37. El filtro *comb* en su esquema simplificado para la eliminación de la crominancia en el canal de luminancia.

Los filtros *comb* encontraron uso inmediato en receptores NTSC. Sin embargo, la aplicación en el sistema PAL resulta más compleja, pues la relación entre la subportadora de color y la frecuencia f_H no es constante, sino que existe un avance de la fase de f_C, produciendo un giro de 360° cada 4 líneas. La solución a este problema ha llegado con el tratamiento digital de las señales, que permite una nueva versión de los filtros *comb*.

Tipos de Filtro Comb

Los filtros analógicos incluyen tipos CCD (dispositivo de carga acoplada) y vidrio, pero actualmente son poco utilizados. Los filtros digitales de 2 líneas separan las señales Y y C, mientras procesan dos líneas consecutivas de barrido horizontal y efectúan ajustes para aminorar los efectos de solapamiento de la señal capaces de generar interferencias.

Los filtros digitales de 3 líneas separan señales Y y C, mientras procesan tres líneas consecutivas de barrido horizontal y efectúan ajustes para minimizar los efectos del corrimiento del color y desplazamiento del punto.

Finalmente, los filtros *comb* digitales 3-D analizan tres líneas consecutivas de barrido y pre-analizan los campos de video previos y subsiguientes para mejorar la precisión total del color y la estabilidad de la imagen. También actúan minimizando corrimientos del color y desplazamiento del punto.

El filtro *comb* de TV es del tipo derivado, de modo que puede ser inhabilitado cuando existe señal de entrada S-Video o componente de video, puesto que estas señales contienen elementos separados de luminancia y crominancia. El filtro sólo se aplica con señales CVBS.

En los circuitos de aplicación el filtro *comb* es controlado por el microprocesador, en cuanto al estándar de video o norma empleada, ya que los tiempos de retardo son muy precisos y dependen exactamente de la norma en uso. La ubicación espectral de la curva de respuesta del filtro debe ser muy exacta para que actúe eficazmente. La forma particular de la curva de respuesta del filtro *comb* tiene en cuenta la distribución espectral ya mostrada en la Fig. 3.30.

Circuitos LVDS

El término LVDS es la sigla de *Low Voltage Differential Signaling*, cuya traducción al español es Señalización Diferencial de Baja Tensión.

Los sistemas de señalización del tipo convencional funcionan transmitiendo una señal de modo no balanceado, es decir, mediante una línea referida al potencial de masa o tierra. Como ejemplo, el sistema o puerto RS-232 emplea una tensión de 12 V para representar el nivel alto *1* y 5 V para el nivel bajo *0*. Estas tensiones relativamente altas, son necesarias para proteger las señales de los datos frente al ruido eléctrico o los disturbios electromagnéticos.

Tal tipo de señalización o transmisión de datos tiene una fuerte limitación en la velocidad, provocada por los efectos reactivos de la capacidad e inductancia generadas en el acoplamiento de los conductores, como sucede con un cable blindado o coaxil convencional.

La influencia reactiva en la respuesta se minimiza reduciendo las tensiones de operación, pero entonces aumenta el riesgo de interferencias por ruido eléctrico, pues se trabaja con señales del mismo orden de magnitud que los pulsos de interferencia.

El sistema LVDS tiene la ventaja de su conformación diferencial, donde las tensiones no se comparan respecto de masa, sino entre dos líneas balanceadas. Se introduce una corriente reducida (3 mA) por una línea de transmisión, que es retornada por la otra línea, generando una caída de potencial entre ambas, de sólo 300 milivolt.

Es decir, como se muestra en la Fig. 3.38, existe un sistema balanceado entre las etapas transmisora y receptora, donde se genera un fuerte lazo de corriente y un buen rechazo de modo común que anula las posibles interferencias, especialmente las de origen electromagnético (EMI), entre los bloques de entrada y salida.

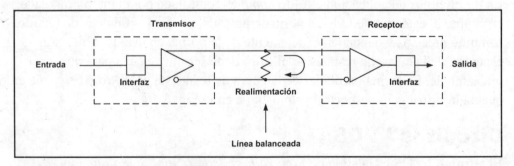

Fig. 3.38. Principio del funcionamiento del sistema transmisor-receptor de datos en la configuración LVDS.

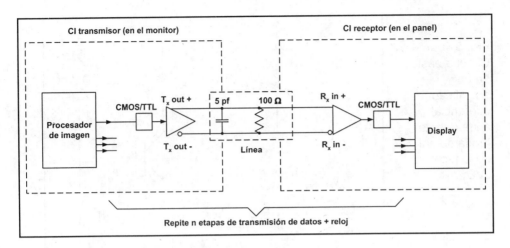

Fig. 3.39. Aplicación típica de un sistema LVDS.

La figura muestra cómo la disposición diferencial de salida en el transmisor tiene una configuración similar a la entrada del receptor.

En cambio, tanto la entrada del transmisor como la salida del receptor son del tipo no balanceado y se conectan a las correspondientes interfaces CMOS o TTL.

Las reducidas tensiones de la salida diferencial generan una disipación de potencia muy baja sobre la carga representada por el receptor (100 Ω / 5 pF), tal como se muestra en la Fig. 3.39 en una aplicación típica.

Cuando se deben sincronizar los datos correspondientes a varias salidas se envía, también en modo diferencial, una señal de reloj enganchada con la fase correcta para un pasaje ordenado de las señales de datos.

El amplificador diferencial balanceado se puede estudiar a partir del circuito básico, como se muestra en la Fig. 3.40, el cual sufre luego diferentes modificaciones cuando forma parte de un circuito integrado de procesamiento específico como el LVDS. Si bien el ejemplo utiliza dos tensiones de alimentación conectadas en oposición, el circuito puede funcionar con una fuente única y una red divisoria para polarizar las bases.

En las condiciones de la figura, una tensión de entrada diferencial produce una tensión de salida diferencial; sin embargo, el amplificador diferencial es una configuración versátil, que admite varios modos de conexión y esto es lo que

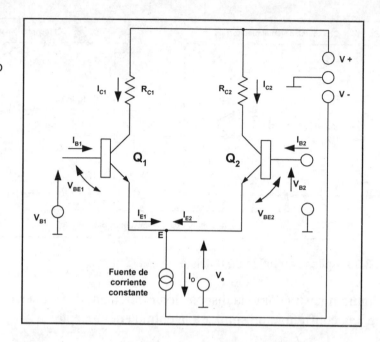

Fig. 3.40.
Circuito básico
de un
amplificador
diferencial,
componente
fundamental
de la técnica
LVDS.

permite establecer el sistema transmisor-receptor propio de los LVDS usados
en acoplamiento de paneles LCD y plasma, entre otros.

Siguiendo con el ejemplo básico, cuando V_{B1} aumenta en sentido positivo
desde el punto de masa, el colector de Q_1 disminuye su tensión, medida
también respecto de masa. Tomando la salida desde el colector de Q_1, el
sistema se comporta como una etapa clásica con transistor único, con inversión
de fase; éste es el modo de entrada no balanceada y salida no balanceada
invertida.

Con las mismas condiciones de entrada, tomando la salida sobre el colector de
Q_2, se obtiene el modo de entrada no balanceada y salida no balanceada no
invertida. Otra variante se logra tomando la entrada balanceada entre bases y la
salida sobre uno de los colectores respecto de masa. Tal configuración es la que
se adapta mejor para la etapa receptora en un acoplamiento LVDS.

En definitiva, el sistema LVDS es una nueva tecnología, basada en principios
conocidos desde hace tiempo, ideal para la transmisión de datos de alto
rendimiento. El proceso se basa en el estándar de interfaz de
ANSI/TIA/EIA-644 LVDS. Pueden funcionar con régimen de datos de más de
2 GB por segundo, con un ancho de banda de casi 300 MB por segundo.

Capítulo 4

Circuitos Integrados y Procesamiento de Señales

Introducción

Se ha considerado de utilidad incluir la descripción general resumida de una serie de circuitos integrados empleados en receptores de TV y monitores de PC de pantalla LCD y plasma. Algunas funciones se estudian con cierto detalle, porque ayudan a la interpretación de etapas complejas generalmente inexistentes en los receptores tradicionales. Además, se insiste en muchos casos en la descripción de pines, entendiendo que su conocimiento es una importante ayuda en la comprensión de los diagramas del receptor. Por razones de espacio, la información es condensada y necesariamente incompleta debido a la gran diversidad de componentes y los datos ofrecidos por cada fabricante. Algunas abreviaturas y siglas, como las que identifican pines, se mantienen en el idioma original, para facilitar la interpretación de las tablas y de los circuitos de manuales.

FLI2300. Conversor de Formato de Video Digital

Descripción General

Es un conversor para DTV y DVD en procesos de conformación a escala de video digital. Es un componente de alto grado de integración con funciones de desentrelazado y algoritmos de post-procesamiento patentados por Faroudja.

Dispone de gran flexibilidad como integrado *scaler* por la amplia variedad de relación de formatos que puede manejar.

Las funciones matemáticas incluídas generan una imagen enriquecida de alta calidad.

Entradas

- Tipo estándar y especiales para resoluciones de video diferentes, incluídas las de 480i (NTSC), 576i (PAL/SECAM), 480p, 720p, 1080i y VGA a SXGA.
- Tipo digital, 8 bits Y/Cr/Cb, 8 bits Y/Pr/Pb, 16 bits Y/Cr/Cb y 24 bits RGB, YCrCb, YPrPb.
- Relación de pixel hasta 75 MHz máximo.

Salidas

- Incluye resoluciones de 480p; 576i; 576p; 720p; 1080i; 1080p y VGA a SXGA.
- Salidas entrelazada o progresiva.
- Salidas tipo analógico YUV/RGB por medio de un integrado conversor D/A de 10 bits o salidas digitales de 24 bits RGB, YCrCb, YPrPb (4:4:4), o salidas digitales 16/20 bits YCr/Cb (4:2:2).
- Relación de pixel hasta 150 MHz máximo.

Procesos Especiales

- Motion Adaptive Noise Reduction (Adaptación de movimientos). Enriquecimiento de la imagen en los detalles de objetos en movimiento. El proceso se ha descrito con amplitud en el Capítulo 3.
- Cross Color Supresor (Supresor de cruce de color). Elimina los defectos de la transición del color en la señal de video compuesta, debidos a una pobre separación en decodificadores estándar 2D. Esta causa se elimina en decodificadores de video 3D.

Formatos

- La amplia variedad de resoluciones y tipos de señales de entrada y las salidas disponibles facilita generar formatos de diverso tipo.

Desentrelazado

- Desentrelazado por adaptación de movimiento (por pixel).
- Proceso de desentrelazado *Film–Mode*, exclusivo de Faroudja.
- Proceso DCDi, también exclusivo de este CI, actúa analizando la señal de video de cada pixel para minimizar el aspecto granulado de una imagen en movimiento, con flancos inclinados, fenómeno conocido como jaggies. Este concepto también se ha explicado en el Capítulo 3.

Escalamiento

- Alta calidad del proceso de escalamiento en dos dimensiones (2D).
- Relación de conversión para modos anamorfo o panorámico (no lineal).
- Presentación de imágenes de formato 4:3 en formato 16:9 y viceversa, incluidos los modos Letterbox a Fullscreen, Pillarbox y Modos de subtitulado.

FRC

Relación de conversión de cuadro de 50/60/72/75/100 y 120 Hz.

Memoria

- Emplea una memoria SDRAM de 2 M × 32 bits, o dos de 1 M × 16 bits con operación hasta 166 MHz.

Especificaciones

- 2 líneas de control de interfaz.
- Tecnología 0.18, con operación 1,8 V/3,3 V.
- Encapsulado PQFP de 208 pines.
- Opción de salida Macrovisión 525 P en la versión FLI2301.

Aplicaciones Típicas

- Barrido progresivo en TV.
- Lectura de alta definición en TV / HDTV.
- Reproductores de DVD.
- Aplicaciones en TV - LCD.

Diagrama en Bloques y Distribución de los Pines

En la Fig. 4.1 se observan la distribución de los pines de conexión y el diagrama en bloques del FLI2300.

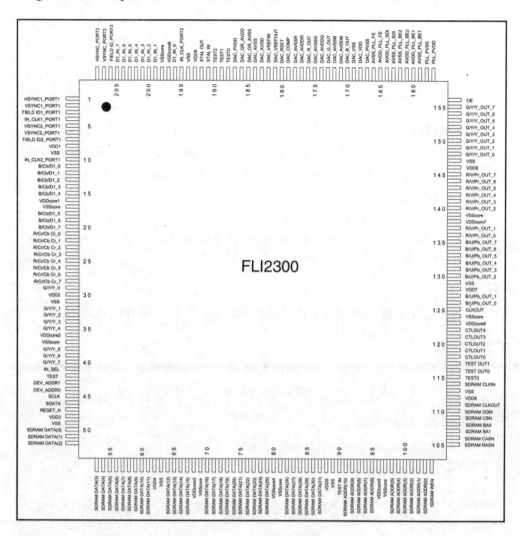

Fig. 4.1. a. Distribución de los pines de conexión del FLI2300.

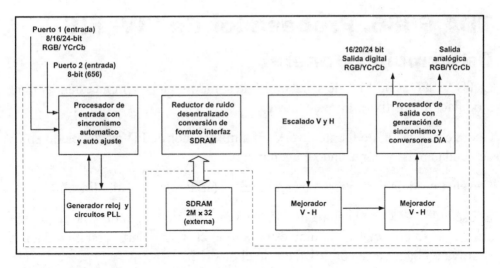

Fig. 4.1. b. Diagrama en bloques del FLI2300.

Diagrama de Aplicación en Bloques

En la Fig. 4.2 se muestra un ejemplo en bloques, de una aplicación típica del FLI2300.

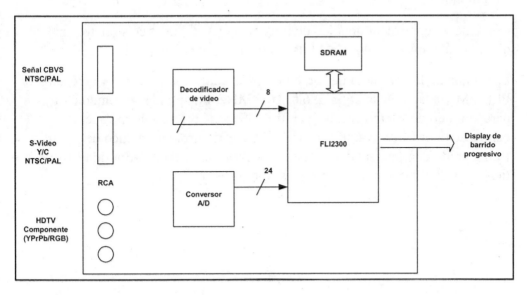

Fig. 4.2. Diagrama de aplicación típica del FLI2300 sugerido por su fabricante (Faroudja).

TDA 9886. Procesador de FIV- FIS

Descripción General

El TDA9886 es un PLL de señal de FI de sonido y video simple estándar (sin modulación positiva), libre de ajuste.

Opera con tensión de fuente de 5 V. El amplificador de FIV es acoplado en CA, de banda ancha y controlado en ganancia.

Presenta modulación sincrónica real multiestándar de muy alta linealidad.

El oscilador VCO de la etapa de FIV está totalmente integrado y no requiere ajuste; las frecuencias conmutables para todos los estándares con modulación positiva o negativa se controlan desde el bus I^2C.

Tiene entrada de frecuencia de referencia de 4 MHz (señal desde el sistema de sintonía por PLL), o bien operación como oscilador a cristal.

El detector de AGC para el control de ganancia opera como detector de picos de sincronismo para modulación negativa, o como detector de nivel de blanco para modulación positiva.

Contiene un control automático de frecuencia (AFC) de precisión, totalmente digital con conversor D/A de 4 bits controlados por el bus.

La trampa de la portadora de sonido es integrada y controlada por un oscilador PLL-FM y adaptable a 4,5; 5,5; 6,0 y 6,5 MHz. La entrada de sonido (SIF), para el modo de sonido cuasi-separado (QSS), de referencia única, es controlada por PLL; el amplificador SIF tiene control automático de ganancia. El integrado contiene un demodulador de AM y el demodulador de FM-PLL no tiene ajustes. El diagrama en bloques se muestra en la Fig. 4.3.

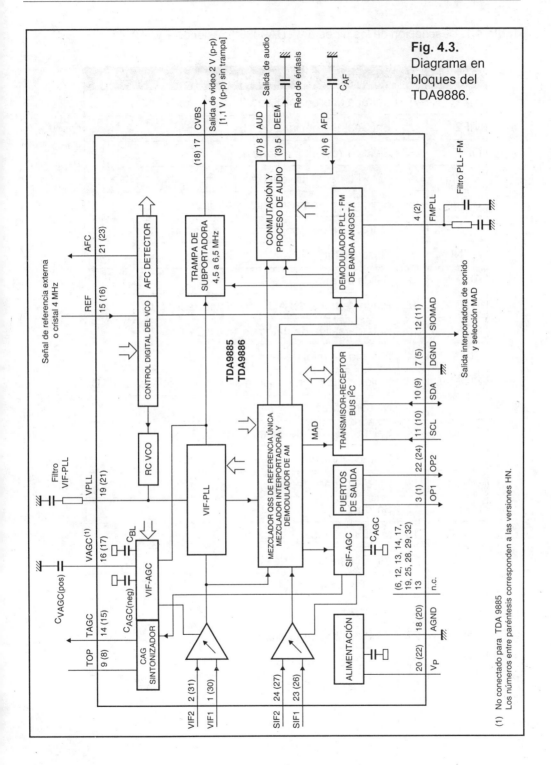

Fig. 4.3.
Diagrama en bloques del TDA9886.

Tabla 4.1. Descripción de los pines del TDA9886 (versiones T y TS).

Símbolo	Pin	Descripción
VIF1	1	Entrada diferencial 1 de VIF
VIF2	2	Entrada diferencial 2 de VIF
OP1	3	Salida 1 (colector abierto)
FMPLL	4	FM-PLL para filtro del lazo
DEEM	5	Salida de de-énfasis para capacitor
AFD	6	Entrada de desacoplamiento de AF para capacitor
DGND	7	Masa digital
AUD	8	Salida de audio
TOP	9	Punto de toma del AGC del sintonizador (TOP)
SDA	10	Entrada/salida de datos del bus I^2C
SCL	11	Entrada de reloj del bus I^2C
SIOMAD	12	Salida de la interportadora de sonido y selección MAD
n.c.	13	No conectado
TAGC	14	Salida del AGC del sintonizador
REF	15	Entrada del cristal de 4 MHz o de referencia
VAGC	16	VIF-AGC para capacitor
CVBS	17	Salida de video
AGND	18	Masa analógica
VPLL	19	VIF-PLL para filtro de lazo
V_p	20	Tensión de fuente (+5 V)
AFC	21	Salida AFC
OP2	22	Salida 2 (colector abierto)
SIF1	23	Entrada diferencial SIF 1
SIF2	24	Entrada diferencial SIF 2

TEA6415C. Conmutador

Descripción General

La función básica del integrado es conmutar 8 fuentes de entradas de video a 6 salidas. Cada salida puede ser conmutada en solamente una de cada entrada. Se realiza un ajuste del menor nivel de la señal en cada entrada, ya sea tomando el nivel inferior del pulso de sincronismo en una señal de video compuesto (CVBS), o el nivel de negro en señales RVA. La ganancia nominal entre cada entrada y la salida respectiva es de 6,5 dB. Para la señal de croma (D2 MAC), el ajuste es puesto fuera del circuito aplicando, con un puente externo, 5 V a la entrada. Todas las posibilidades de conmutación son controladas por el bus y se puede conectar la misma entrada a varias salidas.

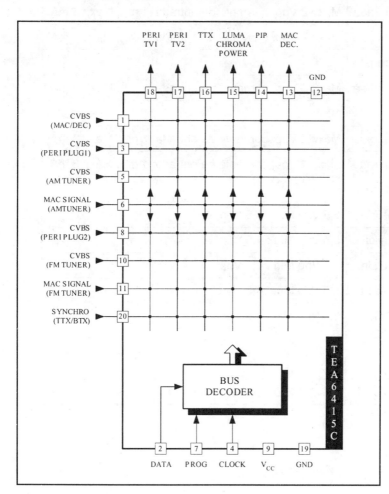

Fig. 4.4.
Diagrama funcional del TEA6415C.

El integrado tiene un ancho de banda de 20 MHz y se puede conectar en cascada con otro similar, en cuyo caso el direccionamiento interno se modifica mediante la tensión del pin 7. El diagrama en bloques se muestra en la Fig. 4.4.

Tabla 4.2. Descripción de los pines del TEA6415C.

1	Entrada	Máx.: 2 Vpp, corriente de entrada: 1 mA, Máx.: 3 mA
2	Datos	Nivel bajo: -0,3 V, Máx.: 1,5 V Nivel alto: 3,0 V, Máx.: Vcc +0,5 V
3	Entrada	Máx.: 2 Vpp, corriente de entrada: 1 mA, Máx.: 3 mA
4	Clock	Nivel bajo: -0,3 V, Máx.: 1,5 V Nivel alto: 3,0 V, Máx.: Vcc +0,5 V
5	Entrada	Máx.: 2 Vpp, corriente de entrada: 1 mA, Máx.: 3 mA
6	Entrada	Máx.: 2 Vpp, corriente de entrada: 1 mA, Máx.: 3 mA
7	Prog.	
8	Entrada	Máx.: 2 Vpp, corriente de entrada: 1 mA, Máx.: 3 mA
9	Vcc	12 V
10	Entrada	Máx.: 2 Vpp, corriente de entrada: 1 mA, Máx.: 3 mA
11	Entrada	Máx.: 2 Vpp, corriente de entrada: 1 mA, Máx.: 3 mA
12	Masa	
13	Salida	5,5 Vpp Mín.: 4,5 Vpp
14	Salida	5,5 Vpp Mín.: 4,5 Vpp
15	Salida	5,5 Vpp Mín.: 4,5 Vpp
16	Salida	5,5 Vpp Mín.: 4,5 Vpp
17	Salida	5,5 Vpp Mín.: 4,5 Vpp
18	Salida	5,5 Vpp Mín.: 4,5 Vpp
19	Masa	
20	Entrada	Máx.: 2 Vpp, corriente de entrada: 1 mA, Máx.: 3 mA

SAA3010. Procesador de Control Remoto IR

Descripción General

El integrado es adaptable como sistema de control remoto por infrarrojo de propósito general (RC-5), cuando se trabaja con fuentes de baja tensión y se requiere un tiempo de antirrebotes largo

Tabla 4.3. Descripción de los pines del SAA3010.

Pin	Mnemónico	Función
1	X7 (IPU)	Entrada de sensado desde matriz del teclado
2	SSM (I)	Entrada de selección de modo sensado
3	Z0-Z3 (IPU)	Entrada de sensado desde matriz del teclado
7	MDATA (OP3)	Datos de salida generados, modulados con 1/12 de la frecuencia del oscilador, con relación cíclica del 25%
8	DATA (OP3)	Información de salida generada
9-13	DR7-DR3 (ODN)	Excitadores de exploración
14	VSS	Masa (0 V)
15-17	DR-2-DR0 (ODN)	Excitadores de exploración
18	OSC (I)	Entrada del oscilador
19	TP2 (I)	Punto de prueba 2
20	TP1 (I)	Punto de prueba 1
21-27	X0-X6 (IPU)	Entrada de sensado desde matriz del teclado
28	VDD (I)	Tensión de alimentación

MC44608. Control de Fuente Conmutada

Descripción General

El MC44608 es un controlador de modo tensión de alto desempeño para conversores del tipo fuera de línea. Este circuito de alta tensión integra la fuente de corriente de arranque y el capacitor de oscilación y requiere pocos componentes periféricos.

Presenta alta eficiencia en posición *stand-by*, ya que opera en modo *burst* con consumos inferiores a 300 mW en fuentes de hasta 150 W nominales.

El oscilador de frecuencia de conmutación integrado opera entre 40 y 75 kHz; presenta control del ciclo de trabajo y bloqueo por subtensión, con histéresis. Además, cuenta con las protecciones de sobretensión Vcc y térmica interna.

Funciones y Conexión de los Pines

- **Pin 1. (Demag.).** Ofrece tres funciones diferentes: detección por cruce de cero (50 mV), detección de corriente de 24 mA y detección de corriente de 120mA. El nivel de 24 mV es utilizado para detectar el estado de reconfiguración del secundario y el de 120 mA para control de un estado de sobretensión denominado **OVP rápido**.

- **Pin 2. (I Sense).** Sensa la tensión desarrollada sobre el resistor serie con el electrodo de fuente del MOSFET de potencia. Cuando la tensión sobre este resistor alcanza 1 V, la salida del excitador (pin 5) es inhibida. Este efecto se conoce como función de sobrecorriente. Una intensidad de 200 mA fluye desde el pin 3 en la fase de arranque y durante la conmutación al modo pulsante de la operación. Se puede intercalar un resistor entre el elemento de sensado y el pin 3, con lo cual se establece una detección de la corriente de pico en el modo *stand-by*.

- **Pin 3. (Entrada de control).** Se inyecta a este pin una corriente de realimentación desde el secundario del *chopper*, mediante un optoacoplador. Si se conecta un resistor entre este pin y masa, se puede controlar la programación del ciclo de trabajo del *burst* durante el modo *stand- by*.

- **Pin 4. (Masa).** Constituye la masa caliente, del lado primario de la fuente.

- **Pin 5. (Excitador).** Este pin suministra la señal necesaria para excitar el MOSFET de potencia.

- **Pin 6. (Vcc).** Constituye la fuente positiva del integrado. Su salida queda inhibida cuando la tensión Vcc es mayor que 15 V, siendo el rango de operación de 6,6 V a 13 V. Un nivel intermedio de 10 V crea una condición de inhibición denominada *Latched Off Phase*.

- **Pin 7.** Este pin provee aislación entre los pines 8 (Vi) y 6 (Vcc).

- **Pin 8. (Vi).** Se puede conectar directamente a una fuente de tensión de 500 V para la función de arranque del integrado. Durante la fase de arranque, una fuente interna de 9 mA excita al pin 6 para permitir una carga rápida del capacitor Vcc. Cuando el circuito integrado arranca, esta fuente auxiliar interna es desactivada.

Memoria 24C32A

Descripción General

El 24C32A es un integrado de 4 Kb × 8 (32 Kbit), PROM serie borrable eléctricamente. El mismo ha sido desarrollado para aplicaciones avanzadas de baja potencia, como las comunicaciones personales o adquisición de datos. El 24C32A tiene también una capacidad de escritura por página de hasta 32 bytes de datos. Es asimismo capaz de ambas lecturas, aleatoria y secuencial hasta el límite de 32 K. Líneas funcionales de direccionamiento permiten conectar hasta 8 dispositivos 24C32A en el mismo bus, para un espacio de hasta 256 Kbit. Tecnología CMOS de avanzada, y el amplio rango de tensiones hacen que este dispositivo sea ideal para aplicaciones de manejo de datos y códigos no volátiles, en baja potencia y baja tensión.

Tabla 4.4. Descripción de los pines del 24C32A.

Nombre	Función
A0, A1, A2	Selección del chip configurable por el usuario
Vss	Masa
SDA	E/S de direcciones/datos series
SCL	Clock serie
WP	Entrada de protección de escritura
Vcc	Fuente de alimentación de + 4,5 a 5,5 V

Descripción Funcional

El 24C32A soporta un protocolo de transmisión de datos y bus de dos vías bi-direccional. El dispositivo que emite datos al bus es definido como transmisor, y el que los recibe es el receptor. El bus debe ser controlado por un dispositivo maestro que genere el clock serie (SCL), controle el acceso al bus, y genere las condiciones de arranque y finalización (START, STOP), mientras el 24C32A trabaja como **esclavo**. Ambos, maestro y esclavo, pueden operar como transmisores o receptores, pero el dispositivo maestro es el que determina cuál de los modos resulta activado.

SAA5264. Decodificador de Texto

Descripción General

El SAA5264 es un decodificador de sistema de teletexto mundial de diez páginas de 625 líneas, en un único chip.

El dispositivo está diseñado para minimizar el costo global del sistema, debido a la interfaz de comandos de alto nivel, que ofrece el beneficio de bajo gasto de software en el microcontrolador del TV.

El SAA5264 posee la siguiente funcionalidad:

- Decodificador de 10 páginas de teletexto, con OSD, Fastext, TOP, modos de adquisición por lista y *default* (por defecto).
- Soporte de instalación de canal automático.
- Adquisición de captura cerrada y display.
- Soporte para V Chip.

Tabla 4.5. Descripción de los pines del SAA5264.

Símbolo	Pin	Tipo	Descripción
Puerto 2: Puerto bidireccional programable de 8-bit, con funciones alternativas			
P2.0/PWM	1	I/O	Salida para Modulador por Ancho de Pulso (PWM)
P2.1/PWM0	2	I/O	Salida bit 0 de PWM
P2.2/PWM1	3	I/O	Salida bit 1 de PWM
P2.3/PWM2	4	I/O	Salida bit 2 de PWM
P2.4/PWM3	5	I/O	Salida bit 3 de PWM
P2.5/PWM4	6	I/O	Salida bit 4 de PWM
P2.6/PWM5	7	I/O	Salida bit 5 de PWM
P2.7/PWM6	8	I/O	Salida bit 6 de PWM
Puerto 3: Puerto bidireccional programable de 8-bit, con funciones alternativas			
P3.0/ADC0	9	I/O	Entradas para la facilidad de la conversión analógico-digital (ADC) por software

Símbolo	Pin	Tipo	Descripción
P3.1/ADC1	10	I/O	
P3.2/ADC2	11	I/O	
P3.3/ADC3	12	I/O	
P.3.4/PWM7	30	I/O	Salida para PWM7 de 6 bit
Vssc	13	I/O	Masa del núcleo
Puerto 0: Puerto bidireccional programable de 8-bit			
SCL (NVRAM)	14	I	Entrada de reloj serie del bus I^2C para RAM no-volátil
SDA (NVRAM	15	I/O	Entrada/salida de datos serie del bus I^2C (RAM no-volátil)
PO.2	16	I/O	Entrada/salida para uso general
PO.3	17	I/O	Entrada/salida para uso general
PO.4	18	I/O	Entrada/salida para uso general
PO.5	19	I/O	Sumidero de corriente de 8 mA, para excitación directa de LED
PO.6	20	I/O	
PO.7	21	I/O	Entrada/salida para uso general
Vssa	22	-	Masa analógica
CVBSO	23	I	Entrada de señal de banda-base de video compuesto (CVBS); a positivo 1 V
CVBS1	24	I	Se requiere entrada pico-a-pico; conectada vía capacitor de 100 nF
SYNC_FILTER	25	I	Entrada del filtro del pulso de sincronismo, para CVBS; este pin debería ir conectado a V_{SSA} vía capacitor de 100 nF
IREF	26	I	Entrada de corriente de referencia, para los circuitos analógicos; para operación correcta, debería conectarse un resistor de 24 kΩ a V_{SSA}
FRAME	27	O	Salida de desentrelazado de cuadro, sincronizada con el pulso VSYNC, para producir un display no-entrelazado, mediante el ajuste de los circuitos de deflexión vertical
TEST	28	I	No disponible; conectar este pin a V_{SSA}
COR	29	O	Reducción de contraste: drenaje-abierto, salida activa **baja**, que permite reducción de contraste selectivo de la imagen de TV, para mejorar el display en modo mezclado
	30	I/O	P3.4/PWM7 (descrito arriba)
Vdda	31	-	Tensión de fuente analógica (3,3 V)
B	32	O	Salida proporción pixel, información de color azul
G	33	O	Salida proporción pixel, información de color verde
R	34	O	Salida proporción pixel, información de color rojo
VDS	35	O	Salida *push-pull* llave datos/video para borrado rápido de proporción pixel

Tabla 4.5. Continuación.

Símbolo	Pin	Tipo	Descripción
HSYNC	36	I	Entrada de pulso sincronismo horizontal: gatillado Schmitt para nivel versión TTL; la polaridad de este pulso es programable por el bit de registro TXT1.H POLARITY
VSYNC	37	I	Entrada de pulso sincronismo vertical: gatillado Schmitt para nivel versión TTL; la polaridad de este pulso es programable por el bit de registro TXT1.V POLARITY
Vssp	38	-	Masa periférica
Vddc	39	-	Tensión fuente del núcleo (+3,3 V)
OSCGND	40	-	Masa del oscilador a cristal
XTALIN	41	I	Entrada del oscilador a cristal de 12 MHz
XTALOUT	42	O	Salida del oscilador a cristal de 12 MHz
RESET	43	I	Entrada de *reset*; si este pin es **alto** por al menos 2 ciclos de máquina (24 períodos oscilatorios) mientras está corriendo el oscilador, el dispositivo se **resetea**; este pin debería ser conectado a V_{DDP}, vía capacitor
VDDP	44	_	Tensión de fuente periférica (+3,3 V)
Puerto 1: Puerto bidireccional programable de 8-bit			
P1.0	45	I/O	Entrada/salida para uso general
P1.1	46	I/O	Entrada/salida para uso general
P1.2	47	I/O	Entrada/salida para uso general
P1.3	48	I/O	Entrada/salida para uso general
SCL	49	I	Entrada de clock serie del bus I^{2}C, desde la aplicación
SDA	50	I/O	Entrada de datos serie del bus I^{2}C, desde la aplicación
P1.4	51	I/O	Entrada/salida para uso general
P1.5	52	I/O	Entrada/salida para uso general

ST24LC21. Memoria EEPROM

Descripción General

El ST24LC21 es una memoria EEPROM programable y borrable eléctricamente de 1 Kbit, organizada por 8 bit.

Puede operar en dos modos: modo transmisión únicamente y modo bidireccional I^2 C. Cuando es alimentado, el integrado está únicamente en el modo transmisión, con los datos EEPROM deshabilitados desde el flanco ascendente de la señal aplicada al terminal VCLK. El dispositivo será conmutado al modo bidireccional I^{2}C, sobre el flanco descendente de la señal aplicada al terminal SCL. El ST24LC21 no se puede conmutar desde el modo bidireccional I²C al modo único de transmisión (excepto cuando es anulada la fuente de alimentación). El dispositivo opera con un valor de alimentación de sólo 2,5 V.

Tabla 4.6. Función de los pines del ST24LC21.

Nombre	Función
SDA	Entrada/salida de direcciones de datos serie (pin 5).
SCL	Clock serie (modo I²C) (pin 6).
Vcc	Tensión de alimentación (pin 8).
Vss	Masa (pin 4).
VCLK	Clock del modo (pin 7).

TLC7733. Control de Tensión de *Reset* y Control de Baja Potencia

Descripción General

La familia TLC77xx de controladores de tensión de fuente de micropotencia está diseñada para el control de *reset*, primariamente en sistemas de microprocesadores y microcomputadoras.

Durante el encendido, el RESET es habilitado cuando la tensión VDD alcanza 1 V. Despúes que se establece el valor mínimo de VDD (0,2 V), el circuito monitorea la tensión SENSE y pone activas las salidas de *reset*, en tanto la tensión (Vi SENSE) permanece debajo de la tensión de umbral. Un temporizador interno retarda el retorno de la salida al estado inactivo, para asegurar el *reset* apropiado del sistema. El retardo de tiempo, t_d es determinado por un capacitor externo y se calcula con la siguiente expresión:

$$t_d = 2,1 \times 10^4 \times C_T$$

Con C_T en farad y t_d en segundos.

El TLC77xx posee un ajuste de la tensión de umbral SENSE fijo mediante un divisor interno de tensión. Cuando la tensión SENSE cae por debajo de la tensión de umbral, las salidas son activas y permanecen en ese estado hasta que la tensión SENSE supera el valor de la tensión de umbral y el tiempo de retardo, t_d, ha concluído.

Además de la función de sobretensión y el reset de encendido, el TLC77xx actúa como control de baja potencia para RAM estática. Cuando el terminal CONTROL es llevado a GND, el RESET actuará como **activo alto**. El monitor de tensión contiene lógica adicional destinada para el control de memorias estáticas con un *backup* de batería durante una falla de alimentación.

Mediante la excitación del terminal de selección del chip (CS) del circuito de memoria con la salida RESET del TLC77xx, y con el terminal CONTROL excitado por la señal de selección del banco de memoria (CSH1) del microprocesador, el circuito de memoria es desactivado automáticamente durante la pérdida de la alimentación. (En esta aplicación, la alimentación del TLC77xx será reemplazada por la batería).

74LVC257A. Multiplexador

Descripción General

El 74LVC257A es un dispositivo CMOS de compuerta Si, de baja tensión, baja potencia, alto desempeño y superior a muchas familias TTL compatibles a CMOS avanzadas.

El 74LVC257A es un multiplexador cuádruple de 2 entradas, con salidas de 3 estados, que selecciona 4 bits datos desde dos fuentes, y que están controlados por una entrada selectora común de datos (S). Las entradas de datos desde la fuente 0 ($1|_0$ a $4|_0$) son seleccionadas cuando la entrada S está en nivel bajo, y las entradas de datos desde la fuente 1 ($1|_1$ a $4|_1$) son seleccionadas cuando la entrada S está en nivel alto. Los datos aparecen a las salidas (1Y a 4Y) en forma verdadera (no invertida) desde las entradas seleccionadas. El 74LVC257A constituye una implementación lógica de una llave de 4 polos 2 posiciones, donde la posición de la llave está determinada por los niveles lógicos aplicados al terminal S. Cuando la entrada OE está a nivel alto, las salidas son forzadas al estado de alta impedancia (OFF).

Número de pin	Símbolo	Descripción
1	S	Entrada común de selección de datos
2; 5; 11; 14	$1|_0$ a $4|_0$	Entrada de datos desde la fuente 0
3; 6; 10; 13	$1|_1$ a $4|_1$	Entrada de datos desde la fuente 1

Tabla 4.7. Descripción de los pines del 74LVC257A.

Número de pin	Símbolo	Descripción
4; 7; 9; 12	1Y a 4Y	Salidas del multiplexador de 3 estados
8	GND	Masa (0 V)
15	OE	Entrada de habilitación, de salida 3 estados (activo: estado **bajo**)
16	V$_{cc}$	Tensión positiva de la fuente

Tabla 4.7.
Continuación.

74LVC14A. Inversor Schmitt *Trigger*

Descripción General

El 74LVC14A es un dispositivo CMOS de compuerta Si, de baja tensión, baja potencia, alto desempeño y superior a muchas familias TTL compatibles a CMOS avanzadas.

Las entradas se pueden excitar tanto desde dispositivos de 3,3 V como de 5 V. Esta prestación permite el uso de estos dispositivos como circuitos de translación en un medio mixto de 3,3 V/5 V.

El 74LVC14A provee seis *buffers* inversores con acción *Schmitt-trigger*. Está capacitado para transformar señales de entrada de crecimiento lento, a señales de flanco abrupto y definido, libres de fluctuación *(jitter)*.

Tabla 4.8. Descripción de los pines del 74LVC14A.

Número de pin	Símbolo	Descripción
1; 3; 5; 9; 11; 13	1A-6A	Entrada de datos
2; 4; 6; 8; 10; 12	1Y-6Y	Salida de datos
7	GND	Masa (0 V)
14	V$_{cc}$	Tensión positiva de la fuente

TEA6420. Conmutador

Descripción General

El TEA6420 conmuta 5 entradas estéreo de audio a 4 salidas estéreo. Todas las posibilidades de conmutación son cambiadas a través del bus I^{2}C. El encapsulado con su identificación de pines se muestra en la Fig. 4.5.

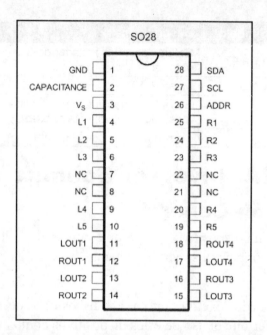

Fig. 4.5.
Distribución de
los pines del
TEA6420.

GND	1	28	SDA
CAPACITANCE	2	27	SCL
V$_S$	3	26	ADDR
L1	4	25	R1
L2	5	24	R2
L3	6	23	R3
NC	7	22	NC
NC	8	21	NC
L4	9	20	R4
L5	10	19	R5
LOUT1	11	18	ROUT4
ROUT1	12	17	LOUT4
LOUT2	13	16	ROUT3
ROUT2	14	15	LOUT3

SO28

DS90C385. Transmisor Programable LVDS (Transmisor de Enlace FPD)

Descripción General

El transmisor DS90C385 convierte datos de 28 bits de LVCMOS/ LVTTL en un flujo de datos de 4 LVDS *(Low Voltage Differential Signaling* - transmisión de señal diferencial de baja tensión). Se transmite un clock enganchado en fase, en paralelo con el flujo de datos, sobre un quinto enlace LVDS. La Fig. 4.6 muestra la distribución de los terminales y la Tabla 4.9 su descripción.

En cada ciclo de clock transmitido son muestreados y transmitidos 28 bits de datos de entrada. A una frecuencia de clock transmitida, de 85 MHz, se transmiten 24 bits de datos RGB y 3 bits de datos de control y temporización LCD (FPLINE, FPFRAME, DRDY) a un régimen de 595 Mbps por canal de datos LVDS. Utilizando un clock de 85 MHz, la ejecución de datos es a razón de 297,5 MB/s. También está disponible el DS90C365, que convierte 21 bits de datos LVCMOS/LVTTL en tres flujos de datos LVDS. Ambos transmisores se pueden programar para el flanco ascendente o el flanco descendente a través de un pin adecuado a tal fin. El transmisor de flanco ascendente o descendente podrá operar con un receptor de flanco descendente (DS90CF386 / DS90CF366) sin necesitar una lógica de translación.

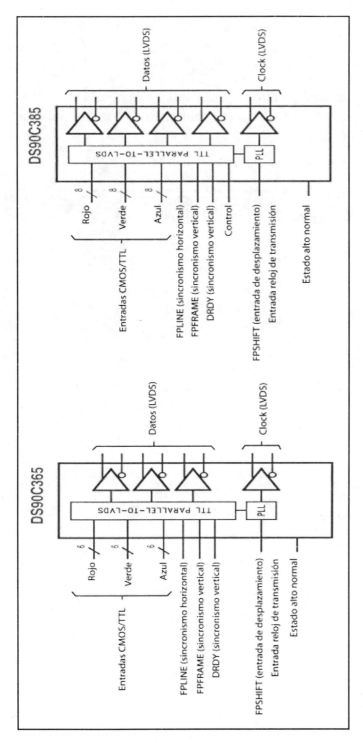

Fig. 4.6.
Distribución de
los pines del
DS90C365 y
del DS90C385.

El DS90C385 se ofrece asimismo en un encapsulado reducido FBGA *(Fine Ball Grid Array)* que provee una reducción de 44% en las pistas del circuito impreso, en comparación con el encapsulado TSSOP.

Esta disposición constituye un medio ideal para resolver problemas de EMI (radiación electromagnética) y tamaño de cables, asociados con interfaces TTL extensas, de alta velocidad.

Tabla 4.9. Descripción de los pines del DS90C385 MTD56 (TSSOP).

Nombre del Pin	E/S	N°	Descripción
TxIN	I	28	Entrada nivel TTL. Esto incluye: 8 rojo, 8 verde, 8 azul y 4 líneas de controles - FPLINE, FPFRAME y DDRY (también referida conforme a habilitación de datos HSYNC, VSYNC)
TxOUT+	O	4	Salida de datos diferenciales positivos LVDS
TxOUT -	O	4	Salida de datos diferenciales negativos LVDS
TxCLKIN	I	1	Entrada de reloj nivel TTL. Nombre de pin TxCLKIN
R_FB	I	1	Selección temporal programable
TxCLK OUT+	O	1	Salida de reloj diferencial positivo LVDS
TxCLK OUT -	O	1	Salida de reloj diferencial negativo LVDS
PWR DOWN	I	1	Entrada de nivel TTL. La entrada seleccionada (nivel bajo), pone las salidas en 3 estados, asegurando baja corriente de consumo
V$_{CC}$	I	3	Pines de alimentación para las entradas TTL
GND	I	4	Pines de masa para las entradas TTL
PLL V$_{CC}$	I	1	Pin de alimentación para PLL
PLL GND	I	2	Pin de masa para PLL
LVDS V$_{CC}$	I	1	Pines de alimentación para las salidas LVDS
LVDS GND	I	3	Pines de masa para las salidas LVDS
TxIN	I	28	Entrada de nivel TTL
TxOUT+	O	4	Salida de datos diferenciales positivos LVDS
TxOUT -	O	4	Salida de datos diferenciales negativos LVDS
TxCLKIN	I	1	Entrada de reloj nivel TTL. El flanco de ascenso actúa como selector temporal de datos
R_FB	I	1	Selección temporal programable. ALTO = flanco de subida, BAJO = flanco de bajada
TxCLK OUT+	O	1	Salida de reloj diferencial positivo LVDS
TxCLK OUT-	O	1	Salida de reloj diferencial negativo LVDS

Nombre del Pin	E/S	N°	Descripción
PWR DOWN	I	1	Entrada de nivel TTL. La entrada seleccionada (nivel bajo), pone las salidas en 3 estados, asegurando baja corriente de consumo
V_{CC}	I	3	Pines de alimentación para entradas TTL
GND	I	5	Pines de masa para entradas TTL
PLL V_{CC}	I	1	Pin de alimentación para PLL
PLL GND	I	2	Pines de masa para PLL
LVDS V_{CC}	I	2	Pin de alimentación para salidas LVDS
LVDS GND	I	4	Pines de masa para salidas LVDS
NC		6	Pines no conectados

En la Fig. 4.7 se muestra la relación entre el clock transmisor y las entradas del receptor. La Fig. 4.8 muestra la coordinación entre estas señales y la Fig. 4.9 el modo de acoplamiento de la transmisión de datos.

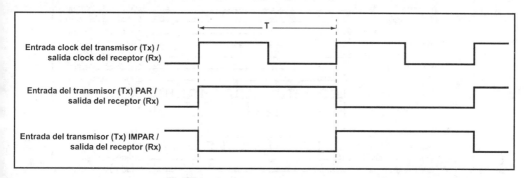

Fig. 4.7. Señales de coordinación en la transmisión de datos para el DS90C365 y el DS90C365. Corresponden a la máxima condición desfavorable del cuadro de pruebas.

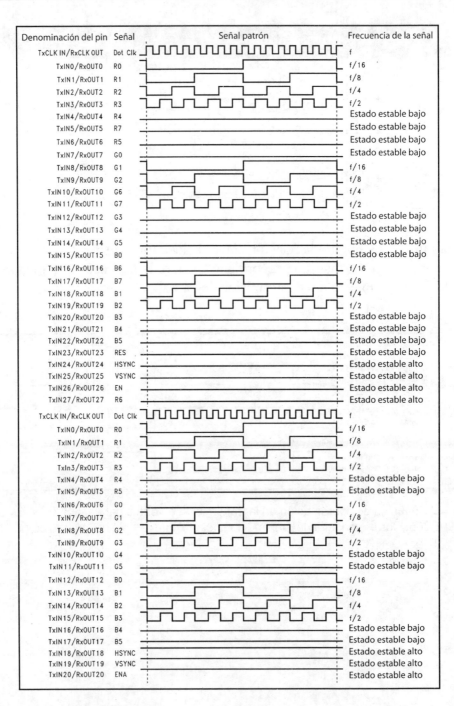

Fig. 4.8. Señales de coordinación entre el clock y las formas de onda para un cuadro de prueba de 16 tonos de gris.

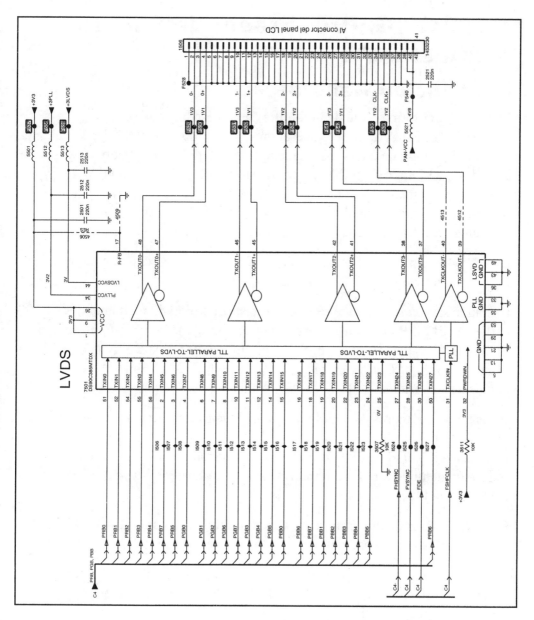

Fig. 4.9. Aplicación típica del acoplamiento entre la etapa de salida (controlador gráfico, procesador de video, *scaler*) y el panel LCD, por medio del transmisor programable DS90C385.

MSP34X1G. Procesador de Sonido Multiestándar

Descripción General

El MSP3411G forma parte de la familia de procesadores de sonido multiestándar. Este grupo de procesadores en un solo chip MSP34x1G cubre el proceso de sonido de todos los estándares de TV globales, así como los estándares de sonido digital NICAM. El proceso completo de sonido de TV, a partir de la señal analógica de entrada de FI, hasta la salida de AF analógica procesada, es implementado en un único chip. La Fig. 4.10 muestra el diagrama funcional en bloques simplificado del MSP34x1G.

El MSP34x1G posee todas las funciones del MSP34xOG con el adicional de una prestación de sonido *surround* virtual.

El sonido *surround* se puede reproducir hasta cierto grado mediante dos parlantes. El MSP34x1G incluye el algoritmo virtualizador *3D-Panorama* de Micronas, el cual había sido aprobado por los laboratorios Dolby para la tecnología *Virtual Dolby Surround*. Además, el MSP34x1G incluye el algoritmo *Panorama*.

Estos CI procesadores de sonido de TV incluyen versiones para procesar la señal de sonido de televisión multicanal (MTS) conforme al estándar recomendado por el comité de sistemas de difusión por TV (BTSC). La reducción de ruido DBX o alternativamente, el *Micronas Noise Reduction* (MNR), está libre de ajustes.

Otros estándares de procesamiento son el múltiplex FM-FM japonés (EIA-J), y el estándar Radio FM estéreo.

Los CI corrientes poseen procedimientos de ajuste tendientes a obtener buena separación estéreo para BTSC y EIA-J. El MSP34x1G tiene un desempeño óptimo sin ajuste alguno.

El MSP34x1G tiene incorporadas funciones automáticas: el CI es apto para detectar el estándar real de sonido automáticamente (detección estándar automática). Además, los niveles de piloto y señales de identificación se pueden evaluar internamente, con la subsiguiente conmutación entre mono/estéreo/bilingüe; no es necesaria interacción con el I^{2}C (Selección Automática de Sonido).

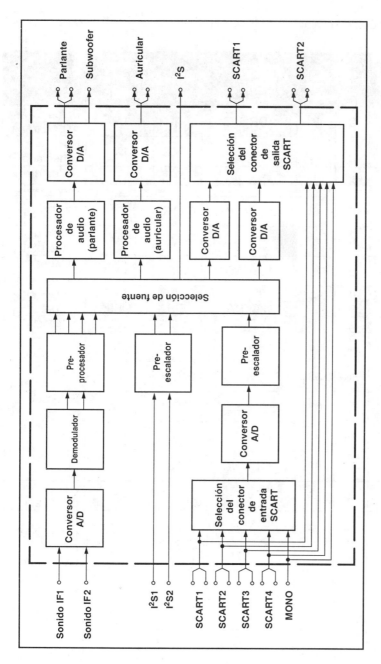

Fig. 4.10. Diagrama en bloques del MSP3411G.

Tabla 4.10. Función de los pines del MSP3411G.

N° de Pin					Nombre del Pin	Tipo	Conexión (si no es usado)	Descripción Corta
PLCC 68 pin	PSDIP 64 pin	PSDIP 52 pin	PQFP 80 pin	PLQFP 64 pin				
1	16	14	9	8	ADR_WS	SAL.	LV	Palabra ADR, *strobe*
2	-	-	-	-	NC		LV	No conectado
3	15	13	8	7	ADR_DA	SAL.	LV	Salida de Datos ADR
4	14	12	7	6	I2S_DA_IN1	ENTR.	LV	Entrada de datos I^2S1
5	13	11	6	5	I2S_DA_OUT	SAL.	LV	Salida de datos I^2S1
6	12	10	5	4	I2S_WS	E/S	LV	Palabra I^2S, *strobe*
7	11	9	4	3	I2S_CL	E/S	LV	I^2S clock
8	10	8	3	2	I2C_DA	E/S	OBL	I^2C datos
9	9	7	2	1	I2C_CL	E/S	OBL	I^2C clock
10	8	-	1	64	NC		LV	No conectado
11	7	6	80	63	STANDBYQ	ENTR.	OBL	*Stand-by* (activo-bajo)
12	6	5	79	62	ADR_SEL	ENTR.	OBL	Selección dir. bus I^2C
13	5	4	78	61	D_CTR_I/O_0	E/S	LV	D_CTR E/S_0
14	4	3	77	60	D_CTR_I/O_1	E/S	LV	D_CTR E/S_1
15	3	-	76	59	NC		LV	No conectado
16	2	-	75	58	NC		LV	No conectado
17	-	-	-	-	NC		LV	No conectado
18	1	2	74	57	AUD_CL_OUT	SAL	LV	Salida clock de audio (18,432 MHz)
19	64	1	73	56	TP		LV	Pin de prueba
20	63	52	72	55	XTAL_OUT	SAL	OBL	Oscilador a cristal
21	62	51	71	54	XTAL_IN	ENTR.	OBL	Oscilador a cristal

PLCC 68 pin	PSDIP 64 pin	PSDIP 52 pin	PQFP 80 pin	PLQFP 64 pin	Nombre del Pin	Tipo	Conexión (si no es usado)	Descripción Corta
22	61	50	70	53	TESTEN	ENTR.	OBL	Pin de prueba
23	60	49	69	52	ANA_IN2+	ENTR.	AVSS vía 56 pF LV	Entrada 2 de FI (vacante, sólo si FI entrada1 tampoco se usa)
24	59	48	68	51	ANA_IN -	ENTR.	AVSS vía 56 pF LV	Común de FI (vacante, sólo si FI entrada1 tampoco se usa)
25	58	47	67	50	ANA_IN+	ENTR.	LV	Entrada 1 de FI
26	57	46	66	49	AVSUP		OBL	Fuente de alimentación analógica de 5 V
-	-	-	65	-	AVSUP		OBL	Fuente de alimentación analógica de 5 V
-	-	-	64	-	NC		LV	No conectado
-	-	-	63	-	NC		LV	No conectado
27	56	45	62	48	AVSS		OBL	Masa analógica
-	-	-	61	-	AVSS		OBL	Masa analógica
28	55	44	60	47	MONO_IN	ENTR.	LV	Entrada mono
-	-	-	59	-	NC		LV	No conectado
29	54	43	58	46	VREFTOP		OBL	Tensión de referencia del conversor A/D de FI
30	53	42	57	45	SC1_IN_R	ENTR.	LV	SCART 1 entr., der.
31	52	41	56	44	SC1_IN-L	ENTR.	LV	SCART 1 entr., izq.
32	51	-	55	43	ASG1		AHVSS	Masa blindaje analóg. 1
33	50	40	54	42	SC2_IN_R	ENTR.	LV	SCART 2 entr., der.

Continúa

Tabla 4.10. Continuación.

N° de Pin					Nombre del Pin	Tipo	Conexión (si no es usado)	Descripción Corta
PLCC 68 pin	PSDIP 64 pin	PSDIP 52 pin	PQFP 80 pin	PLQFP 64 pin				
34	49	39	53	41	SC2_IN_L	ENTR.	LV	SCART 2 entr., izq.
35	48	-	52	40	ASG2		AHVSS	Masa blindaje analóg. 2
36	47	38	51	39	SC3_IN_R	ENTR.	LV	SCART 3 entr., der.
37	46	37	50	38	SC3_IN_L	ENTR.	LV	SCART 3 entr., izq.
38	45	-	49	37	ASG4		AHVSS	Masa blindaje analóg. 4
39	44	-	48	36	SC4_IN_R	ENTR.	LV	SCART 4 entr., der.
40	43	-	47	35	SC4_IN_L	ENTR.	LV	SCART 4 entr., izq.
41	-	-	46	-	NC		LV, o AHVSS	No conectado
42	42	36	45	34	AGNDC		OBL	Tensión de referencia analógica
43	41	35	44	33	AHVSS		OBL	Masa analógica
-	-	-	43	-	AHVSS		OBL	Masa analógica
-	-	-	42	-	NC		LV	No conectado
-	-	-	41	-	NC		LV	No conectado
44	40	34	40	32	CAPL_M		OBL	Capacitor de volumen MAIN
45	39	33	39	31	AHVSUP		OBL	Fuente de alimentación analógica 8 V
46	38	32	38	30	CAPL_A		OBL	Capacitor de volumen AUX
47	37	31	37	29	SC1_OUT_L	SAL.	LV	SCART sal.1, izq.
48	36	30	36	28	SC1_OUT_R	SAL.	LV	SCART sal.1, der.
49	35	29	35	27	VREF1		OBL	Referencia de masa 1
50	34	28	34	26	SC2_OUT_L	SAL.	LV	SCART sal.2, izq.

N° de Pin					Nombre del Pin	Tipo	Conexión (si no es usado)	Descripción Corta
PLCC 68 pin	PSDIP 64 pin	PSDIP 52 pin	PQFP 80 pin	PLQFP 64 pin				
51	33	27	33	25	SC2_OUT_R	SAL.	LV	SCART sal.2, der.
52	-	-	32	-	NC		LV	No conectado
53	32	-	31	24	NC		LV	No conectado
54	31	26	30	23	DACM_SUB	SAL.	LV	Salida de *subwoofer*
55	30	-	29	22	NC		LV	No conectado
56	29	25	28	21	DACM_L	SAL.	LV	Salida parlante, izq.
57	28	24	27	20	DACM_R	SAL.	LV	Salida parlante, der.
58	27	23	26	19	VREF2		OBL	Referencia de masa 2
59	26	22	25	18	DACA_L	SAL.	LV	Salida audífono, izq.
60	25	21	24	17	DACA_R	SAL.	LV	Salida audífono, der.
-	-	-	23	-	NC		LV	No conectado
-	-	-	22	-	NC		LV	No conectado
61	24	20	21	16	RESETQ	ENTR.	OBL	*Reset* de encendido
62	23	-	20	15	NC		LV	No conectado
63	22	-	19	14	NC		LV	No conectado
64	21	19	18	13	NC		LV	No conectado
65	20	18	17	12	12S_DA_IN2	ENTR.	LV	Entrada datos I^2S2
66	19	17	16	11	DVSS		OBL	Masa digital
-	-	-	15	-	DVSS		OBL	Masa digital
-	-	-	14	-	DVSS		OBL	Masa digital
67	18	16	13	10	DVSUP		OBL	Fuente de alimentación digital, 5 V
-	-	-	12	-	DVSUP		OBL	Fuente de alimentación digital, 5 V
-	-	-	11	-	DVSUP		OBL	Fuente de alimentación digital, 5 V
68	17	15	10	9	ADR_CL	SAL.	LV	Clock ADR

NC = no conectado; queda vacante.
LV = si no se usa, permanece vacante.
OBL = obligatorio; conectado como se indica en el diagrama circuital.
DVSS = si no se usa, conectar a DVSS.
AHVSS = conectar a AHVSS.

Conmutador de Señales Analógicas

Descripción General

El PI5V330 es apropiado para aplicaciones de video donde se conmutan
señales analógicas compuestas o RGB. Resulta adecuado en aplicaciones de
PIP (imagen dentro de imagen, o inserción de imagen). El régimen de pixel
produce video sobrepuesto, por lo que dos o más imágenes pueden ser vistas al
mismo tiempo. Se puede implementar un económico titulador NTSC mediante
la superposición de la salida de un generador de caracteres sobre un fondo de
video compuesto estándar.

AD9883A. Interfaz Analógica

Descripción General

El AD9883A es una interfaz analógica monolítica completa, de 8 bit, 140 MSPS
(megamuestras por segundo), optimizada para capturar señales gráficas RGB
desde computadoras personales y *workstations* (estaciones de trabajo).

Su capacidad de régimen codificador de 140 MSPS y su ancho de banda
analógico a plena potencia de 300 MHz soporta resoluciones de hasta SXGA
(1.280 × 1.024 a 75 Hz).

El AD9883A incluye un ADC triple de 140 MHz, con una referencia interna de
1,25 V, un PLL y un control de enclavamiento, *offset* y ganancia programable.
Funciona con tensión de alimentación de 3,3 V.

Presenta una entrada analógica y señales de COAST y Hsync. Las salidas
CMOS de tres estados se pueden alimentar desde 2,5 V a 3,3 V.

El PLL en chip AD9883, genera un clock de pixel desde la entrada Hsync. El
rango de frecuencias de salida de clock pixel es de 12 MHz a 140 MHz. El
jitter del clock PLL es típicamente de 500 ps p-p a 140 MSPS. Cuando se
presenta la señal de COAST, el PLL mantiene su frecuencia de salida en
ausencia de Hsync. Se provee un ajuste de fase de muestreo. Las relaciones de
fase de salida de clock, Hsync y Data, se mantienen. El AD9883A también
ofrece proceso pleno de sincronismo para sincronismo compuesto y
aplicaciones *sync-on-green*. La señal de enclavamiento se genera internamente
o puede ser provista externamente a través del pin de entrada CLAMP.

Esta interfaz es plenamente programable mediante una interfaz serie de 2 vías. Fabricado con un proceso avanzado CMOS, el AD9883A se provee en un encapsulado plástico de montaje superficial, LQFP de 80 terminales de espacio reducido, y especificado según el rango de temperatura $-40°C$ a $+85°C$.

Tabla 4.11. Función de los pines del AD9883A.

Nombre del Pin	Función
Salidas	
HSOUT	Salida de sincronismo horizontal. Una versión reconstruida y alineada en fase de la entrada Hsync. Ambas, polaridad y duración de esta salida, pueden ser programadas a través de los registros del bus serie. Manteniendo el alineamiento con DATACK y Datos, puede estar siempre determinado el temporizado de datos respecto al sincronismo horizontal
VSOUT	Salida de sincronismo vertical. Una versión reconstruida y alineada en fase del Vsync de video. La polaridad de esta salida puede ser controlada a través de un bit del bus serie. El emplazamiento y la duración en todos los modos es ajustado por el transmisor gráfico.
SOGOUT	Salida *Sync-On-Green Slicer.* Este pin brinda salida tanto a la señal desde el comparador *Sync-On-Green Slicer* o a una versión no procesada pero retardada de la entrada Hsync. (**Nota:** además del recorte de SOG, la salida desde este pin no engendra otro procesamiento adicional en el AD9883A. La separación de Vsync es realizado a través del separador de sincronismo).
Puerto serie 2 conductores SDA SCL A0	Datos del puerto serie E/S Reloj del puerto serie E/S Dirección del puerto serie, Entrada 1
Salida de datos Rojo Verde Azul	Salida de datos, Canal Rojo Salida de datos, Canal Verde Salida de datos, Canal Azul Las salidas principales de datos. El bit 7 es el más significativo. El retardo desde el tiempo de muestreo de pixel a la salida, es fija. Cuando el tiempo de muestreo es cambiado mediante el ajuste del registro de PHASE, la salida de temporizado también es desplazada. Las salidas DATACK y HSOUT son también movidas, por lo que es mantenida la relación de temporizado entre las señales.

Continúa

Tabla 4.11. Continuación.

Nombre del Pin	Función
Salidas	
Salida de clock de datos DATACK	*Clock* de Salida de Datos. Ésta es la señal de salida del *clock* principal, usada para selección *strobe* de los datos de salida y HSOUT en la lógica externa. La misma es producida por el generador de *clock* interno, y es sincrónica con el *clock* de muestreo de pixel interrno. Cuando el tiempo de muestreo es modificado por el ajuste del registro de PHASE, el temporizado de salida es también desplazado. Las salidas de Datos, DATACK y HSOUT son movidas en conjunto, por lo que se mantienen las relaciones de temporizado entre las señales.
Entradas	
RAIN GAIN BAIN	Entrada Analógica para el Canal Rojo. Entrada Analógica para el Canal Verde. Entrada Analógica para el Canal Azul. Entradas de alta impedancia, que aceptan, respectivamente, señales gráficas de los canales rojo, verde y azul. (Los tres canales son idénticos, y se pueden utilizar para cualquier color, pero los colores son asignados por convención). Los mismos acomodan el rango de las señales de entrada desde 0,5 V a 1,0 V a plena escala. Las señales deberán ser acopladas en C.A. a estos pines, para soportar operación de enclavamiento.
HSYNC	Entrada de Sincronismo Horizontal. Esta entrada recibe una señal lógica que establece la referencia del temporizado horizontal, y provee la referencia de frecuencia para la generación del *clock* de pixel. El valor lógico de este pin es controlado por el registro serie OEH, Bit 6 (Polaridad Hsync). Solamente es activo el flanco de subida de Hsync; el flanco de descenso es ignorado. Cuando la polaridad de Hsync = 0, es utilizado el flanco de descenso de Hsync. Cuando la polaridad de Hsync = 1, es activo el flanco de subida. La entrada incluye un *Schmitt trigger* para inmunidad al ruido, con un umbral de entrada nominal de 1,5 V.
VSYNC	Entrada de Sincronismo Vertical. Ésta es la entrada para el sincronismo vertical.
SOGIN	Entrada *Sync-on-Green*. Esta entrada es provista para la asistencia de señales de procesamiento con sincronismo incrustado, típicamente en el canal de Verde. El pin es conectado a un comparador de alta velocidad, con un umbral generado internamente. El nivel de umbral puede ser programado en pasos de 10 mV, entre 10 mV y 330 mV, por encima del pico negativo de la señal de entrada. El umbral de tensión por defecto es de 150 mV.

Nombre del Pin	Función
CLAMP	Cuando es conectado a una señal gráfica acoplada en C.A., con sincronismo embebido, producirá una salida digital no-invertida en SOGOUT. (Esto es usualmente una señal de sincronismo compuesto, que contiene ambas informaciones de sincronismo: vertical y horizontal, que deben ser separadas antes de pasar la señal de sincronismo horizontal a Hsync). Cuando no es usada, esta entrada debe quedar desconectada. Entrada de Enclavamiento Externo. Esta entrada lógica debe ser usada para definir el tiempo durante el cual la señal de entrada es enclavada a masa. La misma debería ser puesta en ejercicio cuando se está en conocimiento del nivel de referencia de continua a estar presente en los canales de entrada analógica, típicamente durante el pórtico trasero de la señal gráfica. El pin CLAMP es habilitado, fijando el bit de control de la función Clamp a 1, (registro 0FH, Bit 7, cuyo valor por defecto es 0). Cuando está deshabilitado este pin es ignorado y el temporizado de enclavamiento es determinado internamente mediante el conteo del retardo y duración desde el flanco de descenso de la entrada Hsync. El valor lógico de este pin es controlado por el registro *Clamp Polarity* 0FH, Bit 6. Cuando no es utilizado este pin debe ser puesto a masa y la Función Clamp programada a 0.
COAST	Entrada de *Clock Generator Coast* (Opcional). Esta entrada debe ser usada para provocar la detención del generador de *clock* de pixel, sincronizándose con Hsync, y continuando la producción del *clock* a su frecuencia y fase corriente. Esto es de utilidad cuando se procesan señales desde fuentes que fallan en la producción de los pulsos de sincronismo horizontal durante el intervalo vertical. La señal COAST **no** es generalmente requerida por las señales generadas para PC. El valor lógico de este pin es controlado por el registro *Coast Polarity* (0FH, Bit 3). Cuando no se usa, este pin debe ser puesto a masa, y *Coast Polarity* programarse a 1, ó llevarse a nivel **alto**, (conectándolo a VD a través de un resistor de 10 kΩ) y programando *Coast Polarity* a 0. El valor por defecto de *Coast Polarity* es 1 al momento del encendido.
REF BYPASS	BYPASS de Referencia Interna. Derivación para la referencia de intervalo de banda interna de 1,25 V. La misma se debe conectar a masa a través de un capacitor de 0,1 µF. La precisión absoluta de esta referencia es de ±4%, y el coeficiente de temperatura es ±50 ppm, lo cual es adecuado para la mayoría de las aplicaciones del AD9883A. Si se requiere mayor precisión, se puede emplear en su lugar una referencia externa.

Continúa

Tabla 4.11. Continuación.

Nombre del Pin	Función
MIDSCV	BYPASS de Referencia de Tensión a Media Escala Derivación para la referencia de tensión a media escala interna. La misma se debe conectar a masa a través de un capacitor de 0,1 µF. La tensión exacta varía con el ajuste de la ganancia del canal Azul.
FILT	Conexión del Filtro Externo Para la operación apropiada, el PLL del generador de *clock* de pixel requiere un filtro externo. Para un óptimo desempeño, minimice los ruidos y parásitos en este nodo.
Fuente de Alimentación	
VD	Fuente de Alimentación Principal. Estos pines proveen alimentación a los elementos principales del circuito. Los mismos se deben filtrar y poseer el mínimo ruido posible.
VDD	Fuente de Alimentación de Salida Digital. Un gran número de pines de salida (hasta 25), conmutados a alta velocidad (hasta 110 MHz), generan una cantidad de transitorios de alimentación (ruido). Estos pines de alimentación están identificados separadamente de los pines VD, por lo que se debe tener especial cuidado en minimizar el ruido de salida transferido al sensible circuito analógico. Si el AD9883A es interconectado con lógica de menor tensión, VDD se debe conectar a una tensión de alimentación menor (tan baja como 2,5 V), para compatibilizar ambos bloques.
PVD	Fuente de Alimentación del Generador *Clock*. La parte más sensible del AD9883A es el circuito de generación del *clock*. Estos pines proveen alimentación al PLL del *clock*, y ayudan al diseño del usuario para lograr un desempeño óptimo. El diseñador debe proveer una fuente pura, desprovista de ruido, para estos pines.
GND	Masa. El retorno de masa para todo el circuito en-chip. Es recomendable que el AD9883A sea montado sobre un plano de masa único y sólido, prestándose una cuidadosa atención a los caminos de retorno de la corriente de masa.

SAA7118E. Procesador de Video
Descripción General

Es un dispositivo de captura de video, para aplicaciones de controladores VGA en el puerto de imagen. El Philips X-VIP es un nuevo decodificador de video, con filtro *comb* multiestándar y procesamiento adicional de componentes para video escalonado óptimo. El diagrama en bloques se muestra en la Fig. 4.11.

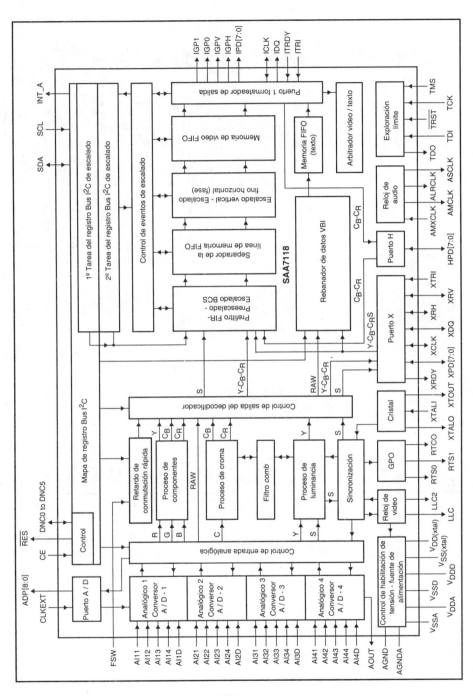

Fig. 4.11. Diagrama en bloques del SAA7118.

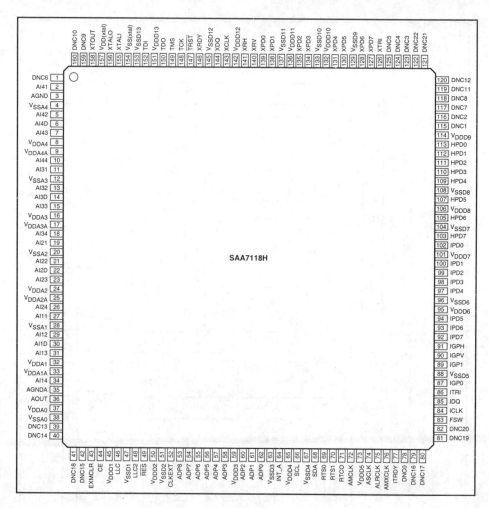

Fig. 4.12. Versión QPF160 del SAA7118.

El SAA7118E es una combinación de circuito de procesamiento analógico de cuatro canales, incluyendo selección de fuente, filtro *antialiasing* y ADC, un enclavado automático y control de ganancia, un circuito de generación de *clock* (CGC), un decodificador digital multiestándar conteniendo una separación de crominancia/luminancia bidimensional, mediante un filtro peine adaptado y un integrador de alto desempeño, incluyendo un *upscaling* y *downscaling* variable, horizontal y vertical, así como un circuito de control de saturacion y contraste.

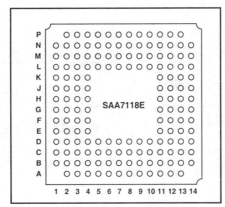

Fig. 4.13.
Versión
BGA156.

Éste es un circuito altamente integrado, para video de receptores y aplicaciones similares. El decodificador está basado en el principio de decodificación *line-locked clock* (clock enganchado en línea) y es apto para decodificar señales de color PAL, SECAM y NTSC en valores de componentes de color compatibles con las normas ITU601. El SAA7118E acepta CVBS o S-video (Y/C) como entradas analógicas desde fuentes de TV o VCR, incluyendo señales débiles y distorsionadas, así como las señales componentes básicas de banda $Y-P_b$, $-P_r$ o RGB. También, posibilita un puerto de expansión (X-port) para video digital (semidúplex bidireccional, compatible D1), para conectar MPEG o *codec phone video*. En el llamado **puerto de imagen** *(I-port)*, el SAA7118E maneja datos de salida de 8 ó 16 bit de ancho, con datos de referencia auxiliares para producir la interfaz con controladores VGA.

El objetivo de la aplicación para el SAA7118E es la captura y gradación de imágenes de video, y convertirlas como flujo de video digital, a través del puerto de imagen del controlador VGA, para activar al sistema de memoria, o proveer exactamente video digital básico de banda para todo el procesamiento de mejora de imagen.

La versión QPF160 tiene un formato cuadrangular de 40 pines por lado (ver la Fig. 4.12), mientras que la configuración BGA156 distribuye los terminales según el formato mostrado en la Fig. 4.13; en este caso, la ubicación de cada pin corresponde a un código alfanumérico, según las intersecciones que aparecen en la Fig. 4.14. La descripción de pines se muestra en la Tabla 4.12.

	1	2	3	4	5	6	7	8	9	10	11	12	13	14
A		XTOUT	XTALO	$V_{SS(xtal)}$	TDO	XRDY	XCLK	XPD0	XPD2	XPD4	XPD6	TEST1	TEST2	
B	AI41	TEST3	$V_{DD(xtal)}$	XTALI	TDI	TCK	XDQ	XPD1	XPD3	XPD5	XTRI	TEST4	TEST5	TEST6
C	V_{SSA4}	AGND	TEST7	TEST8	V_{DDD1}	$\overline{TRST}$	XRH	V_{DDD2}	V_{DDD3}	V_{DDD4}	XPD7	TEST9	TEST10	TEST11
D	AI43	AI42	AI4D	V_{DDA4}	V_{SSD1}	TMS	V_{SSD2}	XRV	V_{SSD3}	V_{SSD4}	V_{SSD5}	V_{DDD5}	TEST12	HPD0
E	AI44	V_{DDA4A}	AI31	V_{SSA3}							HPD1	HPD3	HPD2	HPD4
F	AI3D	AI32	AI33	V_{DDA3}							V_{SSD6}	V_{DDD6}	HPD5	HPD6
G	AI34	V_{DDA3A}	AI22	AI21							V_{SSD7}	IPD1	HPD7	IPD0
H	AI2D	AI23	V_{SSA2}	V_{DDA2}							IPD2	V_{DDD7}	IPD4	IPD3
J	V_{DDA2A}	AI11	AI24	V_{SSA1}							V_{SSD8}	V_{DDD8}	IPD6	IPD5
K	AI12	AI13	AI1D	V_{DDA1}							IPD7	IGPH	IGP1	IGPV
L	V_{DDA1A}	AGNDA	AI14	V_{SSD9}	V_{SSD10}	ADP6	ADP3	V_{SSD11}	V_{SSD12}	RTCO	V_{SSD13}	ITRI	IDQ	IGP0
M	AOUT	V_{SSA0}	V_{DDA0}	V_{DDD9}	V_{DDD10}	ADP7	ADP2	V_{DDD11}	V_{DDD12}	RTS0	V_{DDD13}	AMXCLK	FSW	ICLK
N	TEST13	TEST14	TEST15	CE	LLC2	CLKEXT	ADP5	ADP0	SCL	RTS1	ASCLK	ITRDY	TEST16	TEST17
P		TEST18	EXMCLR	LLC	$\overline{RES}$	ADP8	ADP4	ADP1	INT_A	SDA	AMCLK	ALRCLK	TEST19	

Parte central del encapsulado: **SAA 7118E**

Fig. 4.14. Ubicación alfanumérica de los pines en la versión BGA156.

Tabla 4.12. Descripción de los pines del SAA7118E (versión BGA156).

Símbolo	Pin	Tipo	Descripción
XTOUT	A2	O	Señal de salida del oscilador a cristal; señal auxiliar
XTALO	A3	O	Salida del oscilador a cristal 24,576 MHz (32,11 MHz); no conectada si se usa la entrada de *clock* TTL de XTALI
$V_{ss(xtal)}$	A4	P	Masa para el oscilador a cristal
TDO	A5	O	Salida de datos de control para la prueba del barrido límite
XRDY	A6	O	Bandera de tareas o señal disponible desde el *scaler*, controlada por XRQT
XCLK	A7	I/O	Puerto de expansión E/S del *clock*
XPDO	A8	I/O	LSB de los datos del puerto de expansión
XPD2	A9	I/O	MSB-5 de los datos del puerto de expansión
XPD4	A10	I/O	MSB-3 de los datos del puerto de expansión
XPD6	A11	I/O	MSB-1 de los datos del puerto de expansión
TEST1	A12	I/pu	No conectar, reservado para futuras extensiones y para prueba: entrada del barrido
TEST2	A13	I/pu	No conectar, reservado para futuras extensiones y para prueba: entrada del barrido
AI41	B1	I	Entrada analógica 41
TEST3	B2	O	No conectar, reservado para futuras extensiones y para prueba
$V_{DD(xtal)}$	B3	P	Fuente de alimentación para el oscilador a cristal
XTALI	B4	I	Terminal de entrada para el oscilador a cristal de 24,576 MHz (32,11 MHz), o del oscilador externo compatible con TTL
TDI	B5	I/pu	Entrada de datos de control para la prueba del barrido límite
TCK	B6	I/pu	*Clock* de control para la prueba del barrido límite
XDQ	B7	I/O	Habilitador de datos para el puerto de expansión
XPD1	B8	I/O	MSB-6 de los datos del puerto de expansión
XPD3	B9	I/O	MSB-4 de los datos del puerto de expansión
XPD5	B10	I/O	MSB-2 de los datos del puerto de expansión
XTRI	B11	I	Señal de control de salida del puerto-X; afecta a todos los pines (XPD7 a XPD0, XRH, XRV, XDQ y XCLK); la habilitación y la polaridad activa está bajo control de software (bits XPE en subdirección 83H)
TEST4	B12	O	No conectar, reservado para futuras extensiones y para prueba: entrada del barrido
TEST5	B13	NC	No conectar, reservado para futuras extensiones y para prueba
TEST6	B14	NC	No conectar, reservado para futuras extensiones y para prueba
VSSA4	C1	P	Masa para entradas analógicas A14x
AGND	C2	P	Masa analógica

Continúa

Tabla 4.12. Continuación.

Símbolo	Pin	Tipo	Descripción
TEST7	C3	NC	No conectar, reservado para futuras extensiones y para prueba
TEST8	C4	NC	No conectar, reservado para futuras extensiones y para prueba
V_{DDD1}	C5	P	Tensión de fuente digital 1 (celdas periféricas)
TRST	C6	I/pu	Entrada de *reset* de prueba (activo BAJO), para prueba de barrido límite (con *pull-up* interno)
XRH	C7	I/O	Puerto de expansión E/S de referencia horizontal
V_{DDD2}	C8	P	Tensión de fuente digital 2 (núcleo)
V_{DDD3}	C9	P	Tensión de fuente digital 3 (celda periférica)
V_{DDD4}	C10	P	Tensión de fuente digital 4 (núcleo)
XPD7	C11	I/O	MSB de datos de puerto de expansión
TEST9	C12	NC	No conectar, reservado para futuras extensiones y para prueba
TEST10	C13	NC	No conectar, reservado para futuras extensiones y para prueba
TEST11	C14	I/pu	No conectar, reservado para futuras extensiones y para prueba: entrada del barrido
AI43	D1	I	Entrada analógica 43
AI42	D2	I	Entrada analógica 42
AI4D	D3	I	Entrada diferencial para el canal 4 del ADC (pines AI41 a AI44)
V_{DDA4}	D4	P	Tensión de la fuente analógica para las entradas analógicas AI4x (3,3 V)
V_{SSD1}	D5	P	Masa digital 1 (celdas periféricas)
TMS	D6	I/pu	Entrada de selección del modo prueba, para prueba de barrido límite o prueba de barrido
V_{SSD2}	D7	P	Masa digital 2 (núcleo; conección de sustrato)
XRV	D8	I/O	Puerto de expansión E/S de la referencia vertical
V_{SSD3}	D9	P	Masa digital 3 (celdas periféricas)
V_{SSD4}	D10	P	Masa digital 4 (núcleo)
V_{SSD5}	D11	P	Masa digital 5 (celdas periféricas)
V_{DDD5}	D12	P	Tensión de fuente digital 5 (celdas periféricas)
TEST12	D13	I/pu	No conectar, reservado para futuras extensiones y para prueba: entrada del barrido
HPDO	D14	I/O	LSB de E/S de datos del puerto *host*, entrada extendida C_B-C_R para el puerto de expansión, salida extendida C_B-C_R para el puerto de imagen
A/44	E1	I	Entrada analógica 44
V_{DDA4A}	E2	P	Tensión de la fuente analógica para las entradas analógicas AI4x (3,3 V)
AI31	E3	I	Entrada analógica 31
V_{SSA3}	E4	P	Masa para las entradas analógicas AI3x

Símbolo	Pin	Tipo	Descripción
HPD1	E11	I/O	MSB – 6 de E/S de datos del puerto *host*, entrada extendida C_B -C_R para el puerto de expansión, salida extendida C_B -C_R para el puerto de imagen
HPD3	E12	I/O	MSB – 4 de E/S de datos del puerto *host*, entrada extendida C_B -C_R para el puerto de expansión, salida extendida C_B -C_R para el puerto de imagen
HPD2	E13	I/O	MSB – 5 de E/S de datos del puerto *host*, entrada extendida C_B -C_R para el puerto de expansión, salida extendida C_B -C_R para el puerto de imagen
HPD4	E14	I/O	MSB – 3 de E/S de datos del puerto *host*, entrada extendida C_B -C_R para el puerto de expansión, salida extendida C_B -C_R para el puerto de imagen
AI3D	F1	I/O	Entrada diferencial para el canal 3 del ADC (pines AI31 a AI34)
AI32	F2	I	Entrada analógica 32
AI33	F3	I	Entrada analógica 33
V_{DDA3}	F4	P	Tensión de la fuente analógica para las entradas analógicas AI3x (3,3 V)
V_{SSD6}	F11	P	Masa digital 6 (núcleo)
V_{DDD6}	F12	P	Tensión de alimentación digital 6 (núcleo)
HPD5	F13	I/O	MSB – 2 de E/S de datos del puerto *host*, entrada extendida C_B -C_R para puerto el de expansión, salida extendida C_B -C_R para el puerto de imagen
HPD6	F14	I/O	MSB –1 de E/S de datos del puerto *host*, entrada extendida C_B -C_R para el puerto de expansión, salida extendida C_B -C_R para el puerto de imagen
AI34	G1	I	Entrada analógica 34
V_{DDA3A}	G2	P	Tensión de la fuente analógica para las entradas analógicas AI3x (3,3 V)
AI22	G3	I	Entrada analógica 22
AI21	G4	I	Entrada analógica 21
V_{SSD7}	G11	P	Masa digital 7 (celdas periféricas)
IPD1	G12	O	MSB - 6 de salida de datos del puerto de imagen
HPD7	G13	I/O	MSB de E/S de datos del puerto *host*, entrada extendida C_B -C_R R para el puerto de expansión, salida extendida C_B -C_R para el puerto de imagen
IPD0	G14	O	LSB de salida de datos de puerto de imagen
AI2D	H1	I	Entrada diferencial para el canal 2 del ADC (pines AI24 a AI21)
AI23	H2	I	Entrada analógica 23
V_{SSA2}	H3	P	Masa para entradas analógicas AI2x
V_{DDA2}	H4	P	Tensión de la fuente analógica para las entradas analógicas AI2x
IPD2	H11	O	MSB - 5 de la salida de datos del puerto de imagen
V_{DDD7}	H12	P	Tensión de la fuente digital 7 (celdas periféricas)
IPD4	H13	O	MSB – 3 de salida de datos del puerto de imagen

Continúa

Tabla 4.12. Continuación.

Símbolo	Pin	Tipo	Descripción
IPD3	H14	O	MSB − 4 de salida de datos del puerto de imagen
V_{DDA2A}	J1	P	Tensión de la fuente analógica para las entradas analógicas AI2x
AI11	J2	I	Entrada analógica 11
AI24	J3	I	Entrada analógica 24
V_{SSA1}	J4	P	Masa para las entradas analógicas AI2x
V_{SSD8}	J11	P	Masa digital 8 (núcleo)
V_{DDD8}	J12	P	Tensión de la fuente digital 8 (núcleo)
IPD6	J13	O	MSB − 1 de salida de datos del puerto de imagen
IPD5	J14	O	MSB − 2 de salida de datos del puerto de imagen
AI12	K1	I	Entrada analógica 12
AI13	K2	I	Entrada analógica 13
AI1D	K3	I	Entrada diferencial para el canal 1 del ADC (pines AI14 a AI11)
V_{DDA1}	K4	P	Tensión de la fuente analógica para las entradas analógicas AI1x (3,3 V)
IPD7	K11	O	MSB de salida de datos del puerto de imagen
IGPH	K12	O	Señal de salida de la referencia horizontal multipropósito; puerto de imagen (controlado por las subdirecciones 84H y 85H)
IGP1	K13	O	Señal 1 de salida horizontal multipropósito; puerto de imagen (controlado por las subdirecciones 84H y 85H)
IGPV	K14	O	Señal de salida de la referencia vertical multipropósito; puerto de imagen (controlado por las subdirecciones 84H y 85H)
V_{DDA1A}	L1	P	Tensión de la fuente analógica para las entradas analógicas AI1x (3,3 V)
AGNDA	L2	P	Masa de señal analógica
AI14	L3	I	Entrada analógica 14
V_{SSD9}	L4	P	Masa digital 9 (celdas periféricas)
V_{SSD10}	L5	P	Masa digital 10 (núcleo)
ADP6	L6	O	MSB − 2 de los datos de salida de la conversión directa analógico-digital (VSB)
ADP3	L7	O	MSB − 5 de los datos de salida de la conversión directa analógico-digital (VSB)
V_{SSD11}	L8	P	Masa digital 11 (celdas periféricas)
V_{SSD12}	L9	P	Masa digital 12 (núcleo)
RTCO	L10	O/st/pd	Salida de control de tiempo real; contiene información sobre la frecuencia del *clock* del sistema real, régimen de campo, secuencia par/impar, estado del decodificador, frecuencia y fase de la subportadora, y secuencia PAL. El pin RTCO es habilitado a través del bit RTCE del bus I^2C

Símbolo	Pin	Tipo	Descripción
V_{SSD13}	L11	P	Masa digital 13 (celdas periféricas)
ITRI	L2	I/(O)	Señal de control de la salida del puerto de imagen; afecta a todos los pines del puerto de salida, inclusive a ICLK; la habilitación y la polaridad activa están bajo control de software (bits IPE en subdirección 87H); recorrido de salida usado para prueba: salida del barrido
IDQ	L13	O	Habilitador de salida para el puerto de imagen (opcional: salida de *clock* por compuerta)
IGPO	L14	O	Señal 0 de salida de propósito general; puerto de imagen (controlado por las subdirecciones 84H y 85H)
AOUT	M1	O	Salida de prueba analógica (no conectar)
V_{SSA0}	M2	P	Masa para el circuito de generación de clock interno (CGC)
V_{DDAD}	M3	P	Tensión de la fuente analógica (3,3 V) para el circuito de generación de clock interno
V_{DDD9}	M4	P	Tensión de la fuente digital 9 (celdas periféricas)
V_{DDD10}	M5	P	Tensión de la fuente digital 9 (núcleo)
ADP7	M6	O	MSB – 1 de los datos de salida de la conversión directa analógico-digital (VSB)
ADP2	M7	O	MSB – 6 de los datos de salida de la conversión directa analógico-digital (VSB)
V_{DDD11}	M8	P	Tensión de la fuente digital 11 (celdas periféricas)
V_{DDD12}	M9	P	Tensión de la fuente digital 12 (núcleo)
RTSO	M10	O	Estado de tiempo real o información de sincronismo, controlado por las subdirecciones 11H y 12H
V_{DDD13}	M11	P	Tensión de fuente digital 13 (celdas periféricas)
AMXCLK	M12	I	Entrada de *clock* externo *audio master*
FSW	M13	I/pd	Conmutación rápida (*blanking*), con inserción de componentes de entrada *pull-down*, en la señal CVBS
ICLK	M14	I/O	Señal de salida de *clock* para el puerto de imagen, o entrada asincrónica *back-end clock*, opcional
TEST13	N1	NC	No conectar, reservado para futuras extensiones, o prueba
TEST14	N2	I/pu	No conectar, reservado para futuras extensiones, o prueba
TEST15	N3	I/pd	No conectar, reservado para futuras extensiones, o prueba
CE	N4	I/pu	Habilitación de *chip*, o entrada de *reset* (con *pull-up*) interno)
LLC2	N5	O	Salida de *clock* enganchado en línea (13,5 MHz nominal)

Continúa

Tabla 4.12. Continuación.

Símbolo	Pin	Tipo	Descripción
CLKEXT	N6	I	Entrada de *clock* externo, destinado para la conversión analógico-digital de las señales VSB (36 MHz)
ADP5	N7	O	MSB – 3, de datos de salida de la conversión analógico-digital directa (VSB)
ADPO	N8	O	LSB, de datos de salida de la conversión analógico-digital directa (VSB)
SCL	N9	I	Entrada de *clock* serie (bus I^{2}C)
RTS1	N10	O	Estado de tiempo real o información del sincronismo, controlado por las subdirecciones 11H y 12H
ASCLK	N11	O	Salida de *clock* serie de audio
ITRDY	N12	I	Entrada *target ready* para datos del puerto de imagen
TEST16	N13	NC	No conectar, reservado para futuras extensiones, o prueba
TEST17	N14	NC	No conectar, reservado para futuras extensiones, o prueba
TEST18	P2	I/O	No conectar, reservado para futuras extensiones, o prueba
EXMCLR	P3	I/pd	Aclarado en modo externo (con *pull-down* interno)
LLC	P4	O	Salida de *clock* del sistema enganchado en línea (27 MHz nominal)
RES	P5	O	Salida de *reset* (activo BAJO)
ADP8	P6	O	MSB, de datos de salida de la conversión analógico-digital directa (VSB)
ADP4	P7	O	MSB –4, de datos de salida de la conversión analógico-digital directa (VSB)
ADP1	P8	O	MSB – 7, de datos de salida de la conversión analógico-digital directa (VSB)
INT_A	P9	O/od	Bandera de interrupción de bus I^{2}C (BAJO, si cualquier bit de estado ha sido cambiado)
SDA	P10	I/O/od	Entrada/salida de datos serie (bus I^{2}C)
AMCLK	P11	O	Salida de *clock* maestro de audio, hasta el 50% del *clock* del cristal
ALRCLK	P12	O/st/pd	Salida de *clock* izquierda/derecha; puede ser conectado a la fuente, a través de un resistor de 3,3 kΩ, para indicar que el cristal predeterminado de 24,576 MHz (ALRCLK = 0; *pull-down* interno), ha sido reemplazado por el cristal de 32,110 MHz (ALRCLK = 1)
TEST19	P13	I/pu	No conectar, reservado para futuras extensiones, o prueba

Descripción Funcional

La descripción con cierto detalle de algunas funciones complejas llevadas a cabo por este integrado, en especial el proceso de escalamiento, es útil para comprender operaciones comunes a todos los receptores LCD y plasma. Tal funcionamiento se puede extender a otros integrados de operación similar.

De las numerosas funciones que cumple este integrado se describen algunas destacables, parcializando el esquema en bloques mostrado en la Fig. 4.11.

1. **Trayecto de la crominancia.** Se puede estudiar el proceso a partir del diagrama croma-luma, como se muestra en la Fig. 4.15.

   La CVBS de 9 bit, o señal de entrada de crominancia ingresa a la entrada del demodulador de cuadratura, donde es multiplicada ×2, por señales de subportadora multiplexadas en tiempo, desde el bloque de generación de subportadoras 1 (relación de fase al eje demodulador de 0° y 90°). La frecuencia depende del estándar de color elegido, tal como PAL o NTSC.

   Las señales de salida multiplexadas en tiempo, extraídas de los multiplicadores, se aplican a un filtro pasabajos (pasabajos 1).

   A través de LCWB3 a LCWB0 son programables 8 características, a fin de conseguir el ancho de banda deseado para las señales diferencia de color (PAL, NTSC), o las señales de FM a 0° y 90° (SECAM).

   La característica del pasabajos 1 de crominancia también ejerce influencia sobre el grado de reducción de luminancia cruzada, durante los transitorios de color horizontal (gran ancho de banda de crominancia, mediante fuerte supresión de luminancia cruzada). Si se deshabilita el filtro Y-comb mediante YCOMB = 0, el filtro actúa directamente sobre el ancho del valle de crominancia dentro del trayecto de luminancia (un gran ancho de banda de crominancia originado en un valle de crominancia ancho, resulta en un ancho de banda de luminancia menor).

   Las señales filtradas por pasabajos son ingresadas al bloque de filtro *comb* adaptable. Los componentes de la crominancia son separados de la luminancia a través de una etapa vertical de dos líneas (cuatro líneas, para estándar PAL), y una lógica de decisión entre las señales

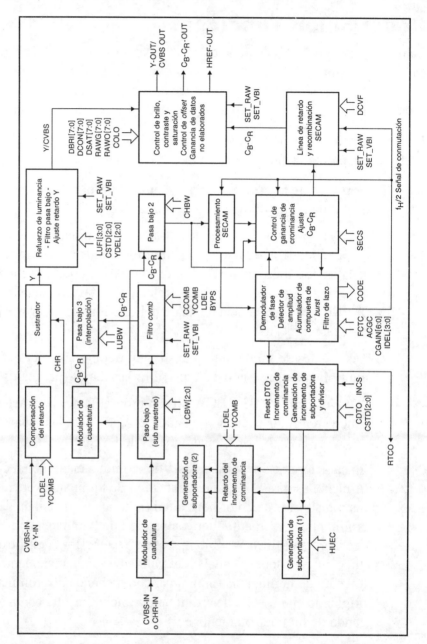

Fig. 4.15.
Trayecto de
la señal de
crominancia
y luminancia
dentro del
SAA7118.

de salida filtradas y no filtradas. Este bloque es derivado para las
señales SECAM, que no lo utilizan. La lógica del filtro *comb* puede
ser habilitada independientemente para el proceso de crominancia y
luminancia subsiguiente, por YCOMB (subdirección 09H, bit 6) y/o

CCOMB (subdirección 0EH, bit 0). La misma es siempre derivada durante VBI, o en las líneas de datos no procesados, programable por los registos LCR_n (subdirecciones 41 H a 57 H).

Los componentes separados C_b–C_r son procesados más adelante por una segunda etapa de filtrado (pasabajos 2), para modificar el ancho de banda de la crominancia sin afectar el trayecto de la luminancia. Su característica es controlada por CHBW (subdirección 10 H, bit 3). Las características completas de la transferencia de los pasabajos 1 y 2 figuran en las hojas de datos del integrado.

El proceso SECAM (derivado para estándares QAM) contiene los bloques siguientes:

- Filtros **campana** de banda base para reconstruir señales de FM ecualizadas a 0° y 90° en fase y amplitud.

- Diferenciador y demodulador de fase (demodulación FM).

- Filtro de de-énfasis para compensar la señal de entrada pre-enfatizada, incluyendo la compensación *offset* (los valores DB o DR, de la portadora de blanco son restados de la señal, controlado por la señal de conmutación SECAM).

El bloque de control de la ganancia de la crominancia subsiguiente, amplifica o atenúa la señal C_b-C_r de acuerdo a los niveles requeridos (Normas ITU 601/ 656). Ello es controlado por la señal de salida desde el circuito de detección de amplitud, situado dentro del bloque de procesamiento del *burst*.

El bloque relacionado con el *burst* provee el lazo de realimentación del PLL de crominancia y contiene lo siguiente:

- Acumulador de compuerta *burst*.

- Identificación de color y color *killer*.

- Comparación de la amplitud del *burst* real/nominal (estándares PAL/NTSC únicamente).

- Control de la ganancia del lazo del filtro de crominancia (únicamente en los estándares PAL/NTSC).

- PLL del lazo del filtro de crominancia (sólo activo para los estándares PAL/NTSC).

- Detección de la secuencia PAL/SECAM, generación de la conmutación H/2.

  El circuito de generación incremental produce la variación del Oscilador de Tiempo Discreto *(Discrete Time Oscillator)* DTO, para ambos bloques de generación de la subportadora. Contiene una división mediante el incremento del generador de *clock* de enganche en línea, para crear una señal senoidal enganchada en fase, estable bajo todas las condiciones (por ejemplo, para señales no estándar).

El bloque de la línea de retardo PAL elimina la diafonía entre los canales de crominancia, en concordancia con los requerimientos de los estándares PAL. Para los estándares de color NTSC, la línea de retardo puede ser usada como un filtro vertical adicional.

Si se desea, el mismo puede ser deshabilitado mediante la aplicación de nivel 1 a DCVF. Siempre es deshabilitado durante el borrado vertical o durante las líneas de datos no procesados, programable por los registros LCRn (subdirecciones 41H a 57 H).

La línea de retardo incrustada es también utilizada para la recombinación SECAM (conmutadores de cruzamiento).

2. **Trayecto de la luminancia.** Se utiliza nuevamente el diagrama de la Fig. 4.15.

   El rechazo de los componentes de crominancia dentro del CVBS de 9 bit o la señal de entrada Y, es logrado mediante la resta de la señal de crominancia remodulada desde la entrada CVBS.

   Las componentes C_b–C_r tratadas en el filtro *comb* son interpoladas (no muestreadas), por el bloque 3 del filtro pasabajos. Su característica es controlada por LUBW (subdirección 09H, bit 4), para modificar el ancho del valle de la crominancia sin afectar el propio trayecto de dicha señal de color.

   Las curvas de frecuencia obtenidas son válidas únicamente por el modo de filtro deshabilitado Y-comb (YCOMB = 0). En el modo de filtro *comb*, la respuesta de frecuencia es plana. La frecuencia central del valle es adaptada automáticamente al estándar de color elegido.

Las muestras interpoladas C_b-C_r son multiplicadas por dos señales de la subportadora multiplexadas en tiempo, desde el bloque 2 de generación de la subportadora. Este segundo DTO es enganchado al primer generador de la subportadora mediante un circuito de retardo incrementador adaptado al procesador de retardo, que es diferente para estándares PAL y NTSC de acuerdo al algoritmo del filtro *comb*. Las dos señales moduladas son finalmente añadidas para construir la señal de crominancia nuevamente modulada.

La característica de frecuencia de la señal de luminancia separada puede ser posteriormente modificada por el bloque del filtro de luminancia subsiguiente. El mismo puede ser configurado como *peaking* (resolución realzada), o como bloque pasabajos, por LUFI3 a LUFI0 (subdirección 09H, bit 3 a 0).

Los ajustes de LUFI3 a LUFI0 se pueden utilizar como control de definición programable por el usuario (modo *sharp*).

El bloque del filtro de luminancia también contiene la parte de retardo Y ajustable, programable por YDEL2 a YDEL0 (subdirección 11 H, bits 2 a 0).

3. *Scaler.* El *Scaler* de Video de Alto Desempeño *(HPS: High Perfomance Scaler)* está basado en el sistema ya implementado en el SAA7140, pero con algunos aspectos mejorados. Se ha reforzado el no muestreo vertical *(vertical unsampling)* y está ampliada la capacidad del separador del canal de procesado *(pipeline)*, para permitir un sincronizado más flexible del flujo de video en el puerto de imagen, transferencia discontinua y reconocimiento mutuo. El flujo interno de datos de bloque a bloque es dinámicamente discontinuo, debido al proceso de *scaling* propiamente dicho.

El flujo es controlado por las banderas internas de validación de dato y petición de dato (señalización interna de reconocimiento mutuo *(handshake)* entre los sub-bloques; por lo tanto, el *scaler* entero actúa como conducto separador. Dependiendo de los parámetros de escalado realmente programados, el separador efectivo puede exceder a una línea entera. Los requerimientos de ancho de banda de acceso al separador de cuadro del VGA puede ser significativamente reducido.

El video *scaler* de alto desempeño en el SAA7118 posee los siguientes bloques principales:

- Control de adquisición (temporizador horizontal y vertical), y manejo de tareas (procesamiento basado en campo/cuadro de región).

- *Prescaler*, para sub-escalamiento horizontal *(down-scaling)*, mediante un factor entero, combinado con filtros limitadores de banda apropiados, especialmente *anti- aliasing* para formato CIF.

- Control de contraste, saturación y brillo, para datos de salida escalados.

- Separador de línea, con escritura y lectura asincrónicas, para soporte de sobreescalamiento *(up-scaling)*, por ejemplo, en aplicación de videófono, convirtiendo 240 a 288 líneas, (Y-C_b-C_r 4:2:2).

- Escalado vertical, con Interpolación de Fase Lineal de precisión LPI *(Linear Phase Interpolation)*, para *zoom* y *downscale*, o Modo de Acumulación de precisión de fase, ACM *(Acumulation Mode)*, para relaciones grandes de *downscaling* y mejor supresión *alias*.

- Retardo de Fase Variable *(VPD, Variable Phase Delay)*, que opera como interpolación precisa de fase horizontal para regímenes de escalado arbitrarios no enteros, sustentando una conversión entre muestreo de pixel cuadrado y rectangular.

- Formateador de salida para escalado Y-C_b-C_r 4:2:2, Y-C_b-C_r 4:1:1 e Y solamente (también formato para datos no procesados).

- FIFO, ancho de 32 bit, con capacidad de 64 pixel en formatos Y-C_b-C_r.

- Interfaz de salida, ancho de pines de datos de 8 ó 16 bit (sólo si está extendido por el puerto H), operación sincrónica o asincrónica, con flujo de eventos en los pines discretos, o codificado en el flujo de datos.

La acción completa de *zoom H* y V *(zoom-HV)*, está restringida por el enlace del régimen de datos de entrada/salida.

Con un margen de seguridad del 2% para carrera hacia adentro y carrera hacia fuera, el máximo de *zoom-HV* es igual a:

$$0,98 \times \frac{\text{Campo de entrada\_T - T\_v\_blanking}}{\text{entr.\_pixel} \times \text{entr. \_ líneas} \times \text{sal. \_ ciclos\_por\_pixel} \times \text{clk\_sal.\_T}}$$

Por ejemplo:

- Entrada desde el decodificador: 50 Hz, 720 pixel, 288 líneas, datos de 16 bit a un régimen de datos de 13,5 MHz, 1 ciclo por pixel; salida: 8 bit de datos a 27 MHz, 2 ciclos por pixel, el máximo zoom-HV es igual a:

$$0,98 \times \frac{20 \text{ ms - } 24 \times 64 \ \mu\text{s}}{720 \times 288 \times 2 \times 37 \text{ ns}} = 1{,}18$$

- Entrada desde el puerto X: 60 Hz, 720 pixel, 240 líneas, 8 bit de datos al régimen de datos de 27 MHz (Normas ITU 656), 2 ciclos por pixel; salida a través del puerto I+H: 16 bit de datos a un clock de 27 MHz, 1 ciclo por pixel; el zoom máximo HV es igual a:

$$0,98 \times \frac{16,666 \text{ms} - 22 \times 64 \ \mu\text{s}}{720 \times 240 \times 1 \times 37 \text{ns}} = 2{,}34$$

El *scaler* de video recibe su señal de entrada desde el decodificador de video o desde el puerto de expansión *(X-port)*. El mismo recibe datos de entrada de 16 bit Y-C_b-C_r 4:2:2, a un régimen continuo de 13,5 MHz desde el decodificador.

Puede ser aceptado un flujo discontinuo desde la puerta de expansión *(X-port)*, normalmente datos de 8 bit de ancho (Normas ITU656), análogo a Y-C_b-C_r, acompañado por un calificador de pixel en XDQ.

El haz de entrada de datos es distribuido en dos trayectos de datos, uno para luminancia (o muestras sin procesar), y otro para muestras de crominancia C_b y C_r multiplexadas en el tiempo. Un formato de entrada Y-C_b-C_r 4:1:1 es convertido a 4:2:2 para el pre-escalado horizontal y la operación de escalado del filtro vertical.

La operación de escalado está definida por dos páginas de programa A y B, que representan dos tareas diferentes, las cuales pueden tener aplicada alternancia de campo, o definir dos regiones en el campo (por ejemplo, con diferentes rangos escalares, factores y fuente de señal, durante los campos impares y pares).

Cada página de programa contiene el control para las siguientes funciones:

- Selección de la fuente de señal y formatos.
- Manejo de tareas y condiciones de gatillado.
- Adquisición de entrada y salida de definición de ventana.
- Pre-escalado H, escalado V, y escalado de fase H.

El dato VBI no procesado es manejado como un formato de entrada específico y necesita su propia página de programa (adecuada para su propia tarea).

En el paso VBI a través de la operación, el procesamiento de pre-escalado y escalado vertical debe estar ajustado a no procesamiento, sin embargo, el escalado fino VPD horizontal, debe estar activado.

Se puede obtener el *upscaling (oversampling, zooming)*, libre de repliegue de frecuencia, hasta un factor de 3,5, como es requerido por algunos algoritmos de rebanado *(slice)* de datos, empleando *software* adecuado.

Estas muestras no procesadas son transportadas a través del puerto de imagen como dato válido y pueden tener salida como formato Y únicamente. Las líneas son encuadradas por códigos EAV y SAV.

Control de Adquisición y Manejo de Tareas

El control de adquisición recibe señales de sincronismo horizontal y vertical desde la sección del decodificador o desde el puerto X.. La ventana de adquisición es generada a través de contadores de pixel y línea, en lugares apropiados en el trayecto de datos. Desde el puerto X, se cuentan sólo los pixels y líneas calificados (líneas con pixel calificado). Se utilizan las subdirecciones 80H, 90H, 91H, 94H a 9FH y C4H a CFH.

Nota 1: Ciertos valores de este proceso utilizan notación hexadecimal.

Los parámetros de la ventana de adquisición son los siguientes:

- Selección de fuente de señal, considerando el flujo de video de entrada y formatos desde el decodificador, o desde el puerto X (bits de programación SCSRC [1:0] 91H [5:4] y FSC [2:0] 91H [2:0].

Nota 2: La entrada de datos VBI no procesados desde el decodificador interno debe ser controlada a través del formateador de salida del decodificador y los registros LCR.

- *Offset* vertical definido en las líneas de la fuente de video, parámetro YO [11:0] 99 H [3: 0] 98 H [7:0].

- Longitud vertical definida en las líneas de fuente de video, parámetro YS [11:0] 9 BH [3:0] 9AH [7:0].

- Longitud vertical definida en número de líneas de objetivo, como resultado de escalado vertical, parámetro YD [11:0] 9FH [3:0] 9 EH [7:0].

- *Offset* horizontal definido en el número de pixels de la fuente de video, parámetro XO [11:0] 95H [3:0] 94H [7:0].

- Longitud horizontal definida en el número de pixels de la fuente de video, parámetro XS [11:0] 97H [3:0] 96H [7:0]

- Tamaño de la exploración horizontal, definido en pixels de objetivo, después de un escalado fino, parámetro XD [11:0] 9DH [3:0] 9CH [7:0].

El *offset* de arranque fuente (XO11 a XO0 e YO11 a YO0) abre la ventana de adquisición, y el tamaño del objetivo (XD11 a XD0, YD11 aYD0) la cierra, pero dicha ventana es cortada verticalmente, si existen menos líneas de salida que las esperadas. Los eventos de gatillado para los contadores de pixel y línea son los flancos de referencia horizontal y vertical, según lo delimitado en la subdirección 92H. El manejo de tareas es controlado por la subdirección 90H.

Procesamiento del Campo de Entrada

El evento de gatillado para la detección de la secuencia de campo desde las señales externas (puerto X) está definido en la subdirección 92H. Desde el puerto X, el estado de la señal de referencia H de los *scalers*, en el tiempo de flanco de referencia V, es tomado como identificador FID de secuencia de campo. Por ejemplo, si el flanco de descenso de la señal de entrada XRV es la referencia y el estado de la entrada XRH es lógica cero en ese tiempo, el campo ID detectado es lógica cero.

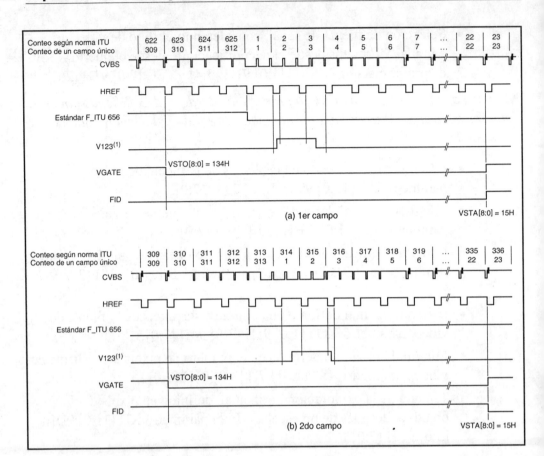

Fig. 4.16. Temporizado vertical en un sistema de 50 Hz/625 líneas.

Los bits XFDV [92H [7]] y XFDH [92H [6]] definen el evento de detección y el estado de la bandera desde el puerto X. Para el ajuste predeterminado de XFDV y XFDH en el punto **00**, se toma el estado de la entrada H en el flanco de descenso de la entrada V. El *scaler* recibe directamente la información del campo ID desde el trayecto del decodificador del SAA7118.

Se usa la bandera FID para determinar cuándo habrá de procesarse el primer o segundo campo del cuadro, dentro del *scaler* y la misma es utilizada como condición de gatillado para el manejo de tareas (ver bits STRC [1:0] 90H [1:0]).

De acuerdo a la norma ITU656, cuando FID está en lógica **0** es acarreado el primer campo del cuadro. Para facilitar la aplicación, las polaridades

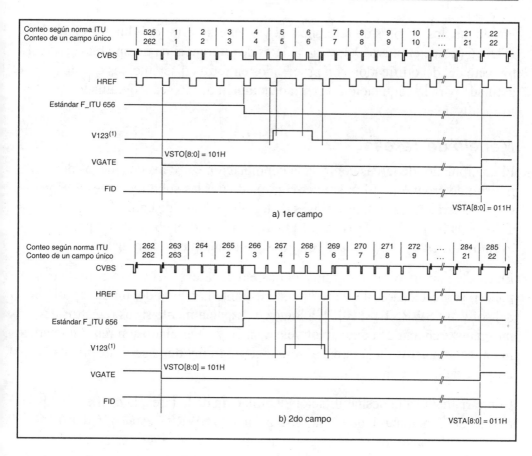

Fig. 4.17. Temporizado vertical en un sistema de 60 Hz/525 líneas.

resultantes de la detección en las señales del puerto X, y el decodificador interno ID, pueden ser cambiados a través de XFDH.

El sincronismo V desde el trayecto del decodificador posee un temporizado de media línea (debido a la señal de video entrelazada), pero a su vez el proceso de escalamiento sólo reconoce líneas enteras de modo que durante los primeros campos desde el decodificador, el conteo de líneas del *scaler* posiblemente se desplace en una línea, comparada al segundo campo. Esto puede ser compensado conmutando el evento de gatillado V, como está definido por XDVO, al flanco de sincronismo V opuesto, o mediante la utilización de los desplazamientos de fase de los *scaler* del vertical. El temporizado vertical del decodificador se muestra en las Figs. 4.16 y 4.17.

Puesto que los eventos de referencia H y V en el interior del flujo de datos del ITU656 (desde el puerto X), y las señales de referencia en tiempo real desde el trayecto del decodificador, son procesados en forma diferente, los eventos de gatillado para la adquisición de entrada también deben ser programados en forma distinta.

Manejo de Tareas

El manipulador de tareas controla la conmutación entre los dos juegos de registro de programa. El mismo es controlado por las subdirecciones 90H y C0H. La tarea es habilitada a través de los bit globales de control TEA [80H [4]] y TEB [80H [5]]. El manipulador es luego gatillado por eventos, los cuales pueden ser definidos para cada juego de registros.

En caso de un errror de programa, el manejo de tareas y el *scaler* completo pueden ser reseteados al estado inicial mediante la puerta del bit de reposición del software SWRST [88H [5]] a lógica **0**. Especialmente si los registros de programa, ventana de adquisición relacionada y el escalado son reprogramados mientras está activada la tarea, el *reset* del programa **debe** ser implementado después de la programación.

Contrariamente a la deshabilitación/habilitación de la tarea, la cual es evaluada al final del funcionamiento de la misma, cuando SWRST está en lógica **0**, establece el estado interno de los mecanismos directamente a su estado de reposo.

La condición de arranque para el manipulador está definido por los bits STRC [1:0] 90H [1:0] y por su intermedio: arranca inmediatamente, espera por el próximo sincronismo V, establece el próximo FID en lógica **0**, o en lógica **1**. Si se presentan las desalineaciones del vertical y horizontal, es evaluado el FID.

Cuando RPTSK [90H [2]] está en lógica **1**, la tarea de funcionamiento real es repetida (bajo condiciones de gatillado definidas), antes del control de tareas sobre la tarea alternativa.

Para sostener la reducción del régimen de campo, el manipulador es también habilitado para saltear campos (bits FSKP [2:0] 90H [5:3]), antes de ejecutar la tarea. Se genera la bandera TOGGLE (utilizada para el procesamiento correcto del campo de salida), el cual cambia el estado al comienzo de la tarea, cada vez que es activada la tarea.

Nota 3: Para activar la tarea, la condición de arranque debe ser completada a pleno y alcanzados los **offset** *de la ventana de adquisición.* Por ejemplo, en el caso de **arranque inmediato**, y con dos regiones definidas para un campo, el offset de la región inferior debe ser mayor (offset + longitud) que la región superior; en caso contrario la posición contada real de H y V al final de la tarea superior, está más allá de los offset programados y el proceso **esperará por el próximo V**.

Básicamente, cuando es activada la tarea, las condiciones de gatillado son verificadas. Esto es de realización importante, no siendo ellas verificadas cuando la tarea está inactiva. Por tanto no es posible gatillar al nivel lógico siguiente **0**, o al nivel **1** solapando el offset y los rangos activos de video entre las tareas (por ejemplo, tarea A: STRC [2:0]= 2, YO [11:0] = 310, y tarea B:STRC [2:0] = 3,(YO [11:0] = 310), resultando en un régimen de campo de salida de 50/3 Hz.

Después de la reposición por encendido, o por software (a través de SWRST [88H [5]]), la tarea B asume prioridad sobre la tarea A.

Procesamiento del Campo de Salida

Se dispone de dos señales para el *back-end hardware*, como referencia para el procesamiento del campo de salida.

Estas señales son: la entrada de campo ID desde la fuente *scaler*, y la bandera TOGGLE, que muestran que es usada una tarea activa en un número de veces impar (2n+1 = 1; 3; 5...) o par (2n = 2; 4; 6…).

Usando la tarea simple o ambas, y reduciendo el régimen de campo o cuadro con la función de manejo de tareas, se puede utilizar la información TOGGLE para reconstruir una imagen entrelazada escalar a régimen de cuadro reducido. La bandera TOGGLE no está sincronizada con la detección de campo de entrada, por lo tanto es dependiente de la interpretación de esta información solamente por el hardware externo, mientras la salida del *scaler* es procesada correctamente.

Con OFIDC = 0, la entrada de campo ID de los *scaler* está disponible como campo de salida ID en el bit D6 de SAV y EAV, respectivamente, en el pin IGPO (IGP1), si es seleccionada la salida FID.

Cuando OFIDC [90 H [6]] = 1, la información TOGGLE está disponible como campo de salida ID, en el bit D6 de SAV y EAV, respectivamente, y en el pin IGPO (IGP1), si es seleccionada la salida FID. La Tabla 4.13 muestra ejemplos para el procesamiento de campo, incluyendo el bit D6.

Adicionalmente, el bit D7 de SAV y EAV se puede definir a través de CONLH [90H [7]]. Entonces, CONLH [90H [7]] = 0, establece D7 a lógica 1; esto invierte la lógica del bit D7, SAV/EAV. Por lo tanto, es posible marcar la salida de ambas tareas mediante diferentes códigos SAV/EAV. Este bit se puede interpretar también como una **bandera de tareas**, en los pines IGP0 (IGP1), si se selecciona la salida TAREA. Los modos del proceso de campo se muestran en la Tabla 4.13.

Tabla 4.13.a. Ejemplos para el procesamiento de campo.

Asunto	Secuencia de campo cuadro/campo						
	Ejemplo 1[1]			Ejemplo 2[2] [3]			
	1/1	1/2	2/1	1/1	1/2	2/1	2/2
Procesado por tarea	A	A	A	B	A	B	A
Estado detectado de ITU 656 FID	0	1	0	0	1	0	1
Bandera TOGGLE	1	0	1	1	1	0	0
Bit D6 del byte SAV/EAV	0	1	0	0	1	0	1
Conversión de secuencia requerida en el *scaler*[8] vertical	UP ↓ UP	LO ↓ LO	UP ↓ UP	UP ↓ UP	LO ↓ LO	UP ↓ UP	LO ↓ LO
Salida[9]	O	O	O	O	O	O	O

Tabla 4.13.b. Ejemplos para el procesamiento de campo.

Asunto	Secuencia de campo cuadro/campo					
	Ejemplo 3[2] 4) (5)					
	1/1	1/2	2/1	2/2	3/1	3/2
Procesado por tarea	B	B	A	B	B	A
Estado detectado de ITU 656 FID	0	1	0	1	0	1
Bandera TOGGLE	1	0	1	1	0	0
Bit D6 del byte SAV/EAV	1	0	1	1	0	0
Conversión de secuencia requerida en el *scaler*[8] vertical	UP ↓ LO	LO ↓ UP	UP ↓ LOP	LO ↓ LO	UP ↓ UP	LO ↓ UP
Salida[9]	O	O	O	O	O	O

Tabla 4.13.c. Ejemplos para el procesamiento de campo.

Asunto	Secuencia de campo cuadro/campo Ejemplo 4[2] [4] [6]					
	1/1	1/2	2/1	2/2	3/1	3/2
Procesado por tarea	B	B	A	B	B	A
Estado detectado de ITU 656 FID	0	1	0	1	0	1
Bandera TOGGLE	0[7]	1	1	1[7]	0	0
Bit D6 del byte SAV/EAV	0[7]	1	1	1[7]	0	0
Conversión de secuencia requerida en el *scaler*[8] vertical	UP ↓ UP	LO ↓ LO	UP ↓ LO	LO ↓ LO	UP ↓ UP	LO ↓ UP
Salida[9]	NO	O	O	NO	O	O

Notas:

1. Única tarea en cada campo; OFIDC = 0; subdirección 90H en 40H; TEB[80H[5]] = 0.

*2. Las tareas son usadas para **escalar** a diferentes ventanas de salida, prioridad en tarea B después de SWRST.*

3. Ambas tareas a régimen de ½ cuadro; OFIDC = 0; subdirecciones 90H a 43H, y COH a 42H.

4. En los ejemplos 3 y 4, la asociación entre la entrada FID y las tareas puede ser quitada, dependiendo en cuál tiempo es no seleccionado SWRST.

5. Tarea B a 2/3 cuadro, construido desde fases de movimientos cercanos; tarea A a 1/3 de régimen de cuadro de fases de movimiento equidistantes; OFIDC = 1; subdirecciones 90H a 41H, y C0H a 45H.

6. Tarea A y B a 1/3 de régimen de cuadro de fases de movimiento equidistantes; OFIDC = 1; subdirecciones 90H a 41H, y C0H a 49H.

7. Estado del campo previo.

8. Se asume que la entrada/salida FID = 0 (= líneas superiores); UP = líneas superiores; LO = líneas inferiores.

9. O = salida de datos; NO = sin salida.

Escalado Horizontal

El factor de escalado requerido para completar totalmente el horizontal se subdivide a binario tomando un valor racional, de acuerdo a la ecuación:

$$\text{Régimen de escalado H} = \frac{\text{Pixel de salida}}{\text{Pixel de entrada}}$$

$$\text{Régimen de escalado H} = \frac{1}{\text{XPSC [5:0]}} \times \frac{1024}{\text{XSCY [12:0]}}$$

Donde el parámetro de pre-escalado es XPSC[5:0] = 1 a 63, y el parámetro de interpolación de fase es VPD XSCY [12: 0] = 300 a 8191 (0 a 299 son solamente valores teóricos). Por ejemplo, la relación 1/3,5 es subdividida en 1/4 × 1,14286. El factor binario es procesado por el *prescaler*, y la relación arbitraria no entera es obtenida a través del circuito de retardo de fase variable VPD denominado **escalado fino horizontal**. Esta segunda función calcula las nuevas muestras interpoladas, con una precisión de fase de 6 bit, que implica una fluctuación *(jitter)* menor que 1 ns, para un esquema de muestreo habitual. El *prescaler* y el *scaler* fino producen el escalado horizontal del SAA7118.

Utilizando la función de longitud de acumulación del *prescaler* (XACL [5:0] A 1H [5:0]), dependiente del destino y la aplicación (ejemplo: escalado para el display o por el bloque de compresión), se puede determinar el compromiso entre el ancho de banda visible y la supresión de *alias* o efecto *aliasing*. Este fenómeno relacionado con una baja velocidad de muestreo, produce distorsión del perfil de una imagen con aparición de líneas aserradas. (Consultar su definición en el Glosario).

Prescaler *Horizontal (Subdirecciones A0H a A7H y D0H a D7H)*

La función de *prescaling* contiene una etapa de filtro *anti-alias* FIR, y un *prescaler* entero, los cuales crean un filtro pasabajos dependiente del pre-escalado adaptado, para balancear los efectos de nitidez y *aliasing*.

La etapa de filtrado previo FIR implementa diferentes características pasabajos para reducir el *alias* para la condición *downscales* en el rango de 1 a ½. Es incluido un filtro optimizado CIF, el cual reduce los componentes para un formato de salida CIF (a ser usado en combinación con el ajuste del *prescaler* a 1/2 escala).

La función del *prescaler* está definida por los siguientes parámetros:

- Una relación entera de pre-escalado XPSC [5:0] A0H [5:0] (igual que 1 a 63), el cual cubre el rango entero de *downscale* de 1 a 1/63.

- Una longitud de secuencia promedio XACL [5:0] A1H [5:0] (igual que 0 a 63), con un rango de 1 a 64.

- Una renormalización de ganancia de CC XDCG [2:0] A2H [2:0]; desde 1 bajando hasta 1/128.

- El bit XC2-1 [A2H[3]], el cual define el peso de los pixels entrantes durante el proceso de promediación:

$$-XC2-1=0 \longrightarrow 1+1\ldots\ldots+1+1$$
$$-XC2-1=1 \longrightarrow 1+2\ldots\ldots+2+1$$

El *prescaler* crea el pasabajos FIR dependiente del pre-escalado, con hasta (64 + 7) derivaciones de filtro. El parámetro XACL [5:0] se puede usar para variar las características pasabajos con un pre-escalado entero establecido, de 1/XPSC [5:0]. El usuario puede, por consiguiente, decidir entre ancho de banda de la señal (impresión de definición) y *alias*.

La ecuación para el cálculo de XPSC [5:0] es:

$$XPSC\ [5:0] = \text{entero más bajo de } \frac{Npix\text{-}in}{Npix\text{-}out}$$

Donde:

El rango es 1 a 63 (**el valor 0 no está permitido**):

Siendo:

Npix-in = número de pixel de entrada, y

Npix-out = número de pixel de salida deseado sobre el escalado completo horizontal.

El uso del *prescaler* resulta en una amplificacion de ganancia dependiente de XACL [5:0] y XC2-1. La amplificación se calcula de acuerdo a la ecuación:

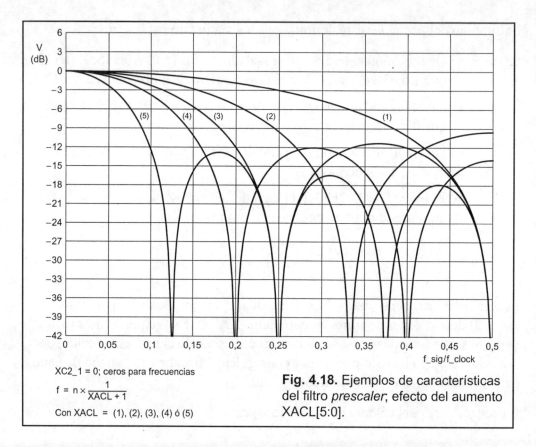

XC2_1 = 0; ceros para frecuencias

$$f = n \times \frac{1}{XACL + 1}$$

Con XACL = (1), (2), (3), (4) ó (5)

Fig. 4.18. Ejemplos de características del filtro *prescaler*; efecto del aumento XACL[5:0].

Ganancia a CC = [(XACL [5:0] - XC2-1) + 1] × (XC2-1 + 1).

Es recomendable usar longitudes y pesos de secuencia, lo que resulta en una amplificación de ganancia de CC de 2^n, en tanto estas amplitudes se pueden renormalizar por el desplazador $1/2^n$, controlado por el parámetro XDCG [2:0]; tal función pertenece al *prescaler*.

El rango de renormalización de XDCG [2:0] es 1; 1/2;…., bajando hasta 1/128.

Otras amplificaciones se pueden normalizar mediante el uso del siguiente circuito de control BCS. En estos casos, el *prescaler* se ajusta a una ganancia total d» 1; por ejemplo, para una secuencia de acumulación de **1 + 1 + 1**, resulta (XACL [5:0] = 2 y XC2- 1 = 0); entonces XDCG [2:0] debe ser ajustado a **010**; esto iguala a 1/4 y el BCS debe amplificar la señal a 4/3 del valor de (SATN [7:0], siendo CONT [7:0] igual al valor entero más bajo de 4/3 × (64).

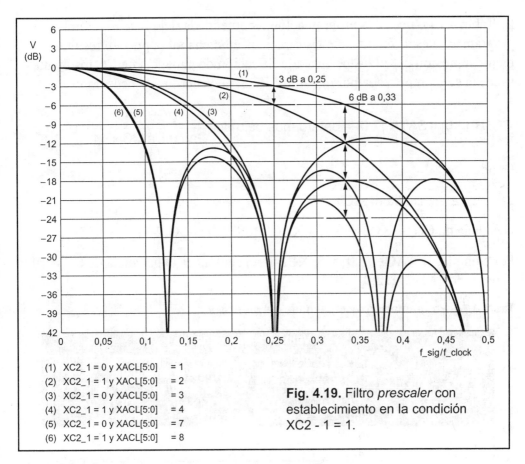

(1) XC2_1 = 0 y XACL[5:0] = 1
(2) XC2_1 = 1 y XACL[5:0] = 2
(3) XC2_1 = 0 y XACL[5:0] = 3
(4) XC2_1 = 1 y XACL[5:0] = 4
(5) XC2_1 = 0 y XACL[5:0] = 7
(6) XC2_1 = 1 y XACL[5:0] = 8

Fig. 4.19. Filtro *prescaler* con establecimiento en la condición XC2 - 1 = 1.

El uso de XACL [5:0] es dependiente de XPSC [5:0].

XACL [5:0] debe ser < 2 x XPSC [5:0].

Además, XACL [5:0] puede ser usado para buscar el compromiso entre los efectos del ancho de banda (definición) y el *alias*.

Advertencia: Debido a las consideraciones del ancho de banda, XPSC [5:0] y XACL [5:0] se pueden elegir en forma diferente a las ecuaciones mencionadas previamente o la Tabla 4.14, mientras que el escalado de fase H es apto para efectuarlo en el rango de *zooming up* por el factor 3 a *downscale* por un factor de 1024/8191.

Las Figs. 4.18 y 4.19 muestran algunas características de la frecuencia resultante del *prescaler*. El eje de las abscisas representa la relación entre las frecuencias de señal y de reloj.

La Tabla 4.14 muestra la programación recomendada del *prescaler*. Otras programaciones, diferentes de las ofrecidas en dicha tabla pueden resultar en mejor supresión del *alias*, pero la amplificación de ganancia de CC resultante necesita ser compensada por el control BCS, de acuerdo a la ecuación:

$$\text{CONT [7:0]} = \text{SATN [7:0]} = \text{entero más bajo de } \frac{2^{\text{XDCG [2:0]}}}{\text{Ganancia CC} \times 64}$$

Donde:

$2^{\text{XDCG [2:0]}} \geq$ Ganancia de CC

Ganancia de CC $= (\text{XC2-1} + 1) \times \text{XACL [5:0]} + (1 - \text{XC2-1})$.

Por ejemplo, si XACL [5:0] = 5, XC2-1 = 1, entonces la ganancia de CC = 10 y el requerido XDCG [2:0] = 4.

Tabla 4.14. Programación recomendada del *prescaler*.

Relación de pre-escalado	XPSC [5:0]	Valores recomendados						Prefiltro FIR PFY (P_B-P_R)
		Para requerimientos de menor ancho de banda			Para requerimientos de mayor ancho de banda			
		XACL [5:0]	XC2_1	XDCG [2:0]	XACL [5:0]	XC2_1	XDCG [2:0]	
1	1	0	0	0	0	0	0	0 a 2
1/2	2	2	1	2	1	0	1	0 a 2
		$(121) \times 1/4^{(1)}$			$(11) \times 1/2^{(1)}$			
1/3	3	4	1	3	3	0	2	2
		$(12221) \times 1/8^{(1)}$			$(1111) \times 1/4^{(1)}$			
1/4	4	7	0	3	4	1	3	2
		$(11111111) \times 1/8^{(1)}$			$(12221) \times 1/8^{(1)}$			
1/5	5	8	1	4	7	0	3	2
		$(122222221) \times 1/16^{(1)}$			$(11111111) \times 1/8^{(1)}$			
1/6	6	8	1	4	7	0	3	3
		$(122222221) \times 1/16^{(1)}$			$(11111111) \times 1/8^{(1)}$			
1/7	7	8	1	4	7	0	3	3
		$(122222221) \times 1/16^{(1)}$			$(11111111) \times 1/8^{(1)}$			
1/8	8	15	0	4	8	1	4	3
		$(111111111111111) \times 1/16^{(1)}$			$(122222221) \times 1/16^{(1)}$			

Relación de pre-escalado	XPSC [5:0]	Valores recomendados						Prefiltro FIR PFY (P$_B$-P$_R$)
		Para requerimientos de menor ancho de banda			Para requerimientos de mayor ancho de banda			
		XACL [5:0]	XC2_1	XDCG [2:0]	XACL [5:0]	XC2_1	XDCG [2:0]	
1/9	9	15	0	4	8	1	4	3
		(1111111111111111) × 1/16$^{(1)}$			(122222221) × 1/16$^{(1)}$			
1/10	10	16	1	5	8	1	4	3
		(12222222222222221) × 1/32$^{(1)}$			(122222221) × 1/16$^{(1)}$			
1/13	13	16	1	5	16	1	5	3
1/15	15	31	0	5	16	1	5	3
1/16	16	32	1	6	16	1	5	3
1/19	19	32	1	6	32	1	6	3
1/31	31	32	1	6	32	1	6	3
1/32	32	63	1	7	32	1	6	3
1/35	35	63	1	7	63	1	7	3

Nota: *1) Función FIR resultante.*

El temporizado de adquisición de la fuente horizontal y la proporción de pre-escalado son iguales para ambos trayectos: el de luminancia y el de crominancia, pero los ajustes del filtro FIR se definen en forma diferente en los dos canales.

Los incrementos graduales de entrada y salida de los filtros son logrados copiando una muestra de la fuente original, cada una como primer y último pixel después del pre-escalado.

Las Figs. 420 y 4.21 muestran las características de frecuencia de los filtros FIR seleccionables. Las funciones de prefiltrado se muestran en la Tabla 4.15.

PFUV[1:0] A2H[7:6] PFY[1:0] A2H[5:4]	Coeficientes del filtro de luminancia	Coeficientes de crominancia
00	Desviado	Desviado
01	121	121
10	-111.75 4.5 1.75 1-1	38 10 83
11	12221	12221

Tabla 4.15. Funciones de prefiltrado FIR.

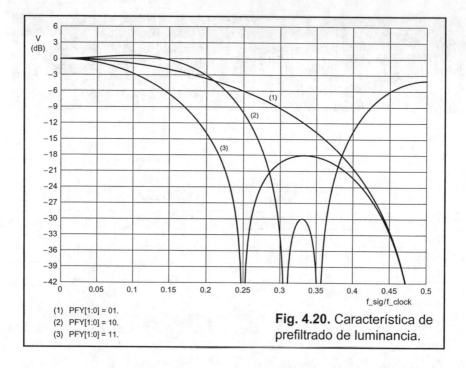

(1) PFY[1:0] = 01.
(2) PFY[1:0] = 10.
(3) PFY[1:0] = 11.

Fig. 4.20. Característica de prefiltrado de luminancia.

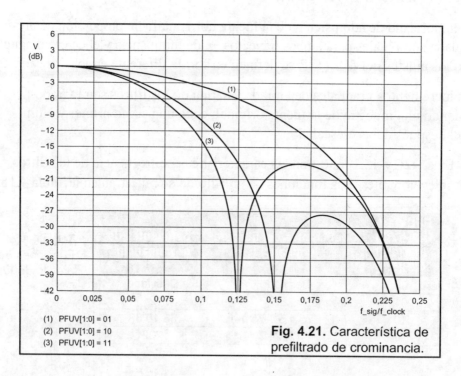

(1) PFUV[1:0] = 01
(2) PFUV[1:0] = 10
(3) PFUV[1:0] = 11

Fig. 4.21. Característica de prefiltrado de crominancia.

Escalado Horizontal Fino (Filtro de Retardo de Fase Variable, Subdirecciones A8H a AFH y D8H ADFH)

El escalado fino horizontal (VPD) debería operar a relaciones de escalado entre ½ y 2 (0,8 y 1,6), pero también puede ser usado para escalado directo en el rango desde 1/7,999 a *zoom* 3,5 teórico, pero hay una restricción debida a la arquitectura del trayecto interno de datos, sin *prescaler*.

En combinación con el *prescaler* puede haber un compromiso entre la impresión de nitidez y el *alias*, que es dependiente de la fuente de señal y la aplicación.

Para el canal de luminancia, se implementa una estructura de filtro con 10 derivaciones, y para la crominancia, un filtro con 4 derivaciones.

Los incrementos escalares de luminancia y crominancia (XSCY [12:0] A9H [4:0] A8H [7:0] y XSCC [12:0] ADH [4:0] ACH [7:0]), son definidos independientemente, pero se deben ajustar a una relación de 2:1 en la implementación del trayecto real de datos. Los *offset* de fase XPHY [7:0] AAH [7:0] y XPHC [7:0] AEH [7:0] se pueden usar para desplazar ligeramente las fases de las muestras. XPHY [7:0] y HPHC [7:0] cubren el rango de *offset* de fase 7,999 T a 1/32 T.

Los *offset* de fase podrían ser también programados en una relación 2:1.

El controlador básico de fase DTO posee una resolución de 13 bit. Las ecuaciones que determinan su funcionamiento son:

$$XSCY[12:0] = 1024 \times \frac{N_{pix-in}}{XPSC[5:0]} \times \frac{1}{N_{pix-out}} \quad y$$

$$XSCC[12:0] = \frac{XSCY[12:0]}{2}$$

El VPD cubre el rango de escala desde 0,125 a *zoom* 3,5.

El VPD actúa en forma equivalente a un filtro polifásico con 64 fases posibles. En combinación con el *prescaler*, es posible obtener muestras muy precisas desde una imagen de entrada *downscaled*, entera, totalmente tratada con *anti-aliasing*.

Escalado Vertical

El *scaler* vertical del SAA7118 consiste en un *buffer* de línea FIFO *(First In, First Out*, primero en entrar, primero en salir), un sistema para repetición de línea y el bloque *scaler* del vertical, de ordenamiento cronológico de los datos de salida respecto de los de entrada.

Esto implementa el *scaling* vertical en el flujo de datos de entrada, en 2 modos operacionales diferentes desde el *zoom* por 64 teórico, bajando al tamaño de ícono 1/64.

El *scaler* vertical está localizado entre el BCS y el *scaler* fino horizontal, de modo que el BCS se puede usar para compensar la amplificación de ganancia a CC del modo ACM, mientras que la RAM interna posee sólo un ancho de 8 bit.

Buffer *de Línea FIFO (Subdirecciones 91h, b4h y c1h, e4h)*

El *buffer* de línea FIFO es una estructura RAM de doble puerto para 768 pixel, con acceso asincrónico de escritura y lectura.

El *buffer* de línea se puede emplear para varias funciones, pero todas ellas no pueden estar disponibles simultáneamente.

El *buffer* de línea puede almacenar una línea activa completa de video, o más de una línea, más cortas (solamente para el modo no-especular), para repetición selectiva, para el *zoom-up* vertical.

Para el ascenso *(zooming- up)* de 240 a 288 líneas, por ejemplo, cada cuarta línea es solicitada (leída) dos veces, desde el circuito de escalado vertical, para que la lógica interna realice el cálculo.

Para la conversión del esquema de muestreo de entrada 4:2:0 ó 4:1:0 (MPEG, videófono, Indeo YUV-9), a un esquema de muestreo semejante a las normas ITU 4:2:2, el *buffer* de línea de crominancia es leído dos o cuatro veces, antes de ser rellenado nuevamente por la fuente. El mismo es preservado por intermedio de la definición de la ventana de adquisición de entrada, por lo que el proceso arranca con una línea que contiene información de luminancia y crominancia para entrada 4:2:0 y 4:1:0. Los bit FSC [2:1] 91H [2:1] definen la distancia entre las líneas Y/C. En caso de 4:2:2 y 4:1:1, FSC2 y FSC1 son seteadas a **00**.

El *buffer* de línea también se puede usar para el modo espejado, por ejemplo, para volcar la imagen de izquierda a derecha, en aplicaciones de videófono, para imágenes de **vanidad**, (bit YMIR [B4H [4]]). En el modo espejo, solamente se puede retener en la FIFO, a un tiempo, una línea activa de pre-escalado.

El *buffer* de línea se puede utilizar como un *buffer* de tubería por exceso, para condiciones de régimen de transferencia variable y discontínuo, en el puerto de expansión o en el puerto de imagen.

Escalado Vertical (Subdirecciones BOH a BFH, y EOH a EFH)

Se puede aplicar escalado vertical en cualquier relación desde 64 (*zoom* teórico) hasta 1/63 (ícono).

El bloque de escalado vertical consiste en otro retardo de línea, y estructura de filtro vertical, que puede operar en dos modos diferentes; Interpolación de Fase Lineal (LPI) y Acumulación (ACM). Éstos están controlados por YMODE [B4H [0]]:

- **Modo LPI.** En el modo LPI (YMODE = 0), se suman a la vez dos líneas vecinas del flujo de la fuente de video, pero con el peso de factores correspondientes a la posición vertical (fase) de la línea de salida de meta, relativo a las líneas de fuente. Esta interpolación lineal posee una resolución de fase de 6 bit, lo cual equivale a 64 fases intra-línea (2^6). Ello se interpola únicamente entre dos líneas de entrada consecutivas. El modo LPI debería ser aplicado para relaciones de escalado de alrededor de 1 (bajando a ½); **el mismo debe ser aplicado para acción de *zoom* vertical.**

- **Modo ACM.** El modo de Acumulación Vertical (ACM, YMODE = 1), representa una ventana promediada vertical sobre múltiples líneas, deslizándose sobre el campo. Este modo también genera líneas de salida de fase correcta. La longitud de ventana promedio corresponde a la relación de escalado, resultando en un efecto pasabajos vertical adaptable, para reducir considerablemente los disturbios de *aliasing*. El ACM se puede aplicar para *downscales* solamente desde una relación 1 bajando a 1/64.

El término inglés *downscale* se puede interpretar en cierto modo como un proceso de escalado reductor.

El ACM da por resultado una **amplificacion de ganancia de CC** dependiente de la escala, la cual debe ser precorregida por el control BCS de la parte de escalado.

El DTO que controla fase y escala, calcula con resolución de 16 bit, controlado por los parámetros YSCY [15:0] B1H [7:0] B0H [7:0] e YSCC [15:0] B3H [7:0] B2H [7:0], continuamente sobre el campo entero. Se puede aplicar un *offset* de arranque al procesamiento de fase, por medio de los parámetros YPY3 [7:0] a YPY0 [7:0] en BFH [7:0] a BCH [7:0] e YPC3 [7:0] a YPC0[7:0] en BBH [7:0] a B8H [7:0]. La fase de arranque cubre el rango de *offset* de líneas de 255/32 a 1/32.

Mediante la programación de valores de fase de arranque vertical, opuestos y apropiados (subdirecciones B8H a BFH y E8H a EFH), dependiendo del campo ID impar/par del flujo de la fuente de video y del ciclo de página A/B, se mantiene la conversión ID de cuadro y la conversión de la relación de campo (por ejemplo, de-entrelazado, re-entrelazado).

Las Figs. 4.22 y 4.23 y las Tablas 4.16 y 4.17 describen el uso de los *offsets* y ayudan a interpretar mejor el complejo proceso escalar.

Tabla 4.16. Ejemplos para el uso del *offset* de fase vertical. Ecuaciones globales.

Campo de Entrada bajo Procesamiento	Interpretación del Campo de Salida	Abreviatura Utilizada	Ecuación para el Cálculo del *Offset* de Fase (Valores Decimales)
Líneas de entrada superiores	Líneas de salida superiores	UP-UP	$PHO + 16$
Líneas de entrada superiores	Líneas de salida inferiores	UP-LO	$PHO + \dfrac{YSCY[15:0]}{64} + 16$
Líneas de entrada inferiores	Líneas de salida superiores	LO-UP	PHO
Líneas de entrada inferiores	Líneas de salida superiores	LO-LO	$PHO + \dfrac{YSCY[15:0]}{64}$

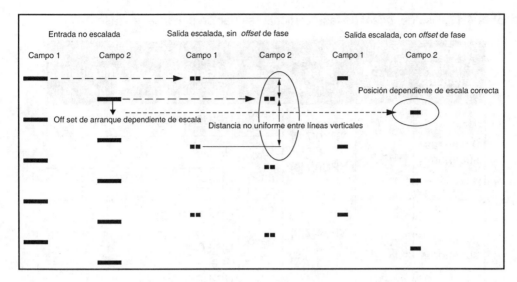

Fig. 4.22. Problemas básicos de escalado vertical entrelazado (ejemplo: escalado reductor o *downscale* 3/5).

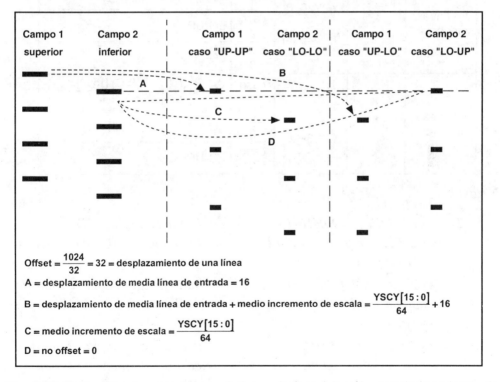

$$\text{Offset} = \frac{1024}{32} = 32 = \text{desplazamiento de una línea}$$

A = desplazamiento de media línea de entrada = 16

$$B = \text{desplazamiento de media línea de entrada} + \text{medio incremento de escala} = \frac{\text{YSCY}[15:0]}{64} + 16$$

$$C = \text{medio incremento de escala} = \frac{\text{YSCY}[15:0]}{64}$$

D = no offset = 0

Fig. 4.23. Derivación de ecuaciones relativas a la fase (ejemplo: escalado reductor de entrelazado vertical a 3/5, con conversión de campo).

Tabla 4.17. Uso del *offset* de fase vertical. Asignación del *offset* de fase.

Campo de Entrada Detectado ID	Bit de Estado de Tarea	*Offset* de Fase Vertical	Caso	Ecuación a Ser Utilizada
0 = líneas superiores	0	YPY0[7:0] e YPC0[7:0]	caso 1[1]	UP-UP (PHO)
			caso 2[2]	UP-UP
			caso 3[3]	UP-LO
0 = líneas superiores	1	YPY1[7:0] e YPC1[7:0]	caso 1	UP-UP (PHO)
			caso 2	UP-LO
			caso 3	UP-UP
1 = líneas inferiores	0	YPY2[7:0] e YPC2[7:0]	caso 1	$LO - LO\left(PHO + \dfrac{YSCY[15:0]}{64} - 16\right)$
			caso 2	LO-UP
			caso 3	LO-LO
1 = líneas inferiores	1	YPY3[7:0] e YPC3[7:0]	caso 1	$LO - LO\left(PHO + \dfrac{YSCY[15:0]}{64} - 16\right)$
			caso 2	LO-LO
			caso 3	LO-UP

Notas:

1. *Caso 1: OFIDC[90H[6]] = 0; campo de entrada scaler ID como salida ID; campo de salida ID interpretado a lógica 0 como líneas de salida superiores.*

2. *Caso 2: OFIDC[90H[6]] = 1; bit de estado de tarea como salida ID; campo de salida ID interpretado a lógica 0 como líneas de salida superiores.*

3. *Caso3: OFIDC[90H[6]] = 1; bit de estado de tarea como salida ID; campo de salida ID interpretado a lógica 1 como líneas de salida superiores.*

Es fundamental advertir que la fase de arranque vertical y la relación escalar, están definidas independientemente para el canal de luminancia y crominancia, pero deben ser ajustadas para los mismos valores en la implementación real, para un procesamiento de salida preciso 4:2:2.

El procesamiento vertical comunica en su lado de entrada con el *buffer* FIFO de línea. Las ecuaciones relacionadas de escala son:

- Cálculo de incremento de escalado, para modo LPI y ACM, escalado reductor y *zoom*: YSCY [15:0] e YSCC [15:0] = entero más bajo de:

$$1024 \times \frac{\text{Entrada\_N línea}}{\text{Salida\_N línea}}$$

- Valor de BCS para compensar la ganancia de CC en el modo ACM (el contraste y la saturación deben ser ajustados): CONT [7:0] A5H [7:0] respectivamente SATN [7:0] A6H [7:0] = entero más bajo de:

$$\frac{\text{Salida\_N línea}}{\text{Entrada\_N línea}} \times 64, \text{ ó} = \text{entero más bajo de } \frac{1024}{\text{YSCY}[15:0]}$$

Uso de los Offset de Fase Vertical

Durante alguna fase del tratamiento de los datos, el procesamiento de escalado puede correr de modo aleatorio sobre la secuencia de entrada entrelazada.

Adicionalmente, la interpretación y regulación temporal entre el campo ID (Norma ITV656), y la detección en tiempo real mediante el estado del sincronismo H, en el flanco de descenso del sincronismo V, puede resultar en una interpretación de campo ID diferente.

La salida entrelazada escalada verticalmente también genera un error de fase de muestreo vertical más grande, si son procesados los campos de entrada entrelazados, sin considerar la escala existente en el punto de arranque de operación (ver la Fig. 4.22).

Para un proceso de entrelazado correcto, el escalado vertical debe ser usado de acuerdo a las propiedades de entrelazado de la señal de entrada y, si es requerido, para la conversión de las secuencias de campo.

Se deberían considerar cuatro eventos, que se pueden observar en la Fig. 4.23.

En las Tablas 4.16 y 4.17, PHO es un *offset* utilizable de fase común.

Las ecuaciones de la Fig. 4.23 producen una salida interpolada también para el caso no escalado, mientras que la posición de referencia geométrica para todas las conversiones es la primera línea del campo inferior (ver la Tabla 4.16).

Cuando no se requieren para la conversión UP- LO y LO-UP, y el campo de entrada ID es la referencia para la operación *back-end*, se dan las condiciones UP-LO = UP-UP y LO-UP = LO-LO, junto con el desplazamiento de fase de 1/2 línea (PHO + 16); todos estos valores pueden ser despreciados.

El SAA7118 soporta 4 registros de *offset* de fase por tarea y componente (de luminancia y crominancia). El valor de 20H representa el corrimiento de fase de una línea.

Los registros son asignados para los eventos siguientes, por ejemplo, las subdirecciones B8H a BBH.

- B8H: 00 = Campo de entrada ID0, bit de estado de tarea 0 (estado de dos posiciones; denominado *toggle*).
- B9H: 01 = Campo de entrada ID0, bit de estado de tarea 1.
- BAH: 10 = Campo de entrada ID1, bit de estado de tarea 0.
- BBH: 11 = Campo de entrada ID1, bit de estado de tarea 1.

Dependiendo de la señal de entrada (entrelazada o no entrelazada), y el procesamiento de tarea a 50 Hz, o el procesamiento reducido de campo con una o dos tareas, también son posibles otras combinaciones, pero las ecuaciones básicas son las mismas.

TDA9171. Procesador de Mejora de Imagen YUV

Descripción General

El integrado cumple varias prestaciones, algunas opcionales según la aplicación.

- Procesamiento no lineal Y y U, V dependiente del contenido de imagen, mediante el análisis del histograma de luminancia.

- Independiente del estándar de TV.
- Estiramiento al azul.
- Procesamiento YC opcional.

El TDA9171 es un procesador de video analógico **transparente**, con entrada YUV e interfaces de salida.

La función básica del integrado es hacer el tratamiento de las señales YUV dependiente del contenido de la imagen, a partir del análisis de la señal Y (luminancia). Mediante la función histograma se mejora la relación de contraste de un alto porcentaje de la imagen. Se logra así optimizar las transiciones de luminancia y también las transiciones de color.

La transferencia de luminancia es controlada de modo no-lineal mediante la distribución de los valores de luminancia medidos en la imagen, en 5 secciones de histograma discretos. Como resultado, el régimen de contraste de la mayor parte de la escena puede ser mejorado.

Por lo tanto, para mantener la reproducción de color apropiada, la saturación de las diferencia de color –U y –V también son controladas como una función de la no linealidad real en el canal de luminancia.

Opcionalmente, se puede activar el modo *blue stretch* (extensión al azul), lo que desplaza los colores cercanos al blanco hacia el azul.

En la Tabla 4.18 se muestra la disposición de los pines del TDA9171.

Tabla 4.18. Disposición de los pines del TDA9171.

Símbolo	Pin	Descripción
BLG	1	Entrada de ganancia de la extensión al azul.
UIN	2	Entrada diferencia de color U (-VIN).
VIN	3	Entrada diferencia de color V (-VIN).
NLC	4	Entrada de control de ganancia no lineal.
SC	5	Entrada pulso *sandcastle*.
AMPSEL	6	Entrada selectora de amplitud.
YIN	7	Entrada de luminancia.
TAUHM	8	Entrada del histograma de constante de tiempo.
HM1	9	Entrada de segmento de memoria 1, del histograma.
HM2	10	(Igual: memoria 2).

Continúa

Tabla 4.18. Continuación.

Símbolo	Pin	Descripción
HM3	11	(Igual: memoria 3).
HM4	12	(Igual: memoria 4).
HM5	13	(Igual: memoria 5).
YOUT	14	Salida de luminancia.
V_{EE}	15	Masa.
V_{CC}	16	Tensión de la fuente.
V_{ref}	17	Salida de la tensión de referencia.
VOUT	18	Salida diferencia de color-VOUT.
UOUT	19	Salida diferencia de color-UOUT.
BLM	20	Entrada de extensión al azul, nivel de activación.

El dispositivo funciona con una tensión de fuente de 8 V y se presenta en un encapsulado doble en línea de 20 terminales, cuyo diagrama en bloques se muestra en la Fig. 4.24.

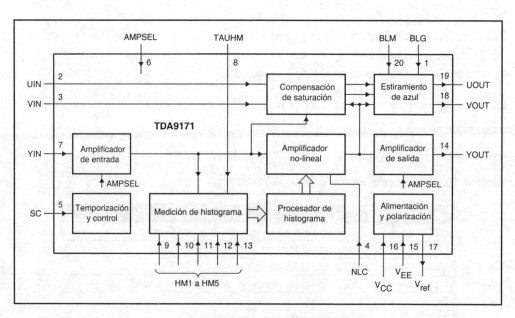

Fig. 4.24. Esquema en bloques del TDA9171.

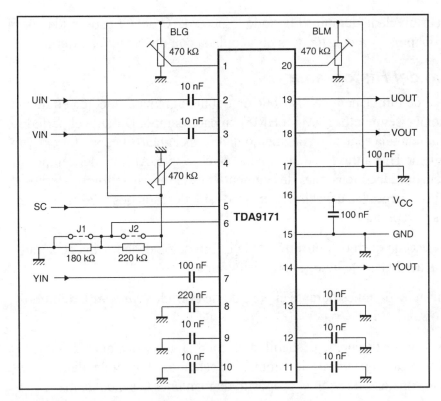

Fig. 4.25. Circuito de aplicación del TDA9171 en el modo YUV.

Descripción Funcional

Para una mejor comprensión del proceso de selección de entrada y amplificación, conviene estudiar un circuito de aplicación típico como es el que muestra la Fig. 4.25.

El rango dinámico del amplificador de entrada de luminancia, tiene valores típicos de 0,3 a 1 V (excluyendo el sincronismo), dependiendo del nivel lógico en el pin AMPSEL (pin 6). Las amplitudes que extienden el rango especificado correspondiente son recortadas suavemente; en cambio el sincronismo es procesado para máxima amplitud. El ajuste de ganancia no lineal tiene mínimo efecto sobre él.

Opcionalmente, en el modo de entrada de 1 V, la salida Y puede ser atenuada por un factor de 0,7 mediante un nivel intermedio en el pin AMPSEL. Esta opción está destinada a lograr una interfaz correcta de la señal CVBS **peinada** antes de ingresar al procesador de video en una aplicación YC, ya que el integrado permite también el modo YC en lugar del YUV.

La entrada es nivelada durante el período lógico ALTO del CLP, definida por la referencia del pulso *sandcastle*, y es desacoplada con un capacitor externo.

Medición del Histograma

Para la señal de luminancia, la distribución del histograma es medida en tiempo real sobre cinco segmentos (HM1 a HM5) en cada campo. Durante el período en que la luminancia está en un segmento dado, es cargado el capacitor externo correspondiente HM a través de una fuente de corriente. Al final del campo, son almacenadas cinco tensiones de segmento desde los capacitores externos a las memorias. Luego, los capacitores externos son descargados y las mediciones se repiten.

Partes de la escena que no contribuyen a la información de la misma deberían ser omitidas desde las mediciones del histograma.

No se realizan mediciones durante el período de borrado *(blanking)*, definido por el pulso *sandcastle*.

El detector de error de cuenta deshabilita las mediciones hasta que detecta partes cambiantes. Los valores de luminancia cercanos al nivel de blanco tampoco son considerados con el propósito de mantener la salida de luz absoluta.

Este procedimiento es permitido, puesto que el ojo es menos sensible a los detalles en blanco.

Puesto que el detector de error de cuenta acorta el período efectivo de medición y, debido a la dispersión de los componentes internos y externos, la fuente de corriente es controlada en un lazo cerrado para proveer un valor constante de la suma de tensiones de segmento. La constante de tiempo dominante del lazo cerrado es externa, y se puede ajustar con un valor capacitivo apropiado en el pin TAUHM (pin 8).

El procesamiento del valor del histograma medido contempla las siguientes situaciones:

1. **Promediado al régimen de campo.** Con cambios muy rápidos de imagen, también relacionados al entrelazado de campo, se podría presentar parpadeo. En este caso los valores del histograma son promediados al régimen de campo, con lo que se reducen los efectos

del parpadeo. La constante de tiempo del proceso de promedio es adaptada a la velocidad de los cambios del histograma.

2. **Extensión de punto blanco adaptable.** Para las tensiones HM4 y HM5 dominantes, o grandes partes blancas, el procedimiento de conversión del histograma realiza la transferencia con ganancia elevada en las partes blancas; sin embargo, la cantidad de luz proveniente de la escena es reducida considerablemente. El extensor de blanco introduce la ganancia total adicional para la producción de mayor nivel de luz, y como resultado, viola el principio de mantener una referencia a plena escala.

3. **Desviación estándar.** Para escenas en las cuales los segmentos de la distribución del histograma son dominantes con respecto a los otros, la amplificación no lineal debería ser reducida, en comparación con escenas donde la distribución del histograma es plana.

El detector de desviación estándar mide la dispersión de la distribución del histograma en los segmentos HM1 a MH5, y modula el ajuste del usuario del amplificador no lineal.

Amplificador no Lineal

Las tensiones de segmento almacenadas, relativas a su valor medio, promediadas sobre dos campos, determinan la ganancia individual de cada segmento, de forma tal que se asegura la continuidad para el rango completo. Las ganancias máxima y mínima de cada segmento están limitadas.

De modo independiente a la extensión adaptadora del punto blanco, las referencias de blanco y negro no están afectadas por el proceso no lineal. El nivel de linealidad puede ser controlado externamente mediante el pin NLC (Control de No Linealidad - *Non Linearity Control*).

Compensación del Color

El proceso de luminancia no lineal tiene influencia sobre la reproducción del color, afectando a la saturación del color. Por lo tanto, las señales U y V son procesadas también para la compensación de la saturación.

Por convención, se deben suministrar al TDA9171 las señales –U y –V. Las señales de entrada –U y –V son enclavadas durante el período lógico **alto** de CLP, definido por la referencia *sandcastle*. En aplicaciones YC se requiere a tal efecto un canal diferencia de color para procesar la señal de croma. Sin embargo, se deben aplicar capacitores de desacoplamiento externos a ambas entradas UIN y VIN.

El valor del capacitor de acoplamiento externo debe ser tal, que el período del *burst* de la señal de croma sea enclavado muy suavemente.

El procesamiento es dependiente de la amplitud y del signo de las señales de diferencia de color, todas las veces que es activado el modo de estiramiento al azul. Por lo tanto, la polaridad y la amplitud de las señales de diferencia de color son importantes cuando está en uso la opción de estiramiento al azul.

Estiramiento al Azul

El circuito de estiramiento al azul *(blue Stretch)* está destinado para desplazar los colores cercanos al blanco, con suficientes valores de contraste, hacia un blanco con un ligero matiz azul, para lograr una impresión más brillante. El desplazamiento de cromaticidad es proporcional al exceso del valor de contraste de la señal de video del blanco, con respecto al nivel mínimo ajustable por el usuario; definido por la tensión en el pin BLM. De este modo, por ejemplo, se puede prevenir la entrada de estiramiento al azul de rostros humanos. La cantidad global de desplazamiento al azul es definido por el nivel de tensión en el pin BLG.

La dirección del desplazamiento en el triángulo de color es fijado por hardware.

Se debe tener en cuenta que el desplazamiento del color es diferente con una polaridad errónea de las señales diferencia de color.

Los ajustes de preferencia BLG y BLM están relacionados con las amplitudes nominales verdaderas de las señales diferencia de color.

El modo de estiramiento al azul debe ser deshabilitado en aplicaciones YC, mediante la fijación a masa de BLG y BLM.

Una explicación en términos habituales de esta función consiste en que, habitualmente un objeto o imagen blanca levemente virada a un matiz amarillento, produce una sensación de blanco poco luminoso; esto es común, por ejemplo, sobre una prenda afectada por el uso o el tiempo. Si una imagen blanca se combina con un leve matiz azul, que es precisamente el color complementario del amarillo en el diagrama de cromaticidad, la sensación del blanco obtenido es de mayor luminosidad.

SAA4998H. Conversor del Régimen de Línea y Campo

Descripción General

El SAA4998H es una versión avanzada del SAA4993H. Mediante el incrustamiento de las memorias de campo, se reduce la cantidad de partes de la arquitectura interna desde 4 a 6 partes a solamente 2, y se reduce el tamaño de encapsulado del QFP160 al QFP100 es decir, se eliminan 60 pines de la configuración anterior.

El modo total FALCONIC utiliza una estimación de movimiento plena, y compensación de movimiento en precisión de 1/4 de pixel, para dar lugar a las siguientes características:

- Conversión ascendente del régimen de cuadro.
- Detección del modo película.
- Cancelación de la vibración *(judder)*.
- Reducción dinámica del ruido (DNR).
- Desentrelazado dependiente del borde (EDDI).

El desentrelazado compensado a movimiento es mejorado con el nuevo desentrelazado dependiente de borde, un sistema patentado por Philips. Esto evita los bordes aserrados de las líneas diagonales.

El mejor desentrelazado lidera el mejor desempeño significativo de los formatos de salida, tanto progresivos como entrelazados. Este tema ya ha sido tratado en el Capítulo 3.

Se puede generar un régimen de cuadro de salida progresivo de 60 Hz para fuentes de PAL de 50 Hz, para habilitar el uso de paneles LCD o PDP de 60 Hz, en regiones que utilizan PAL.

También es posible crear entrelazados de 50 Hz a 75 Hz y de 60 Hz a 90 Hz, para conseguir un número de líneas aumentado y de ahí, la reducción de visibilidad de línea, para pantallas *jumbo* y aplicaciones PTV.

La memoria incrustada se puede utilizar para sincronizar el canal principal y el segundo canal para aplicaciones PIP y doble ventana. Esto evita agregar dispositivos separadores de memoria adicionales.

Para propósitos de demostración, está disponible el modo de pantalla dividida, para mostrar la función de Reducción Dinámica de Ruido (DNR), movimiento natural, y EDDI. Los vectores estimados de movimiento se pueden hacer visibles mediante el modo de superposición de color.

El SAA4998 cumple con el ensayo de circuito de barrido límite *(BST, Boundary Scan Test)*, de acuerdo con las normas *IEEE std. 1149.1*.

El integrado presenta múltiples opciones de conversión de valores y sistemas.

Conversión ascendente del régimen de cuadro compensado para movimiento, de todos los estándares $1f_H$ de película y video, hasta 292 líneas de entrada activas por campo.

- Entrelazado de 50 Hz a 60 Hz progresivo [(modo de 60 p para display de plasma (PDP) y LCD de TV]).

- Entrelazado de 50 Hz a entrelazado de 75 Hz [modo 75i para pantallas *jumbo*, TV de proyección (PTV)].

- Entrelazado de 50 Hz a entrelazado de 100 Hz (TV de 100 Hz de terminación superior).

- Entrelazado de 50 Hz a 50 Hz progresivo (TV de exploración progresiva y TV LCD y PDP).

- Entrelazado de 60 Hz a 60 Hz progresivo (TV de exploración progresiva y TV PDP y LCD).

- Entrelazado de 60 Hz a entrelazado de 90 Hz (pantallas *jumbo*, PTV).

- Entrelazado de 60 Hz a entrelazado de 120 Hz (TV de 100 Hz de terminación superior, multiestándar).

  o 480 líneas activas (similar a NTSC), ó 506 líneas activas en 50 Hz entrelazadas al modo progresivo de 60 Hz.

  o Desentrelazado (EDDI) Sistema patentado por Philips, dependiente del borde y compensado para movimiento.

- o Detección de modo película adaptado para movimiento.

- o Cancelación de la vibración en emisión de películas, con compensación de movimiento.

- De PAL referenciado a masa 2:2; 25 Hz, a 60 Hz progresivo o 75 Hz entrelazado, ó 100 Hz entrelazado, ó 50 Hz progresivo.

- De NTSC referenciado a masa 2:2; 30 Hz, a 60 Hz progresivo o 90 Hz entrelazado, ó 120 Hz entrelazado.

- De NTSC referenciado a masa 3:2; 24 Hz, a 60 Hz progresivo o 90 Hz entrelazado, ó 120 Hz entrelazado.

- o Mejoramiento variable de la nitidez vertical.

- o *Zoom* vertical de alta calidad.

- o Reducción de ruido temporal con compensación de movimiento, con cancelación post-imagen.

- o Modo de demostración de pantalla dividida.

- o Interfaz serie de 2 Mbaud (SNERT).

- o DRAM incrustada de 2 × 2,9 Mbit.

- o Precisión total de 8 bit.

- o Separador de memoria para PIP (*Picture-In-Picture -* Imagen-En-Imagen).

- o Encapsulado libre de terminales.

Los procesos de luminancia y crominancia desarrollados en el CI se muestran en las Figs. 4.26 y 4.27, respectivamente.

El SAA4998H es un procesador de video de alto desempeño que configura un carácter de *Natural Motion* (marca registrada de Philips, cuya traducción al español se interpreta como **movimiento natural**. Se adopta a estándares globales de TV (PAL, NTSC y SECAM). El mismo es usado conjuntamente con el procesador de mejoramiento de imagen. La disposición de los pines se muestra en la Tabla 4.19.

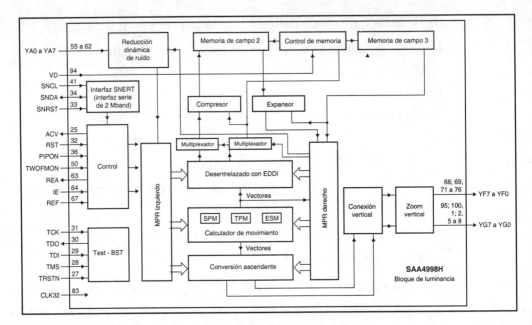

Fig. 4.26. Proceso de luminancia en el SAA4998H.

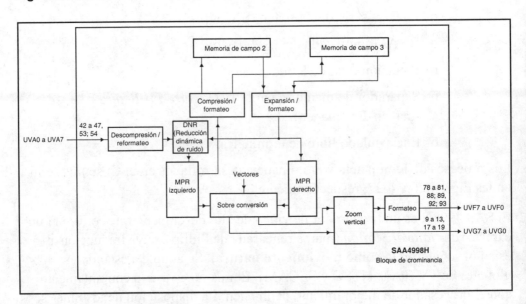

Fig. 4.27. Proceso de crominancia en el SAA4998H.

Tabla 4.19. Disposición de los pines del SAA4998H.

Pin	Tipo	Descripción[1] [2] [3]
1	Salida/Entrada	Modo PIP deshabilitado: bit 5 de salida de luminancia, bus G. Modo PIP habilitado: bit 5, entrada de datos PIP.
2	Salida/Entrada	(Igual, sólo cambia: bit 4)
3	Fuente	Tensión de la fuente de los *pads* de salida (3,3 V).
4	Masa	Masa de los *pads* de salida.
5	Salida/Entrada	(Igual pin 1 y 2, sólo cambia: bit 3).
6	Salida/Entrada	(Igual, sólo cambia: bit 2).
7	Salida/Entrada	(Igual, sólo cambia: bit 1).
8	Salida/Entrada	(Igual, sólo cambia: bit 0 (LSB)
9	Salida	Modo PIP deshabilitado: bit 7 (MSB) de salida de crominancia, bus G. Modo PIP habilitado: bit 7 (MSB), salida de datos PIP.
10	Salida	(Igual, sólo cambia: bit 6).
11	Salida	(Igual, sólo cambia: bit 5).
12	Salida	(Igual, sólo cambia: bit 4).
13	Salida	(igual, sólo cambia: bit 3).
14	Entrada	Modo PIP deshabilitado: no conectado. Modo PIP habilitado: señal de clock de línea enganchada para el modo PIP.
15	Masa	Masa de *pads* de salida.
16	Entrada	Modo PIP deshabilitado: no conectado, Modo PIP habilitado:clock de escritura serie, para memoria PIP.
17	Salida	(Igual a pin 13, sólo cambia: bit 2)
18	Salida	(Igual a pin 17, sólo cambia: bit 1).
19	Salida	(Igual, sólo cambia: bit 0 (LSB)).
20	Entrada	Modo PIP deshabilitado: no conectado. Modo PIP habilitado: clock de reposición de escritura para memoria PIP.
21	Entrada	Modo PIP deshabilitado: no conectado. Modo PIP habilitado: habilitación de salida para salida de memoria PIP QPIPx.
22	Entrada	Modo PIP deshabilitado: no conectado. Modo PIP habilitado: habilitación de entrada para memoria PIP.
23	Fuente	Nivel alto de la tensión de la fuente del campo interno de memorias (3,3 V).
24	Entrada	Modo PIP deshabilitado: no conectado. Modo PIP habilitado: habilitación de escritura para memoria PIP.

Continúa

Tabla 4.19. Continuación.

Pin	Tipo	Descripción[1] [2] [3]
25	Salida/Entrada	Modo PIP deshabilitada: salida activa de video.
26	Entrada	Modo PIP deshabilitado: no conectado. Modo PIP habilitado: reposición de lectura para memoria PIP.
27	Entrada	Prueba de barrido delimitado, de entrada *reset* (activo nivel bajo), con resistor interno *pull-up*.
28	Entrada	Prueba de barrido delimitado, modo selección de entrada, con resistor interno *pull-up*.
29	Entrada	Prueba de barrido delimitado, entrada de datos; con resistor interno de *pull-up*.
30	3 Estados (alta impedancia)	Prueba de barrido delimitado, salida de datos.
31	Entrada	Prueba de barrido delimitado, entrada reloj, con resistor interno *pull-up*.
32	Entrada	Entrada de *reset*; ver la Fig. 4.26
33	Entrada	Entrada de *reset*, bus SNERT; con resistor interno *pull-down*.
34	Entrada/Salida	Entrada y salida bus de datos SNERT; con resistor interno *pull-down*.
35	Fuente	Tensión de la fuente de los *pads* de salida (3,3 V).
36	Entrada	Entrada de habilitación modo PIP.
37	Masa	Masa de la memoria de campo.
38	Fuente	Tensión de la fuente de las memorias de campo internas (1,8 V).
39	Masa	Masa de la memoria de campo.
40	Fuente	Tensión de la fuente de las memorias de campo internas (1,8 V).
41	Entrada	Entrada de clock, bus Snert; con resistor interno *pull-down*.
42	Entrada	Bit 0, entrada de crominancia de bus A (LSB).
43	Entrada	(Igual anterior: bit 1).
44	Entrada	(Igual anterior: bit 2).
45	Entrada	(Igual anterior: bit 3).
46	Entrada	(Igual anterior: bit 4).
47	Entrada	(Igual anterior: bit 5).
48	Fuente	Tensión de la fuente del núcleo (1,8 V).
49	Masa	Masa del núcleo.
50	Entrada	Conectada a masa.
51	Fuente	Tensión de la fuente de las SRAM internas (1,8 V).
52	Masa	Masa de las SRAM internas.
53	Entrada	Bit 6 de entrada, bus de crominancia A.

Pin	Tipo	Descripción[1] [2] [3]
54	Entrada	(Igual anterior: bit 7 (MSB)).
55	Entrada	Bit 0 (LSB) de entrada, bus de luminancia A.
56	Entrada	(Igual anterior: bit 1).
57	Entrada	(Igual anterior: bit 2).
58	Entrada	(Igual anterior: bit 3).
59	Entrada	(Igual anterior: bit 4).
60	Entrada	(Igual anterior: bit 5).
61	Entrada	(Igual anterior: bit 6).
62	Entrada	(Igual anterior:bit 7(MSB)).
63	Salida	Salida de habilitación lectura, para el bus A.
64	Entrada	Habilitación de entrada para el modo PIP.
65	Fuente	Tensión de la fuente del núcleo (1,8 V).
66	Masa	Masa del núcleo.
67	Entrada	Entrada habilitación de lectura para los bus F y G.
68	Salida	Bit 7 (MSB) de salida, luminancia del bus F.
69	Salida	(Igual anterior: bit 6).
70	Masa	Masa de los *pads* de salida.
71	Salida	(Igual 69: bit 5).
72	Salida	(Igual anterior: bit 4).
73	Salida	(Igual anterior: bit 3).
74	Salida	(Igual anterior: bit 2).
75	Salida	(Igual anterior: bit 1).
76	Salida	(Igual anterior: bit 0 (LSB)).
77	Fuente	Tensión de la fuente de los *pads* de salida (3,3 V).
78	Salida	Bit 7 (MSB) de salida, bus de crominancia F.
79	Salida	(Igual anterior: bit 6).
80	Salida	(Igual anterior: bit 5).
81	Salida	(Igual anterior: bit 4).
82	Masa	Masa de los *pads* de salida.
83	Entrada	Entrada del clock del sistema (32 MHz).
84	Fuente	Tensión de la fuente de las SRAM internas (1,8 V).
85	Masa	Masa de las SRAM internas.
86	Fuente	Tensión de la fuente del núcleo (1,8 V).
87	Masa	Masa del núcleo.
88	Salida	Bit 3 de salida, crominancia del bus F.
89	Salida	(Igual anterior: bit 2).
90	Masa	Masa analógica del PLL interno.
91	Fuente	Tensión de la fuente analógica del PLL interno (1,8 V).
92	Salida	Bit 1 de salida, crominancia del bus F.

Continúa

Tabla 4.19. Continuación.

Pin	Tipo	Descripción[1] [2] [3]
93	Salida	(Igual anterior: bit 0 (LSB)).
94	Entrada	Entrada de sincronización vertical del display (reposición para las memorias de campo).
95	Salida/Entrada	Modo PIP deshabilitado: bit 7 (MSB) de salida de luminancia bus G.
96	Fuente	Tensión de la fuente de las memorias de campo internas (1,8 V).
97	Masa	Masa de la memoria de campo.
98	Fuente	Alimentación de las memorias del campo interno (1,8 V).
99	Masa	Masa de las memorias del campo interno
100	Salida/Entrada	Modo PIP deshabilitado: salida bit 6 del bus G de luminancia. Modo PIP habilitado: entrada bit 6 de datos PIP.

PW1231. Procesador de Señal de Video

Descripción General

El PW1231 es un procesador de señal de video digital de alta calidad, que incorpora *deinterlacing* patentado con la denominación ***Pixelworks***, escalado y algoritmos de realce de video. El PW1231 acepta formatos y resoluciones de video de estándar industrial, y convierte la entrada en cualquier formato de salida deseado. Los algoritmos de video son altamente eficientes, proveyendo excelente calidad de video.

El procesador de señal de video PW1231 combina varias funciones en un dispositivo simple, incluyendo controlador de memoria, autoconfiguración, y otros. Este nivel alto de integración capacita el logro de soluciones simples, flexibles y de bajo costo, a cambio de muy pocos componentes. El diagrama de aplicación se muestra en la Fig. 4.28.

Aplicaciones

Para uso con displays digitales:

- Televisores de panel chato (LCD, DLP).

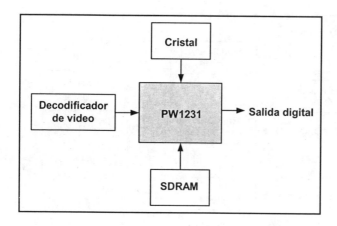

Fig. 4.28.
Diagrama de aplicación del PW1231.

- Televisores de retroproyector.
- Display de plasma.
- Monitores multimedia LCD.
- Proyectores multimedia.

PW181. Procesador de Imagen

Descripción General

El procesador de imagen PW181 es un *system-on-a-chip* altamente integrado, que permite interconectar entradas de video y gráficas en, virtualmente, cualquier formato, a un display de pantalla plana de frecuencia fija. El diagrama resumido de aplicación se muestra en la Fig. 4.29.

Las imágenes de video y computación desde NTSC/PAL a WUXGA a, virtualmente, cualquier régimen de refresco pueden ser redimensionadas para acceder en un dispositivo display de frecuencia fija con cualquier resolución hasta el WUXGA. Se soportan datos de video desde una relación de aspecto 4:3 NTSC o PAL y relación de aspecto 16:9 HDTV o SDTV. El escalado no lineal multi-región permite que estas entradas sean redimensionadas óptimamente para la resolución original del display.

Se soportan técnicas de escalado avanzadas, como la conversión de formato usando regiones programables múltiples. Tres escalados independientes de imagen acoplados con circuitos de enganche de cuadro y tablas duales optimizadoras de color programables, producen imágenes definidas en múltiples ventanas, sin intervencion del usuario.

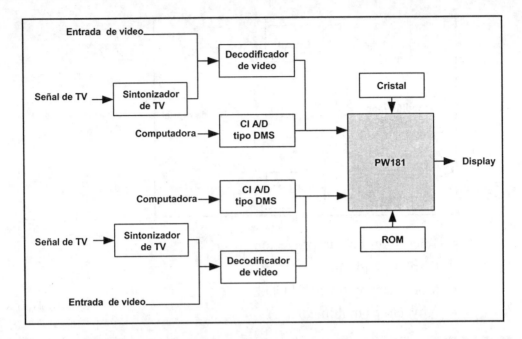

Fig. 4.29. Diagrama de aplicación del PW181.

Excitadores de cuadro SDRAM y controladores de memoria incluidos, realizan la conversión de régimen de cuadro y procesamiento de video y se hallan totalmente contenidos en el chip. Una memoria separada es dedicada al almacenamiento de las imágenes del display en pantalla y uso de propósito general de la CPU.

Las técnicas de procesamiento de video avanzadas son implementadas utilizando el excitador de cuadro interno, incluyendo el *motion adaptive*, desentrelazado temporal con detección modo película. Cuando se usa en combinación con el nuevo escalador de tercera generación, esta tecnología de procesamiento de video avanzada entrega la más alta calidad de video para displays avanzados.

Ambos puertos de entrada admiten capacidad de protección integrada DVI1.0, usando receptores estándar DVI.

Un nuevo generador avanzado OSD soporta técnicas de animación avanzada OSD.

Las prestaciones programables incluyen interfaz de usuario, pantalla activada por el usuario, prestaciones de imagen plenamente automáticas, y efectos de pantalla especiales.

SIL151B. Receptor Interfaz para Display

Descripción General

El receptor SIL151B utiliza tecnología digital *Panel Link* para brindar displays de alta resolución, hasta SXGA (25-112 MHz). Este receptor provee paneles de color verdadero (24 bit/pixel, 16 millones de colores), con ambas versiones: uno y dos pixels por clock.

Todos los productos *Panel Link* están diseñados en una arquitectura CMOS escalable, asegurando un soporte para futuros mejoramientos de desempeño, mientras se mantiene la misma interfaz lógica. Los diseñadores de sistemas pueden estar seguros que la interfaz permanecerá estable a través de numerosas generaciones de tecnología y desempeños. La tecnología digital *Panel Link* simplifica el diseño de la interfaz de la PC y el display, resolviendo muchos resultados a nivel de sistema asociados con el diseño de mezcla de señales de alta velocidad, proveyendo un diseño de sistema con una solución de interfaz digital, que es más rápida para las exigencias del mercado y más baja en el costo.

SDRAM 4MX16 (MT48LC4M16A2TG-75). Memoria Dinámica

Descripción General

El SDRAM de 64 Mb de Micron es una memoria dinámica de acceso aleatorio CMOS de alta velocidad que contiene 67.108.864 bits.

Está configurada internamente como una DRAM de banco cuádruple, con interfaz sincrónica (todas las señales son registradas en el flanco positivo de la señal de reloj, CLK). Cada uno de los bancos (X4), de 16.777.216 bits está organizado en 4.096 filas por 1.024 columnas, de 4 bits. Cada uno de los (X8) bancos de 16.777.216 bits está organizado en 4.096 filas por 512 columnas de 8 bits.

Cada uno de los (X16) bancos de 16.777.216 bits está organizado en 4.096 filas por 256 columnas de 16 bits.

Los accesos de lectura y escritura al SDRAM están orientados al *burst*; los accesos arrancan en la locación seleccionada y continúan por un número programado de locaciones en una secuencia programada. Los accesos comienzan con el registro de un comando ACTIVE, el cual es seguido luego por el comando READ o WRITE. Los bit de direcciones registrados, coincidentes con el comando ACTIVE, son usados para seleccionar el banco y la fila a ser accedidos (BA0, BA1 selecciona el banco; A0-A11 selecciona la fila).

Los bits de direcciones registrados coincidentes con el comando READ o WRITE son usados para seleccionar la locación de la columna de arranque para el acceso del *burst*.

El SDRAM provee para *burst* programable READ o WRITE, longitudes de 1; 2; 4 u 8 locaciones, o de página completa, con la opción de *burst* terminal. Puede habilitarse una función de auto-precarga para proveer una precarga de fila auto-temporizada, que es iniciada al final de la secuencia del *burst*.

El SDRAM de 64 Mb usa una arquitectura interna tipo *pipeline* (línea tubular), para acceder a una operación de alta velocidad.

Esta arquitectura es compatible con la regla **2n** de las arquitecturas *prefetch* (búsqueda previa), pero también permite el cambio de la dirección de columna en cada ciclo de reloj, para facilitar el acceso plenamente aleatorio de alta velocidad.

Precargando un banco, mientras se accede a uno de los otros tres bancos oculta los ciclos de precarga y provee acceso aleatorio de alta velocidad sin costuras.

El SDRAM de 64 Mb está diseñado para operar en sistemas de memoria de 3,3 V. Se provee un modo de auto-refresco, junto con un modo de ahorro de potencia, potencia reducida. Todas las entradas y salidas son compatibles con LVTTL (TTL de baja tensión).

Los SDRAM ofrecen sustanciales avances en el desempeño operativo DRAM, incluyendo la disposición a datos del *burst* sincrónico, a un régimen alto de datos, con una generación automática de columnas-datos, la habilidad de interpaginado entre bancos internos tendiente al ocultamiento del tiempo de precarga, y la capacidad de cambiar aleatoriamente las direcciones de columnas, en cada ciclo de reloj durante el acceso del *burst*.

M29W800A. Memoria *Flash* de 8 Mbit

Descripción General

El M29W800A es una memoria no volátil, que puede ser borrada eléctricamente al nivel de chip o bloque, y programada en sistema de base *Byte-by-Byte* o *Word-by-Word*, usando sólo una fuente Vcc única de 2,7 a 3,6 V. Para operaciones de programación y borrado, se generan internamente las altas tensiones necesarias. El dispositivo puede ser programado también en programadores estándar.

La organización en arreglo matricial permite que cada bloque se pueda borrar y reprogramar sin afectar a otros bloques. Los bloques pueden ser protegidos contra la programación y el borrado en el equipamiento programados, y temporalmente desprotegidos, para efectuar cambios en la aplicación. Cada bloque puede ser programado y borrado por arriba de 100.000 ciclos.

Las instrucciones para Lectura/*Reset*, Auto selección para la lectura de Rúbrica Electrónica o status de Protección de bloque, Programación, borrado de chip y bloque, el reinicio y la suspensión del borrado se escriben al dispositivo en ciclos enviados a la interfaz de comandos utilizando tiempos de escritura estándar, de microprocesador.

VPC323xD, VPC324xD. Procesador de Filtro *Comb* de Video

Descripción General

El VPC323xD/324xD es un chip individual de video frontal, de alta calidad, previsto para equipos de TV en formato 4:3 y 16:9, 50/60 y 100/120 Hz. El mismo puede estar combinado con otros miembros de la familia de integrados DIGIT3000 (como el DDP33xA/B, TPU3040), y/o también puede ser usado con productos del 3er. Grupo.

Las prestaciones principales del VPC323xD/324xD son:

- Filtro *comb* 4H adaptable, de alto desempeño, separador Y/C, con corrección vertical ajustable.

- Decodificador color PAL/NTSC/SECAM multiestándar, incluyendo todos los subestándares.

- Cuatro CVBS, una entrada S-VHS, una salida CVBS.

- Dos entradas de componente RGB/Y-C_r-C_b, una entrada de Borrado Rápido *(Fast Blank, FB)*.

- Conversores integrados A/D de alta calidad, y circuitos enclavadores y AGC asociados.

- Procesamiento de sincronismo multiestándar.

- Escalado horizontal lineal (0,25;...; 4), así como escalado horizontal no lineal *panorama visión*.

- PAL + preprocesado (VPC323xD).

- Clock enganchado en línea, datos y sincronismo, interfaz de salida 656 (VPC323xD).

- Control de deflexión y display (VPC324xD).

- Corrección, contraste, brillo, saturación de color y tinte para RGB/Y-C_r-C_b y CVBS/S-VHS.

- Mezclador de alta calidad controlado por borrado rápido.

- Procesador PIP para cuatro tamaños de pantalla (1/4; 1/9; 1/16 ó 1/36 del tamaño normal) con resolución de 8 bit.

- 15 configuraciones de display IP predefinidos, y modo experto (totalmente programable).

- Interfaz de control para memoria de campo externa.

- Interfaz al bus I^2C.

- Un cristal de 20,25 MHz, con algunos pocos componentes externos.

- Encapsulado PQFP de 80 pines.

Tabla 4.20. Conexión de los pines y descripción resumida del VPC323xD/324xD.

No. del Pin (PQFP80)	Denominación del Pin	Tipo	Conexión (si no es usado)	Descripción Resumida
1	B1/CB1IN	IN	VREF	Azul1/Cb1, Entrada de componente analógico
2	G1/Y1IN	IN	VREF	Verde1/Y1, Entrada de componente analógico

No. del Pin (PQFP80)	Denominación del Pin	Tipo	Conexión (si no es usado)	Descripción Resumida
3	R1/CR1IN	IN	VREF	Rojo1/Cr1, Entrada de componente analógico
4	B2/CB2IN	IN	VREF	Azul2/Cb2, Entrada de componente analógico
5	G2/Y2IN	IN	VREF	Verde2/Y2, Entrada de componente analógico
6	R2/CR2IN	IN	VREF	Rojo2/Cr2, Entrada de componente analógico
7	ASGF		X	Blindaje analógico GND_F
8	NC	-	LV o GND_D	No conectado
9	V_{SUPCAP}	SUPPLYD	X	Tensión de la fuente, circuitos de desacoplamiento digital
10	V_{SUPD}	SUPPLYD	X	Tensión de la fuente, circuitos digitales
11	GND_D	SUPPLYD	X	Masa, circuito digital
12	GND_{CAP}	SUPPLYD	X	Masa, circuito de desacoplamiento digital
13	SCL	IN/OUT	X	Clock del bus I^2C
14	SDA	IN/OUT	X	Datos del bus I^2C
15	RESQ	IN	X	Entrada *reset*, activo **bajo**
16	TEST	IN	GND_D	Pin de prueba, conectar a GND_D
17	VGAV	IN	GND_D	Entrada VGAV
18	YCOEQ	IN	V_{SUPD}	Entrada de habilitación, salida Y/C, activo **bajo**
19	FFIE	OUT	LV	Habilitación entrada FIFO
20	FFWE	OUT	LV	Habilitación escritura FIFO
21	FFRSTW	OUT	LV	Escritura/lectura *reset* FIFO
22	FFRE	OUT	LV	Habilitación lectura FIFO
23	FFOE	OUT	LV	Habilitación salida FIFO
24	CLK20	IN/OUT	LV	Salida del reloj principal, 20,25 MHz

Continúa

Tabla 4.20. Continuación.

No. del Pin (PQFP80)	Denominación del Pin	Tipo	Conexión (si no es usado)	Descripción Resumida
25	GND_{PA}	SUPPLYD	X	Masa, circuito de desacoplamiento del *pad*
26	V_{SUPPA}	SUPPLYD	X	Tensión de alimentación, circuito de desacoplamiento de *pad*
27	LLC2	OUT	LV	Salida del clock doble
28	LLC1	IN/OUT	LV	Salida del clock
29	V_{SUPLLC}	SUPPLYD	X	Tensión de alimentación, circuitos LLC
30	GND_{LLC}	SUPPLYD	X	Masa, circuitos LLC
31	Y7	OUT	GND_Y	Luma del bus imagen (MSB)
32	Y6	OUT	GND_Y	Luma del bus imagen
33	Y5	OUT	GND_Y	Luma del bus imagen
34	Y4	OUT	GND_Y	Luma del bus imagen
35	GND_Y	SUPPLYD	X	Masa, circuito de salida luma
36	V_{SUPY}	SUPPLYD	X	Tensión de la fuente, circuito de salida luma
37	Y3	OUT	GND_Y	Luma del bus imagen
38	Y2	OUT	GND_Y	Luma del bus imagen
39	Y1	OUT	GND_Y	Luma del bus imagen
40	Y0	OUT	GND_Y	Luma del bus imagen (LSB)
41	C7	OUT	GND_C	Croma del bus imagen (MSB)
42	C6	OUT	GND_C	Croma del bus imagen
43	C5	OUT	GND_C	Croma del bus imagen
44	C4	OUT	GND_C	Croma del bus imagen
45	V_{SUPC}	SUPPLYD	X	Tensión de la fuente, circuito de salida de croma
46	GND_C	SUPPLYD	X	Masa, circuito de salida de croma
47	C3	OUT	GND_C	Croma del bus imagen

No. del Pin (PQFP80)	Denominación del Pin	Tipo	Conexión (si no es usado)	Descripción Resumida
48	C2	OUT	GND$_C$	Croma del bus imagen
49	C1	OUT	GND$_C$	Croma del bus imagen
50	C0	OUT	GND$_C$	Croma del bus imagen (LSB)
51	GND$_{SY}$	SPPLYD	X	Masa, circuito del *pad* de sincronismo
52	V$_{SUPSY}$	SUPPLYD	X	Tensión de la fuente, circuito del *pad* de sincronismo
53	INTLC	OUT	LV	Salida de entrelazado
54	AVO	OUT	LV	Salida de video activo
55	FSY/HC	OUT	LV	Sincronismo frontal/pulso de enclavamiento horizontal
56	MSY/HS	IN/OUT	LV	Pulso de sincronismo horizontal/sincronismo principal
57	VS	OUT	LV	Pulso de sincronismo vertical
58	FPDAT	IN/OUT	LV	Datos *Front-End/Back-End*
59	V$_{STBY}$	SUPPLYA	X	Tensión de la fuente *standby*
60	CLK5	OUT	LV	Salida del clock de 5 MHz CCU
61	NC	-	LV o GND$_D$	No conectado
62	XTAL1	IN	X	Entrada analógica del cristal
63	XTAL2	OUT	X	Salida analógica del cristal
64	ASGF		X	Blindaje analógico GND$_F$
65	GND$_F$	SUPPLYA	X	Masa, sección frontal analógica
66	VRT	OUTPUT	X	Tensión de referencia tope (analógica)
67	12CSEL	IN	X	Selección del bus I^{2}C
68	ISGND	SUPPLYA	X	Masa de la señal para la entrada analógica, conectar a GND$_F$

Continúa

Tabla 4.20. Continuación.

No. del Pin (PQFP80)	Denominación del Pin	Tipo	Conexión (si no es usado)	Descripción Resumida
69	V_{SUPF}	SUPPLYA	X	Tensión de alimentación, sección frontal analógica
70	VOUT	OUT	LV	Salida de video analógica
71	CIN	IN	LV	Entrada analógica de croma/video 5
72	VIN1	IN	VRT	Entrada analógica de video 1
73	VIN2	IN	VRT	Entrada analógica de video 2
74	VIN3	IN	VRT	Entrada analógica de video 3
75	VIN4	IN	VRT	Entrada analógica de video 4
76	V_{SUPAI}	SUPPLYA	X	Tensión de la fuente, sección frontal de las entradas de componente analógico
77	GND_{AI}	SUPPLYA	X	Masa, sección frontal de las entradas de componente analógico
78	VREF	OUTPUT	X	Tensión de referencia tope, sección frontal de las entradas de componente analógico
79	FB1IN	IN	VREF	Entrada de borrado rápido
80	AISGND	SUPPLYA	X	Masa de la señal para entradas de componente analógico, conectar a GND_{AI}

Arquitectura del Sistema

La Fig. 4.30 muestra el diagrama en bloque del procesador de video.

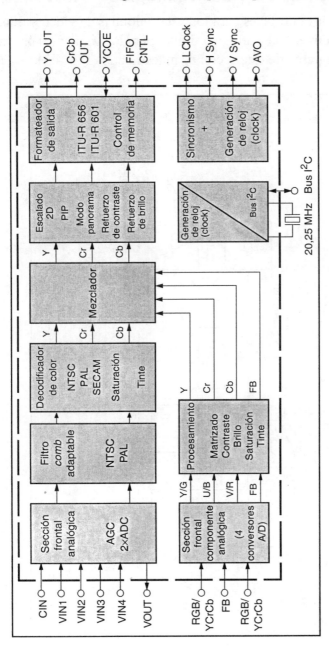

Fig. 4.30. Diagrama en bloques del procesador VPC323xD.

Descripción Funcional

Sección de Entrada de Video Analógico

Este bloque provee las interfaces para todas las entradas de video y transporta principalmente la conversión analógico-digital para los siguientes procesos de video digital. El diagrama de este sector se muestra en la Fig. 4.31.

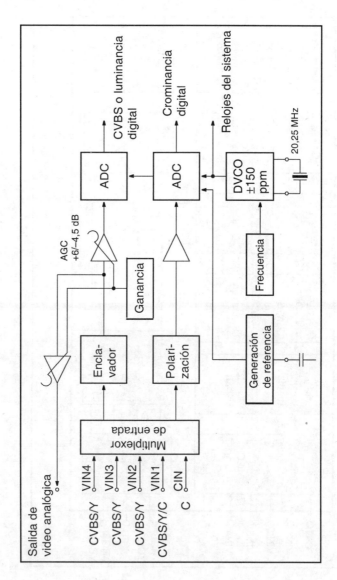

Fig. 4.31. Esquema en bloques de la entrada analógica.

La mayoría de los bloques funcionales de esta sección se controlan en forma digital (*clamping*, AGC y reloj DCO).

El lazo de control está cerrado por el Procesador Rápido *(FP, Fast Processor)*, incrustado en el decodificador.

Selector de Entrada

Se pueden conectar hasta cinco entradas analógicas. Cuatro de ellas se destinan para el video compuesto o la señal luma S-VHS. Estas entradas están enclavadas al portal posterior de sincronismo y son amplificadas por un amplificador de ganancia variable. Una entrada se aplica para conexión de la señal de portadora-crominancia S-VHS. Esta entrada es polarizada internamente, y posee un amplificador de ganancia fija. La segunda señal de croma S-VHS puede ser conectada a la entrada de video VIN1.

Enclavamiento

Las señales de entrada de video compuesto están acopladas al integrado en CA. La tensión de enclavamiento es almacenada en los capacitores de acoplamiento y es generada por fuentes de corriente controladas digitalmente. El nivel de enclavamiento corresponde al pórtico posterior de la señal de video. La señal de croma S-VHS es también acoplada por CA. El pin interno se polariza internamente al centro del rango de entrada del conversor analógico-digital.

Control Automático de Ganancia

El control automático de ganancia, de funcionamiento digital, ajusta la magnitud de la banda base seleccionada entre +6 y -4,5 dB en 64 pasos logarítmicos para el rango óptimo de conversión analógico-digital. La ganancia de la etapa de entrada de video, incluyendo el conversor analógico-digital es de 213 pasos/V, con el AGC ajustado a 0 dB.

Conversores Analógico-Digitales

Se proveen dos conversores A/D para digitalizar las señales de entrada. Cada uno funciona con 20,25 MHz y posee una resolución de 8 bit. Un circuito de banda base genera las tensiones requeridas de referencia para los convertidores. Los dos conversores analógico-digitales son del tipo sub-rango de 2 etapas.

Oscilador de Reloj Controlado Digitalmente

La generación de reloj es asimismo una parte de la sección de entrada. El oscilador a cristal es controlado digitalmente por el procesador de control; la frecuencia de reloj puede ser ajustada dentro de ±150 ppm.

Salida Analógica de Video

La señal de entrada del conversor analógico digital de luma está disponible en el pin de salida del video analógico. La señal en este pin debe ser separada mediante un seguidor de fuente. La tensión de salida es de 2 V, por lo que la señal se puede usar para alimentar una línea de 75 Ω. La magnitud se ajusta con un AGC en 8 pasos, simultáneamente con el AGC principal.

Filtro Comb Adaptable

El filtro *comb* adaptable 4H es utilizado para la separación de alta calidad de luminancia/crominancia, de señales de video compuesto PAL o NTSC.

El filtro *comb* mejora la resolución de la luminancia (ancho de banda), y reduce las interferencias del tipo luminancia cruzada y color cruzado. El algoritmo adaptable elimina muchos de los errores mencionados sin introducir nuevas interferencias o ruido, según lo visto en el Capítulo 3.

El diagrama en bloques del filtro *comb* se muestra en la Fig. 4.32.

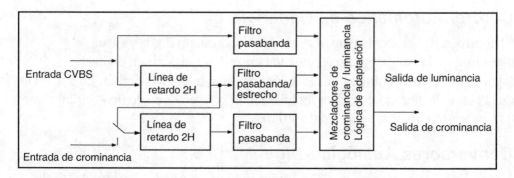

Fig. 4.32. Diagrama en bloques del filtro *comb*, en el modo PAL.

El filtro utiliza cuatro líneas de retardo para procesar la información de tres líneas de video. Para tener una relación de fase fija de la subportadora de color en los tres canales, el sistema de clock (20,25 MHz) es fraccionariamente enganchado a la subportadora de color. Esto permite el procesamiento de todos los estándares y sub-estándares de color, utilizando una frecuencia única de cristal.

La señal CVBS es filtrada en los tres canales a la frecuencia de subportadora mediante un conjunto de filtros pasabanda/ranura.

La salida de los tres canales es utilizada por la lógica de adaptación, para seleccionar la ponderación que es usada para reconstruir la señal de luminancia/crominancia, desde las 4 señales pasabanda/ranura. Mediante la utilización de **mezclado por soft** de las 4 señales, las interferencias de conmutación del algoritmo de adaptación están completamente suprimidas.

El filtro *comb* usa la línea media como referencia, por lo tanto, el retardo del filtro *comb* es de dos líneas. Si se desactiva el filtro *comb*, las líneas de retardo se usan para pasar las señales de luma/croma desde los conversores A/D, a las salidas de luma/croma. Por lo tanto, el retardo del proceso es siempre de dos líneas.

A fin de obtener la mejor calidad de imagen disponible, el usuario tiene la posibilidad de modificar el funcionamiento del algoritmo de adaptación, yendo de un filtrado *comb* moderado, a uno enérgico. Por lo tanto, pueden ser ajustados los siguientes parámetros:

- HDG (ganancia de diferencia horizontal).
- VDG (ganancia de diferencia vertical).
- DDR (reductor de punto diagonal).

HDG define típicamente la intensidad de *comb* en los bordes horizontales. El mismo determina la cantidad de luminancia cruzada remanente y la agudeza de los bordes, respectivamente. A medida que se incrementa HDG, lo hace la intensidad de *comb*, por ejemplo con la reducción de la luminancia cruzada y la agudeza. VDG determina típicamente el funcionamiento del filtro *comb* en los bordes verticales. A medida que se incrementa VDG, la intensidad de *comb*, por ejemplo, la cantidad de puntos suspendidos, decrece.

Después de seleccionar el desempeño del filtro *comb* en dirección horizontal y vertical, el aspecto de la imagen diagonal puede ser consiguientemente optimizado mediante el ajuste DDR. A medida que se incrementa DDR, el arrastramiento de punto en los bordes coloreados diagonales, es reducido.

Para aumentar la resolución vertical de la imagen, el VPC provee una red de corrección vertical. La ganancia del filtro es ajustable de 0 a +6dB, y el filtro de núcleo suprime pequeñas amplitudes, para reducir interferencias de ruido.

En relación al filtro *comb*, esta corrección vertical contribuye ampliamente a una homogeneidad de la resolución bi-dimensional óptima.

Decodificador de Color

En este bloque se realizan la separación estándar luma/croma y la demodulación de color multi-estándar. La demodulación de color usa un reloj asincrónico, permitiendo por lo tanto una arquitectura unificada para todos los estándares de color.

En el bloque decodificador de color se produce tanto el proceso de luma, como el de croma. El decodificador de color también provee varios modos especiales, por ejemplo, formato de croma de banda ancha, el cual está pensado para croma de amplio ancho de banda S-VHS.

También están disponibles ajustes de filtro para procesar señales de asistencia PAL+.

Si el filtro *comb* adaptable es usado para la separación de luma/croma, el decodificador de color utiliza procesamiento de modo S-VHS. La salida del decodificador de color es YCrCb, en formato 4:2:2.

Submuestreo 4:4:4 a 4:2:2

Después del mezclador, el flujo de datos mezclados es submuestreado al formato 4:2:2. Por este motivo, se provee un filtro pasabajos de croma para eliminar componentes de alta frecuencia por debajo de 5-6 MHz, que pueden estar típicamente presentes en fuentes RGB/YC_rC_b de alta resolución.

En el caso del procesamiento del video principal (a través del lazo) solamente, es recomendable derivar este filtro mediante el uso del bit CIPCFBY del I^2C. La Fig. 4.33 muestra el comportamiento del filtro.

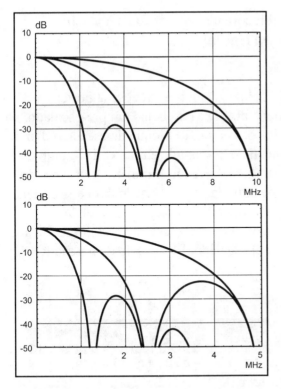

Fig. 4.33. Respuesta del filtro pasabajos en escalado reductor para las señales Y $C_r C_b$.

Borrado Rápido y Monitoreo de Señal

El estado de Borrado Rápido analógico es monitoreado mediante cuatro bits de lectura del I²C. Estos bits se pueden usar por el controlador de TV, para la señal identificatoria SCART:

- FBHIGH: habilitado por estado **alto** de FB, *reseteado* por lectura del registro en estado FB **bajo**.
- FBSTAT: estado de FB en la lectura del registro.
- FBRISE: habilitado por el flanco de subida de FB, *reseteado* por la lectura del registro.
- FBFALL: habilitado por el flanco de descenso de FB, *reseteado* por la lectura del registro.

También se provee un bit adicional de monitoreo, para la señal RGB/YC$_r$ C$_b$; el mismo indica cuándo las entradas del conversor analógico digital están recortadas o no. En el caso de condiciones de recorte (por ejemplo, entrada RGB de 1 Vpp), el rango del conversor analógico-digital puede ser extendido en 3 dB utilizando el bit XAR.

- CLIPD: habilitado por el recorte de entrada RGB/YCrCb, *reseteado* por la lectura del registro.

Escalado Horizontal

La señal YC_rC_b 4:2:2 desde la salida del mezclador es procesada por el escalado horizontal. El mismo contiene un filtro pasabajos, un pre-escalado, un mecanismo de escalado y un filtro de corrección. El bloque de escalado permite un escalado horizontal lineal o no lineal de la señal de entrada en el rango de 1/32 a 4. El escalado no lineal, también llamado **visión panorama**, provee una distorsión geométrica de la imagen de entrada. Esto es usado para ajustar una imagen con formato 4:3 a una pantalla 16:9 mediante el estirado de la geometría de la imagen en los bordes. También, el efecto inverso (denominado *water glass*) puede ser producido por el escalado. El sumario de los modos de escalado, está listado en la Tabla 4.21.

Tabla 4.21. Modos de escalado.

Modo	Factor de Escala	Descripción
Compresión 4:3 → 16:9	0,75 lineal	Fuente 4:3 exhibida en un tubo 16:9, con paneles laterales
Panorama 4:3 → 16:9	Compresión no lineal	Fuente 4:3 exhibida en un tubo 16:9, bordes distorsionados.
Zoom 4:3 → 4:3	1,33 lineal	Fuente *letterbox* (PAL+) exhibida en un tubo 4:3; sobre-explorado vertical, con recortado de paneles laterales
Water glass 16:9 → 4:3	*Zoom* no lineal	Fuente *letterbox* (PAL+) exhibida en un tubo 4:3; sobre-explorado vertical, bordes distorsionados, sin recorte
20,25 → 13,5 MHz	0,66	Conversión de régimen simple, a reloj enganchado en línea

Filtro Pasabajos Horizontal

El bloque del filtro luma aplica filtros pasabajos *anti-aliasing*. Las frecuencias de corte son seleccionables y se deben adaptar a la relación de escalado del horizontal.

Pre-escalado Horizontal

Para alcanzar la relación de compresión horizontal entre 1/4 y 1/32 (por ejemplo, para ventana doble u operación PIP), un muestreador reductor lineal reacondiciona el muestreo de la señal de entrada por 1 (sin pre-muestreo), 2; 4 y 8.

Mecanismo de Escalado Horizontal

El *scaler* contiene un **filtro de diezmado** programable, una memoria FIFO 1-H, y un filtro de interpolación programable. El filtro de entrada del *scaler* es también utilizado para la corrección *skew* (sesgado) del pixel.

La estructura diezmadora/interpoladora facilita un uso óptimo de la memoria FIFO. La misma permite un escalado horizontal lineal o alineal de la señal de entrada de video en el rango de 0,25 a 4. El control del *scaler* está dado por el Procesador Rápido interno.

Filtro de Corrección Horizontal

El bloque del *scaler* horizontal ofrece un filtro de corrección extra para el control de definición. La frecuencia central del filtro corrector se adapta automáticamente a la relación de escalado horizontal. Son seleccionables tres frecuencias centrales, como se muestra en la Fig. 4.34; ellas son:

- Centro a relación de muestreo /2.
- Centro a relación de muestreo /4.
- Centro a relación de muestreo /6.

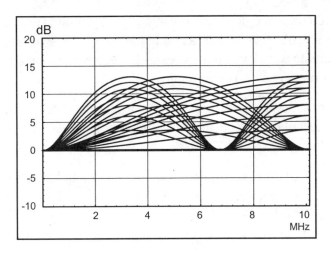

Fig. 4.34. Características de corrección.

La ganancia del filtro es ajustable entre 0 y +10 db, y un filtro de núcleo suprime pequeñas amplitudes para reducir el efecto de ruido generado por interferencias.

Escalado Vertical

Para la operación PIP, el *scaler* vertical comprime la señal activa de video entrante YC_rC_b 4:2:2, en dirección vertical.

El mismo soporta relaciones de compresión vertical de 1 (equivalente a no compresión), 2; 3; 4 y 6.

En el caso de una compresión vertical de 2; 4 ó 6, el filtro configura una compensación PAL en forma automática, y la línea de retardo PAL estándar deberá ser derivada.

Contraste y Brillo

El VPC32xxD provee un contraste seleccionable y un ajuste de brillo para las muestras luma. Los rangos de control son:

- $0 \leq$ contraste $\leq 63/32$
- $-128 \leq$ brillo ≤ 127

Se tiene en cuenta que para los niveles de código de salida luma ITU-R (16;...; 240), el contraste debe ser ajustado a 48 y el brillo a 16.

Detector de Línea Negra

En el caso de entrada de video de formato **buzón**, por ejemplo, Cinemascope, PAL+, etc., se hacen visibles áreas negras en la parte superior e inferior de la imagen. Es conveniente remover o reducir estas áreas mediante un *zoom* vertical y/o una operación de desplazamiento.

El VPC32xx tiene el soporte de esta prestación a través del detector **buzón**. Un circuito especial detecta las líneas negras de video midiendo la amplitud de la señal durante el video activo.

Para cada campo, es medido el número de líneas de negro en la parte superior e inferior de la imagen, comparado con la medición previa, y el mínimo es almacenado en el registro BLKLIN del I^2C. Para ajustar la amplitud de la imagen, el controlador externo lee ese registro, calcula el coeficiente de escalado vertical, y transfiere los nuevos ajustes, por ejemplo, los parámetros diente de sierra vertical, el coeficiente de escalado horizontal, etc., al VPC.

Las señales **buzón**, que contienen logotipos en la parte izquierda o derecha de las área negras, son procesadas como líneas negras, mientras que los subtítulos, insertados en las áreas negras, son procesados como líneas no negras; por lo tanto, los subtítulos son visibles en la pantalla.

Para suprimir los subtítulos, el coeficiente del *zoom* vertical es calculado mediante la selección del número más grande de líneas negras solamente. Las escenas oscuras de video con un nivel de contraste bajo comparado con el área **buzón**, están señalados por el bit BLK PIC.

Señales de Salida de Datos y Control

El VPC32xx soporta dos modos de salida: en el modo DIGIT3000, las interfaces de salida corren en el reloj del sistema principal; en el modo **enganchado en línea** el VPC genera un reloj enganchado en línea asincrónico, que es utilizado para las interfaces de salida. El VPC suministra un flujo de datos en el modo YC_rC_b 4:2:2, o bien YC_rC_b 4:1:1, cada uno con información separada de sincronismo. En el caso del formato YC_rC_b 4:2:2, el VPC32xxD también provee una interfaz con sincronismo **incrustado**, de acuerdo a la norma ITU-R656.

Generación de Reloj Enganchado en Línea

Se utiliza un multiplicador de proporción **en-chip**, para sintetizar cualquier frecuencia de reloj de salida de 13,5/16/18 MHz. El CI dispone de una salida de frecuencia doble de clock para el soporte de sistemas de 100 Hz. El sintetizador es controlado por el controlador **incrustado** RISC, que también controla todos los lazos de entrada (enclavamiento, AGC, PLL1, etc.). Esto permite la generación de un reloj de salida enganchado por línea, sin tener en cuenta el clock del sistema (20,25 MHz), el cual es usado para la operación del filtro *comb* y la decodificación de color. El control de escalado y la frecuencia del clock de salida se mantienen independientes para permitir la conversión de relación de aspecto combinado con la conversión de régimen de muestra. El sistema de reloj enganchado por línea genera señales de control, por ejemplo sincronismo vertical/horizontal y salida de video activa; también es la interfaz desde el reloj interno (20,25 MHz), al sistema de reloj enganchado por línea externo.

Si no se requiere el reloj enganchado por línea, por ejemplo, en el modo DIGIT3000, el sistema corre con el reloj principal a 20,25 MHz. La referencia temporal horizontal en este modo es provista por la señal de sincronismo frontal. En este caso, el bloque de reloj enganchado por línea y todas las interfaces corren desde el clock principal de 20,25 MHz. Las señales de sincronización desde el bloque enganchado por fase están siempre disponibles, pero para cada línea, los contadores internos son **reseteados** con la señal de sincronismo principal. La señal de clock doble no está disponible en el modo DIGIT3000.

Niveles del Código de Salida

Los niveles del código de salida corresponden a los niveles del código ITU-R:

$Y = 16;...; 240$

Nivel de negro $= 16$

$C_r C_b = 128 \pm 112$

Puertos de Salida

Todos los datos y pines de sincronismo operan a niveles compatibles a TTL, y se pueden llevar al modo de **tres estados**, mediante los registros I^2C.

Adicionalmente, los datos de salida pueden ser llevados a **tres estados** inmediatamente, a través del pin de habilitación de salida YCOEQ. Esta función permite la inserción digital de la segunda fuente de video digital (por ejemplo, MPEG aso.).

Para minimizar la modulación cruzada, los pines de clock y datos adoptan automáticamente la potencia del excitador de salida, dependiendo de su carga externa específica (máxima 50 pF).

Los pines de control *Sync* y *Fifo* se deben ajustar manualmente a través del registro I^2C.

Generador de Patrón de Prueba

Las salidas $YC_r C_b$ pueden ser conmutadas al modo prueba; donde los datos $YC_r C_b$ son generados digitalmente en el VPC32xx. Los patrones de prueba incluyen rampas de luma/croma, campo plano y pseudo-barra de color.

Soporte PAL+

Para el PAL+, el VPC323xD provee un asistente de pre-procesamiento básico:

- Conversión A/D (compartido con los ADC existentes).
- Mezclado con la frecuencia de subportadora.
- Filtro pasabajos de 2,5 MHz.
- Control de ganancia por ACC croma.
- Compensación de retardo para el trayecto de video compuesto.
- Salida, en puerto de salida luma.

Las señales de asistencia se procesan como las señales luma del video principal, por ejemplo, están sujetas a escalado, conversión a régimen de muestra, y a ortogonalización, si está activada. El procesamiento adaptable del filtro *comb* es desactivado para las líneas de asistencia.

Se supone que los procesamientos de asistencia posteriores (por ejemplo, expansión lineal, filtro emparejado) se implementan fuera del VPC.

Señales de Salida para Soporte PAL+/Color+

Para la señal PAL+/Color+, la imagen PAL de 625 líneas contiene un núcleo de imagen a 16/9, de 431 líneas que está en formato PAL estándar. Las 72 líneas superior e inferior, contienen la señal de asistencia PAL+, y 23 líneas contienen información para la transmisión PAL+.

Para el modo PAL+, la señal Y de la imagen de núcleo, que está durante las líneas 60-274 y 372-586, es reemplazada por la señal de entrada de video compuesto ortogonal.

A fin de adaptar la señal al puerto de 8 bit de ancho, se usan amplitudes del orden de ADC. Durante la ventana de asistencia, la cual está en las líneas 24-59, 275-310, 336-371, 587-622, el auxiliar demodulado es procesado en señal por el *scaler* horizontal y el circuito de salida. El mismo está disponible en el puerto de salida de luma. El procesamiento, en las líneas de referencia auxiliar 23 y 623, es diferente para la parte de señalización de pantalla ancha, y la referencia de negro, así como las señales del *burst* auxiliar.

AD8582. DAC de 12 Bit, Dual (Conversor Digital-Analógico)

Prestaciones:

- DAC de 12 bit dual, completo.
- Sin componentes externos.
- Operación de fuente única, +5 volt.
- 1 mV/bit, con 4,095 V a plena escala.
- Salida de tensión verdadera, excita ±5 mA.
- Consumo muy reducido: 5 mW.

Aplicaciones:

- Calibración controlada digitalmente.
- Equipamiento portable.
- Servocontroles.
- Equipamiento de control de proceso.
- Periféricos de PC.

Descripción General

El AD8582 es un DAC completo de salida de tensión, dual de 12 bit y entrada paralelo, diseñado para operar desde una fuente única de +5 V.

Construido según un proceso CBSMOS, este DAC monolítico, al prescindir de componentes externos tiene fácil instalación en sistemas únicos de +5 V.

Incluido en el chip, además del DAC se dispone de un amplificador barra a barra, un *latch*, y la referencia. Esta última (V_{ref}) es ajustada para una salida de 2,5 V, y la ganancia del amplificador en el chip eleva la salida del DAC a 4,095 volt a plena escala.

El AD8582 es codificado en binario natural. La salida del amplificador operacional abarca de 0 volt a +4,095 volt, para una resolución de un milivolt por bit, y es capaz de excitar ±5 mA.

Es posible operar por debajo de 4,3 V, con una corriente de carga de salida menor que 1 µA.

La interfaz de datos paralelos de alta velocidad conecta a los procesadores más rápidos sin estado de espera. La estructura de entrada doble-reforzada permite al circuito cargar los registros de entrada a un tiempo, luego, una carga simple *strobe* vinculada a ambas entradas LDA + LDB, actualiza ambas salidas DAC simultáneamente.

LDA y LDB pueden también ser activadas independientemente para actualizar sus respectivos registros DAC. Una entrada de dirección decodifica DAC A o DAC B cuando la entrada *chip select* es barrida en *strobe*. Una entrada de *reset* asincrónica establece la salida a escala cero. El bit MSB puede ser usado para establecer un preajuste a mitad de escala, cuando la entrada de *reset* es barrida en *strobe*.

El AD8582 está disponible en encapsulado plástico DIP de 24 pines y en montaje superficial SOIC-24.

El integrado contiene dos conversores digital-analógicos de 12 bit, ajustados por láser, conmutados por tensión; una referencia de intervalo de banda de curva corregida; amplificadores operacionales de salida por rama de salida; registros internos; y registros DAC. La interfaz paralela de datos consiste en 12 bits de datos, DB0-DB11, un pin selector de direcciones A/B, dos pines *strobe* de carga y un *strobe*, activo **bajo**.

Adicionalmente, un pin RST asincrónico, ajustará todos los bits de registro DAC a cero, causando que V_{OUT} se convierta en cero volt, o a una escala media, para aplicaciones de ajuste, cuando el pin MSB es programado a lógica **1**. Esta función es útil para recuperación a un estado conocido, durante el *power on reset* o una falla del sistema.

TDA9181. Filtro *Comb* Multiestándar Integrado

Descripción General

El TDA9181 es un filtro *comb* adaptable PAL/NTSC con dos líneas de retardo internas, filtros, control de clock y enclavadores de entrada. Puede operar con estándares de video PAL B, G, H, D, I, M y N y NTSC M.

Es posible seleccionar dos señales de entrada CVBS mediante una llave de entrada.

La señal de entrada seleccionada CVBS es filtrada para obtener una señal de salida de luminancia **peinada** y una señal de salida de crominancia separada. Se utiliza una técnica de circuito de capacitor conmutado, requiriendo un clock interno, enclavado en la frecuencia de la subportadora de color.

Dicha frecuencia, (f_{sc}), así como el doble $(2\ f_{sc})$, pueden ser aplicadas al CI.

Además del filtro *comb*, el circuito contiene un conmutador de salida, por lo que la selección puede ser hecha entre la señal CVBS **peinada**, y una señal externa Y/C.

El CI está disponible en un encapsulado DIP16 y SO16. La fuente de alimentación es de 5 V.

Descripción Funcional

Configuración de Entrada

Las señales de entrada $Y/CVBS_1$ e $Y/CVBS_2$ son enclavadas mediante un pulso generado internamente y conformado a partir de la señal de entrada *sandcastle* (pin SC). La nomenclatura de los pines se muestra en la Fig. 4.35.

Si no está disponible la señal *sandcastle*, puede ser aplicada una señal de pulso enclavador al pin SC. Se necesitan capacitores externos de enclavado.

Las señales reforzadas y enclavadas $Y/CVBS_1$ e $Y/CVBS_2$ son entonces aplicadas al conmutador de entrada. La señal de selección del conmutador de entrada (INPSEL) determina cuál de las dos, $Y/CVBS_1$ o $Y/CVBS_2$, es conducida a través del filtro pasabajos *anti-alias*. Este filtro pasabajos de 3er orden es optimizado para mejor desempeño con respecto a la respuesta del paso, y la supresión de clock. La señal filtrada es muestreada a una frecuencia de reloj cuyo valor se establece en $4\ f_{sc}$.

La señal de frecuencia de subportadora de color es aplicada al pin FSC. La señal de entrada de selección de la subportadora de color (FSCEL) indica si está siendo aplicada a la entrada FSC, la frecuencia subportadora de color (f_{sc}), o el doble de ella $(2\ f_{sc})$.

Es necesario un capacitor externo de acoplamiento, para la señal de entrada de la subportadora de color.

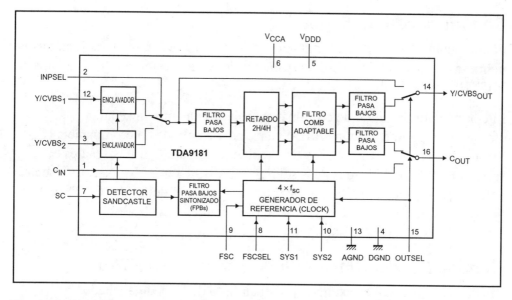

Fig. 4.35. Diagrama en bloques del TDA9181.

Filtro Comb

La señal muestreada CVBS es aplicada a las dos líneas de retardo.
Dependiendo del estándar aplicado, una línea de retardo retrasa la señal sobre
1 ó 2H, para NTSC y PAL respectivamente (1H = una línea-tiempo). Las
entradas de selección estándar SYS1 y SYS2, indican cuál estándar está siendo
aplicado: PAL B, G, H, D, I, M, N o NTSC M.

Las señales directa y retardada son aplicadas a un filtro *comb* adaptable. Éste
produce un filtrado pasabanda alrededor de la frecuencia de subportadora, y
compara el contenido de las líneas adyacentes. De este modo, el **peinado** de
señales con diferente información es inhibido y son evitados factores de
interferencia como los puntos suspendidos *(hanging dots)*.

Ambas señales **peinadas**, de crominancia y luminancia, son pasadas a través
de un filtro pasabajos de reconstrucción, para obtener señales de tiempo-
continuo. Estos filtros pasabajos son de 3er orden, optimizados para un mejor
desempeño con respecto a la respuesta de paso y supresión de clock. Las
señales reconstruidas son aplicadas a los conmutadores de salida. Los
conceptos de los filtros *comb* se han desarrollado en el Capítulo 3.

Configuración de Salida

El conmutador de salida de luminancia selecciona entre la señal de luminancia **peinada** reconstruida, y una de las señales de entrada reforzada y enclavada, $Y/CVBS_1$ o $Y/CVBS_2$.

El conmutador de salida de crominancia selecciona entre la señal de crominancia **peinada** reconstruida, y la señal de entrada de crominancia (C_{IN}). Se necesita un capacitor externo de acoplamiento para C_{IN}. Las señales seleccionadas son aplicadas a las salidas $Y/CVBS_{OUT}$ y C_{OUT}, respectivamente, a través de una etapa *buffer*. La señal de conmutación de salida (OUTSEL) determina si los conmutadores de salida seleccionan las señales **peinadas** internas o las señales externas Y/C.

Generación del Clock y Sintonización del Filtro

El generador de reloj es excitado por el circuito de lazo enganchado en fase (PLL), el cual genera una frecuencia de referencia de cuatro veces la frecuencia de subportadora de color. Este circuito PLL es enganchado en fase a la señal de entrada de subportadora de color (f_{sc}). Desde la referencia 4 f_{sc}, son derivadas varias señales de reloj internas.

La sintonia del filtro asegura el alineamiento automático del *anti-alias*, y la reconstrucción de los filtros pasabajos. La señal de reloj 4 f_{sc} es utilizada como referencia para el alineado.

La sintonización ocurre periódicamente, durante el borrado de línea, y es iniciada mediante una señal generada internamente, la cual es conformada a partir de la señal de entrada *sandcastle*.

Si los conmutadores de salida seleccionan señales Y/C externas, el oscilador del circuito PLL es detenido, prescindiendo de la entrada FSC, y no son generadas señales de clock internas. La sintonización del filtro también es suspendida en este modo.

Capítulo 5

Especificaciones de Paneles LCD y Plasma

Introducción

La información disponible de las características eléctricas y ópticas de los paneles de display LCD y de plasma es más abundante para aquéllos y aún difiere para distintos fabricantes. En este capítulo se muestran ejemplos de diversa procedencia, destacándose los parámetros más importantes.

Diagramas en Bloques

Junto con la descripción general se incluye el diagrama en bloques del panel. Dentro del grupo LCD, si bien la estructura de diferentes marcas resulta similar, los bloques pueden diferir en su arquitectura y/o en su denominación. En la Fig. 5.1 se muestra el diagrama del panel LCD de 15 pulgadas LC151X01-A3, de LG-Philips.

Éste en un display de cristal líquido de matriz activa con un sistema de luz posterior de CCFL (Lámparas Fluorescentes de Cátodo Frío). Es un display transmisivo, como sucede con los de tecnología LCD. Mide 15,1 pulgadas (38,4 cm) de diagonal, medido en el área de display activo, con resolución XGA en un arreglo de 768 pixels verticales por 1.024 horizontales. Cada pixel es compuesto por sub-pixels rojos, verdes y azules *(dots),* dispuestos en líneas verticales. El rango de luminosidad o brillo de la escala de grises de los sub-pixels de color se determina con una escala de 8 bit por *dot*, que determina una paleta de 16.777.216 colores.

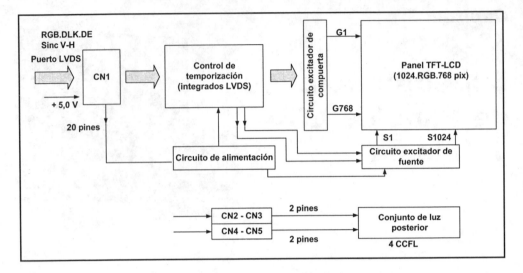

Fig. 5.1. Diagrama en bloques del módulo LCD LG-Philips, modelo LC151X01-A3.

Este panel se ha diseñado para aplicar el método de interfaz TMDS que le confiere alto brillo, amplio ángulo de visión y elevada saturación del color.

Según se muestra en el diagrama, el conector CN1 provee la conexión de señales y tensión entre el panel y el receptor. El sistema de iluminación se activa con conectores independientes, CN2-CN3 y CN4-CN-5.

La interfaz TMD (4 pares), se aplica a un circuito de enlace para adaptar la línea con la impedancia correspondiente y evitar el acoplamiento de interferencias, mediante la técnica LVDS ya explicada.

El bloque de temporización *(Timing)* controla los tiempos de excitación de filas y columnas a través de los bloques denominados excitación *(Source driver)* y compuerta *(Gate driver)*.

La tensión de polarización es aportada por el bloque CC/CC alimentado por 5 V, que suministra líneas separadas para las funciones analógicas y digitales.

En el diagrama de la Fig. 5.2, correspondiente al panel LCD tipo HSD141PX11-A de HannStar, los bloques son similares pero con otra denominación. El sub-bloque de enlace corresponde a los circuitos LVDS, incluído en el bloque de temporización *(Timing Controller)*.

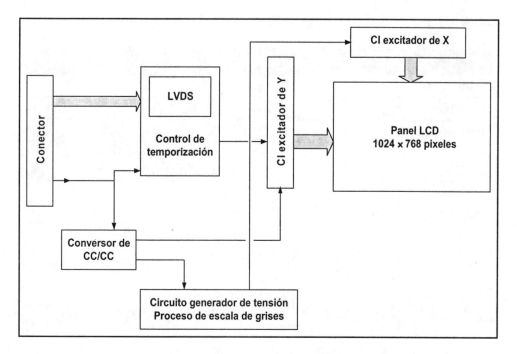

Fig. 5.2. Diagrama en bloques del módulo LCD HannStar, modelo HSD141PX11-A.

El bloque de alimentación indica que se aplica tensión para excitar a las líneas verticales *(Y-driver)* 1 a 768 pixels y en forma separada a las líneas horizontales *(X-driver)*, 1 a 1.024 pixels; esta última excitación, que correspondería a la línea analógica vista en el panel anterior, se obtiene aquí en un bloque denominado control de la escala de grises.

Características Eléctricas

La información general de los paneles incluye detalles referentes a dimensión y número de pixels, tipo de arreglo RGB, es decir arquitectura o dibujo de los pixels sobre la superficie y otros datos de interés.

Uno de ellos, indicado en idioma inglés como *Color depth* o *Display color*, especifica la cantidad de tonalidades teóricamente posibles. Se trata de cifras elevadas, relacionadas con el número de bits de información procesada a nivel de las señales digitales RGB.

Las Tablas 5.1 y 5.2 indican las características generales para los módulos mencionados anteriormente.

Tabla 5.1. Descripción del display LC151X01-A3 (LG - Philips).

Características Generales	
Pantalla activa	38 cm, diagonal
Dimensiones exteriores	352,0 (H) × 263,5 (V) × 18,0 (D) mm, típico
Relación pixel	0,300 × 0,300 mm
Formato pixel	1.024 pixels horizontales × 768 pixels verticales. Distribución por franjas
Matices de color	8 bit (16.777.216 colores)
Luminancia, Blanco	400 cd/m^2 (típico)
Consumo de potencia	Total: 22,0 watt @ negro pleno (típico)
Peso	1.800 g (típico)
Modo de operación del display	Modo transmisible
Tratamiento superficial	Revestimiento duro (3H). Tratamiento anti-resplandor del polarizador frontal

Tabla 5.2. Descripción del display HSD141PX11-A (HannStar).

Ítem	Especificación	Unidad
Área del display	285,7 ancho × 214,3 alto	mm
Cantidad de pixels	1.024 (H); 768 (V)	pixels
Relación de pixel	0,279 (H); 0,279 (V)	mm
Distribución del pixel	RGB franja vertical	
Colores del display	262.144	
Modo del display	Normalmente blanco	
Tratamiento superficial	Anti-resplandor, y revestimiento duro 3H	
Peso	520	g
Iluminación de fondo	Simple, CCFL; tipo iluminación lateral	
Señal de entrada	1 canal LVDS	
Dirección óptima de visión	6 en punto (referencia: reloj)	

Las características eléctricas corresponden por separado al panel o módulo TFT y al sistema de iluminación. Las Tablas 5.3 y 5.4 dan las magnitudes, siempre para los módulos antes mencionados.

Tabla 5.3. Características eléctricas del display LC151X01-A3 (LG - Philips).

Parámetro	Símbolo	Valores			Unidades
		Mín.	Típ.	Máx.	
Módulo: Tensión de entrada de la fuente de alimentación	Vcc	4,5	5,0	5,5	Vcc
Corriente de entrada de la fuente de alimentación	Icc	-	1,0	-	A
Impedancia diferencial	Zm	-	100	-	ohm
Consumo de potencia	Pc	-	5,0	-	watt
Corriente de pico	IRUSH	-	2,2	-	A
Lámpara: Tensión de operación	VBL	520 (9 mA)	540 (8 mA)	660 (3 mA)	VRMS
Corriente de operación	IBL	3,0	8,0	9,0	mA
Tensión de arranque establecida: a 25°C a 0°C		- -	- -	900 1170	VRMS VRMS
Frecuencia de operación	fBL	35	50	80	kHz
Tiempo de estabilización de descarga	Ts	-	-	3	minuto
Consumo de potencia (4CCFL's)	PBL	-	17,2	18,92	watt
Tiempo de vida media		50.000	-	-	hora

Se observa un detalle importante referido al tiempo de vida útil de las lámparas. Si bien dicho tiempo nunca es inferior a 10.000 horas, puede variar ampliamente entre módulos diferentes y la comparación no debe ser tomada como índice de eficiencia entre ellos, salvo que las especificaciones de su estimación coincidan totalmente. Por ejemplo, el tiempo de vida útil para el módulo LCI51X01-A3 se especifica para un brillo de las lámparas de hasta un 50% respecto del valor inicial, con una corriente típica y condiciones de operación contínua a 25°C± 2°C.

Tabla 5.4. Características eléctricas del display HSD141PX11-A (HannStar).

Ítem		Símb.	Mín.	Típ.	Máx.	Unidad	Nota
Tensión de la fuente de alimentación		V_{DD}	3,0	3,3	3,6	V	
Tensión diferencial de umbral de entrada	Alta	V_{IH}	-	-	100	mV	$V_{CM} = 1,2$ V
	Baja	V_{IL}	-100	-	-	mV	
Corriente de la fuente de alimentación	Mosaico	I_{DD}	-	490	-	mA	
Frecuencia de sincronismo V		f_V	-	60	-	Hz	
Frecuencia de sincronismo H		f_H	-	48,35	-	kHz	
Frecuencia principal		f_{DCLK}	-	65,00	-	MHz	
Corriente de lámpara		I_L	2,0	6,0	6,5	mA (rms)	
Tensión de lámpara		V_L	575	625	675	V (rms)	$I_L = 6,0$ mA
Frecuencia		f_L	30	50	100	kHz	
Tiempo de vida operativa		H_r	10.000	-	-	hora	
Tensión de arranque		V_S	-	-	1040	V (rms)	a 25°C
					1250		a 0°C

En cambio, para el módulo HSD141PX11-A (HannStar) se indica para un porcentaje similar de brillo, pero en un régimen contínuo de 25°C a 35°C a una corriente de 6 mA con una ignición efectiva que alcance el 90%.

En todos los casos se menciona la importancia del comportamiento del circuito *inverter* en la vida útil de las lámparas. Tal como se explicó en el Capítulo 3, resulta fundamental no sólo la regulación de la tensión de alimentación de las lámparas, sino también la forma de onda de la excitación para prolongar la vida de aquéllas.

Otros parámetros, como la corriente de alimentación, también debe ser especificada para la condición de luminancia presente en el display. En la Tabla 5.3 se indica $I_{CC} = 1,0$ A típico para las condiciones siguientes: $V_{CC} = 5,0$ V; T = 25°C y $f_V = 60$ Hz, con cuadro de pruebas mostrando negro total.

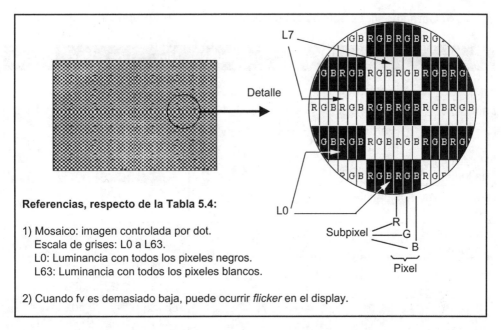

Referencias, respecto de la Tabla 5.4:

1) Mosaico: imagen controlada por dot.
   Escala de grises: L0 a L63.
   L0: Luminancia con todos los pixeles negros.
   L63: Luminancia con todos los pixeles blancos.

2) Cuando fv es demasiado baja, puede ocurrir *flicker* en el display.

Fig. 5.3. Generación de cuadriculado tipo mosaico y referencias para los valores de luminancia extremos.

En cambio, para la Tabla 5.4 el mismo parámetro indica I_{DD} = 490 mA típico para una imagen de cuadro de pruebas tipo mosaico, que corresponde a la situación mostrada en la Fig. 5.3. Es evidente que en esta última condición el consumo del panel LCD resulta diferente, puesto que existe un 50% de actividad TFT respecto del área total.

Características Ópticas

En general se especifican parámetros relativos al contraste, brillo, color, ángulo óptimo de visión y uniformidad de brillo.

Algunos factores están interrelacionados; por ejemplo los índices de contraste, luminosidad de blanco y cromaticidad de color se dan para ángulos de visión establecidos, mientras que el ángulo de visión en los sentidos alto-bajo y derecha- izquierda se toma para una relación de contraste determinada.

Tabla 5.5. Características ópticas del display HT14X11-103 (Hyundai).

Parámetro		Símb.	Condición	Mín.	Típ.	Máx.	Unidad
Rango de ángulo o de visión	Horizontal	$\Theta 3$	CR>10	40			Grado
		$\Theta 9$		40			
	Vertical	$\Theta 12$		10			
		$\Theta 6$		35			
Relación de contraste de luminancia		CR	$\Theta = 0°$	150			
Promedio de luminancia de blanco		Y_w	$\Theta = 0°$ IBL = 4,5 mA		100		cd/m^2
Uniformidad de luminancia de blanco		ΔY				1,25	
Cromaticidad de blanco		X_w	$\Theta = 0°$	0,291	0,321	0,351	
		Y_w		0,315	0,345	0,375	
Reproducción del color	Rojo	X_R	$\Theta = 0°$	0,542	0,572	0,602	
		Y_R		0,317	0,347	0,377	
	Verde	X_G		0,273	0,303	0,333	
		Y_G		0,516	0,546	0,576	
	Azul	X_B		0,118	0,148	0,178	
		Y_B		0,112	0,142	0,172	
Tiempo de respuesta	Subida	T_R	Ta = 25°C $\Theta = 0°$			40	ms
	Caída	T_D				40	
Diafonía		CT	$\Theta = 0°$			2,0	%

Como ejemplo, el módulo HT14X11-103 de Hyundai, muestra las características ópticas de la Tabla 5.5. Se emplean convenciones como las indicadas a continucación:

1. La identificación de los diferentes ángulos involucrados se definen a partir del montaje de la Fig. 5.4.

2. La relación de contraste, CR, se define con mediciones de luminancia en el centro del panel, de acuerdo a la expresión siguiente:

$$CR = \frac{\text{Luminancia con todos los pixels blancos (L63)}}{\text{Luminancia con todos los pixels negros (L0)}}$$

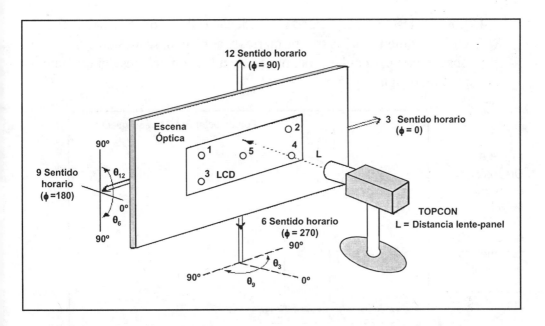

Fig. 5.4. Montaje para la determinación de características ópticas de un módulo LCD.

Los términos L63-L0 corresponden a la escala de grises definida en la Fig. 5.3.

3. La respuesta de tiempo es función de la velocidad de conmutación del sistema TFT respecto de las transiciones entre los niveles de blanco (TFT OFF) y negro (TFT ON), según se muestra en la Fig. 5.5. Si bien la respuesta es la suma $T_R + T_D$, ambos tiempos se pueden definir en forma independiente como se muestra en la figura.

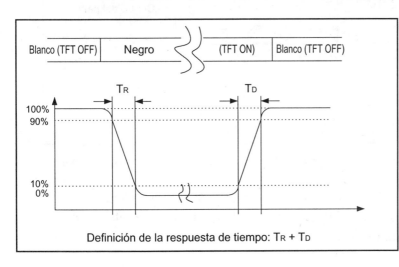

Fig. 5.5. Respuesta de tiempo del panel LCD para las condiciones ON/OFF de los elementos TFT.

4. Los niveles de cromaticidad o coordenadas de color (Normas CIE), correspondientes a los tres primarios y al blanco, se ajustan a las observaciones angulares del punto 1 y a las condiciones del montaje mostrado en la Fig. 5.6.

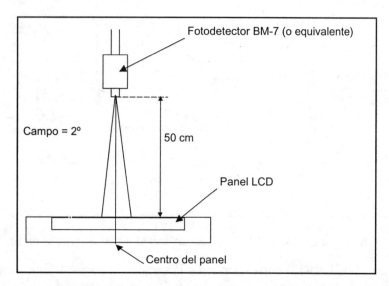

Fig. 5.6. Disposición del medidor para la definición de los parámetros del panel.

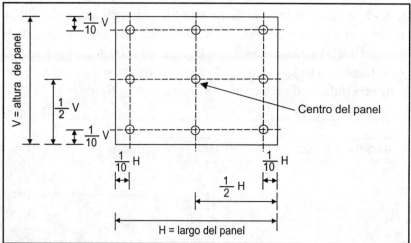

Fig. 5.7. Localización de pixels para la determinación de luminancia uniforme.

5. La medición de brillo uniforme responde al esquema de la Fig. 5.7, donde los resultados del medidor de luminancia se relacionan mediante la siguiente expresión:

$$B_{UNI} \text{ (Luminancia uniforme)} = \frac{L_{UM} \text{ mín.}}{L_{UM} \text{ máx.}} \times 100\%$$

Los puntos básicos fundamentales son el pixel central y aquéllos ubicados a 1/10 de la dimensión V y H respectivamente, es decir, cercanos a los bordes laterales y superior/inferior del panel.

Formato del Pixel

Los formatos de pixel dependen del diseño adoptado por cada fabricante, tal como se ha descrito en el Capítulo 2. En el módulo HSD141PX11-A (HannStar), con arreglo de franjas monocolores verticales, el aspecto es el mostrado en la Fig. 5.8. Desde la izquierda, el sub-pixel de las líneas 1 a 768 corresponde al rojo, el segundo sub-pixel al verde y el tercero al azul, completando el pixel Nº1; la misma secuencia se repite hasta llegar a 1.024 pixels sobre el lateral derecho del panel. Se forman así columnas alternadas de sub-pixels RGB sobre toda el área del display.

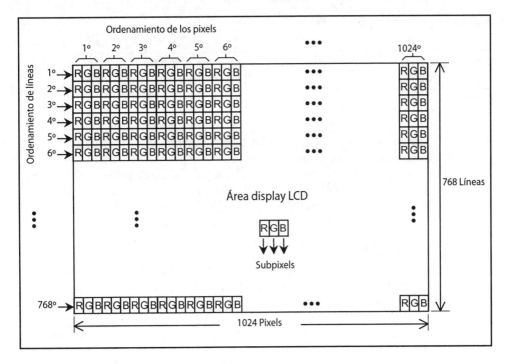

Fig. 5.8. Aspecto esquemático de la distribución de pixel y sub-pixels en un arreglo de franjas verticales.

Coordinación de la Interfaz

Los parámetros de coordinación que sirven para sincronizar el proceso de formación de la imagen se denominan **modo de habilitación** *(DE Mode)*. Para el panel HSD141PX11-A (HannStar), los valores se encuentran en la Tabla 5.6. Los parámetros están referidos a la carta de coordinación correspondiente al circuito integrado LVDS, tipo DS90CF364MTD. Se ha hecho referencia a la técnica LVDS en el Capítulo 3 y se enumeran detalles de este tipo de integrados en el Capítulo 4. Se interpreta la misma con las siguientes referencias:

Tabla 5.6. Parámetros de temporización para el módulo HannStar, modelo HSD141PX11-A.

Ítem	Símb.	Mín.	Típ.	Máx.	Unidad	Notas
Período de cuadro	t1	$778 \times t3$ -	$806 \times t3$ 16,67	$860 \times t3$ -	- ms	1); 5)
Término de display vertical 1)	t2	$768 \times t3$ -	$768 \times t3$ 15,8	$768 \times t3$ -	- ms	1)
Tiempo de exploración de una línea	t3	$1100 \times t5$ -	$1344 \times t5$ 20,68	- -	- µs	1); 5)
Término de display horizontal	t4	$1024 \times t5$ -	$1024 \times t5$ 15,76	$1024 \times t5$ -	- µs	1)
Período de reloj	t5	15	15,38	-	ns	5)

Notas:

1) *Referirse a la especificación LVDS (DS90CF364MTD) de National Semiconductor Corporation.*
2) *Cuando ENAB se fija a un nivel **H** o **L**, después de suministrarse NC CLK, el panel exhibe el negro con algo de* flicker, *fenómeno de parpadeo ya descrito.*
3) *Si NCLK es fijado a nivel **H** o **L** para un período determinado, mientras es suministrado ENAB, el panel puede resultar dañado.*
4) *No hacer fluctuar t1 y t3. Si t1 ó t2 fluctuan, el panel exhibe negro.*
5) *Sírvase ajustar el temporizado de la señal operativa y la frecuencia de excitación FL, para optimizar la calidad del display. Aquí hay posibilidad de observar* flicker, *por la interferencia de la temporización de señal operativa del LCD, y la condición de excitación FL (especialmente la frecuencia de excitación).*
6) *Toda condición de entrada (nivel y temporización) se refiere a la especificación LVDS DS90CF364MTD.*

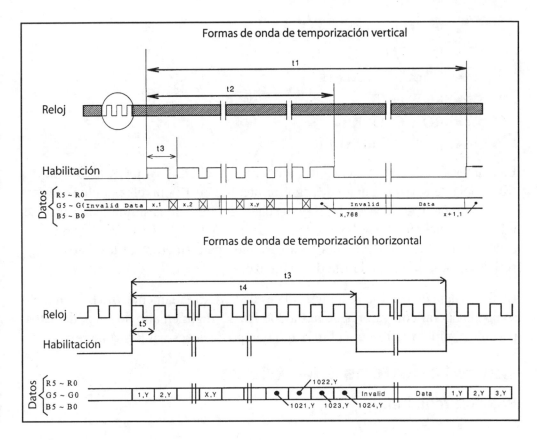

Fig. 5.9. Formas de onda de temporización.

La Tabla 5.6 se relaciona con las formas de onda del campo vertical y la línea de exploración horizontal, cuya interpretación se muestra en la Fig. 5.9.

Display de Plasma Vishay, Modelo APD-128G06

Este módulo es un display gráfico 128 × 64 con excitación eléctronica e interfaz de datos a nivel TTL. Ofrece elevado contraste y un ángulo de visión mínimo de 150°. El brillo presenta un valor mínimo de 50 lambert/pie, con figuras gráficas y caracteres de color anaranjado neón contra un fondo negro.

Estos paneles de plasma son excitados por un método de refresco estándar de fila-columna semejante al sistema de TRC. Sólo se deben suministrar señales de nivel TTL para las siguientes funciones:

- SERIAL DATA
- DOT CLOCK
- COLUMN LATCH
- ROW DATA
- ROW CLOCK
- DISPLAY ENABLE

Los pulsos SERIAL DATA son introducidos con el DOT CLOCK hasta una frecuencia de 8 MHz. Luego de ingresar una fila de 128 pixels por clock se aplica la señal COLUM LATCH, y los datos son retenidos simultáneamente, se inhibe brevemente el display por medio de la señal ROW CLOCK. Una vez en cada cuadro el ROW DATA debe ser sostenido para sincronizar los datos seriales de columna con la fila de comienzo.

La frecuencia de barrido recomendada es de aproximadamente 70 Hz, aunque se puede operar con valores de hasta 200 Hz. El régimen alto de clock de datos permite el rápido refresco y el máximo tiempo de acceso al RAM de refresco.

Características Eléctricas

Potencia requerida:

- Típica: 12 W
- Máxima: 35 W.

Corriente máxima:

- Icc (Vcc lógica): 50 mA.
- Isp (excitación de columna): 192 mA.
- Isn (excitación de fila): 192 mA.
- Irn (excitación lógica): 10 mA.

Características Ópticas

Área de visión: 323,85 mm × 161,29 mm.

- Arreglo de caracteres: 21 caracteres por línea, 8 líneas de caracteres.
- Tamaño del carácter: 16,51 mm × 11,43 mm.

- Tamaño del pixel: 1,27 mm (cuadrado).
- Distancia entre pixels: 2,54 mm.
- Luminancia: 50 lamberts/pie (mínimo).
- Relación de contraste: mayor que 20:1.

Tabla 5.7. Especificaciones estándar del módulo Vishay, modelo APD-128G064A.

Descripción	Símbolo	Mín.	Típ.	Máx.	Unidades
Fuente lógica	Vcc	+4,5	+5,0	+5,5	VCC
Tensión de ánodo	Vsp	-	+75	+80	VCC
Tensión de cátodo	Vsn	-	-110	-125	VCC
Control de cátodo *	Vrw	+10,8	+12,0	+15,0	VCC
Total + Vsp & - Vsn	Vtot	170	185	205	VCC
Entrada lógica 1	Vih	2,0	-	-	VCC
Entrada lógica 0	Vil	-	-	0,8	VCC

Vrw es referenciado a Vsn.

Capítulo 6

Ajustes y Mantenimiento

Introducción

La buena práctica en las tareas de mantenimiento, aplicada en distintos dispositivos electrónicos, también es válida para los monitores y receptores TVC de plasma, LCD y otras variantes de panel delgado. Sin embargo, las particularidades de estos dispositivos hacen necesarias consideraciones especiales y de mayor complejidad, comparadas con receptores tradicionales equipados con TRC.

Como es rigurosamente necesario en tecnologías de última generación, antes de iniciar cualquier tarea de ajuste o reparación se deberá disponer de la mayor cantidad de información sobre el producto, tal como el manual de servicio y/o de entrenamiento, diagramas en bloque, ubicación de placas y componentes, circuitos generales, menú de servicio y todo otro dato que oriente al operador sobre las condiciones de funcionamiento del dispositivo.

También, es necesario disponer del intrumental necesario y las herramientas adecuadas para remover componentes críticos, tales como integrados de montaje superficial o multipines.

En este capítulo se dan una serie de consideraciones puntuales a modo de panorama general respecto del mantenimiento de unidades que incluyen paneles de plasma y LCD.

Criterios de Reparación

En general, existen partes del receptor de panel delgado consideradas como una unidad sellada, no recomendándose la reparación individual de la misma. Tal es el caso del panel propiamente dicho (LCD-TFT o plasma) que debe ser reemplazado en su conjunto. En el caso del LCD esto implica el recambio conjunto de la placa display y las lámparas fluorescentes de iluminación posterior, que no deben ser sustituidas individualmente en caso de falla de alguna de ellas.

A nivel de las placas de señal, procesamiento e *inverter* (en LCD), se admite la reparación a nivel de componentes cuando se cuenta con los elementos necesarios.

Ajustes de las Tensiones del PDP

Para cada receptor o monitor, se deben respetar puntualmente las instrucciones del fabricante y seguir los pasos indicados en cada manual. En los sistemas PDP es muy importante mantener las tensiones de la placa de alimentación del panel dentro de los límites especificados para no deteriorar en forma permanente el panel de plasma.

Generalmente, estas tensiones se miden sobre puntos de prueba o pines de conectores identificados y se ajustan del modo tradicional mediante *preset* incluídos en la placa de alimentación.

A título de ejemplo, se transcribe el ajuste recomendado por Sony en sus unidades PFM-42V1, V1A, V1E y V1P.

Ajuste de las Formas de Onda

1. Ajuste de la forma de onda de tensión Vset-up.

2. Ajuste de la forma de onda de tensión Vset-down.

3. Ajuste de la forma de onda de tensión Vramp.

Estas operaciones llevan al establecimiento de la tensión inicial y al ajuste de las formas de onda para fijar de modo preciso la excitación al panel de plasma luego que éste ha sido removido o ensamblado. En esta aplicación se requieren los siguientes instrumentos:

1. Osciloscopio digital de 200 MHz.

2. Multímetro digital (tipo Fluke 87 ó similar).

3. Generador de señales (VG-825 ó similar).

4. Fuente de alimentación auxiliar que cumpla los siguientes requisitos:

   a. Tensión CC para V_s variable en rango mayor a 0-200 V / 10 A.

   b. Tensión CC para V_a: variable en rango mayor a 0-100 V / 5 A.

   c. Tensión CC para 5 V: variable en rango mayor a 0-10 V / 10 A.

La estabilidad de tensión de la fuente de alimentación debe ser de ±1% para V_s/V_a y de ±3% para 5 V.

Establecimiento de la Tensión Inicial

Se conecta el instrumental como muestra la Fig. 6.1 para verificar la forma de onda de tensión. Se establece la tensión inicial según los siguientes valores:

V_{cc} = 5 V; V_a = 65 V; V_s = 190 V

Tales tensiones se pueden variar si las indicaciones del módulo así lo requieren. Los pasos a seguir se enumeran a continuación:

1. Ajuste de la forma de onda de tensión V_{set-up}:

   a. Conecte el instrumento de medición según se indica en la Fig. 6.1.

   b. Encienda el equipo de medición observando las precauciones necesarias.

   c. Conecte la punta de prueba del osciloscopio al conector de 80 pines (P_4) de la placa Y-sus y masa.

   d. Gire VR_1 de la placa Y-sus para obtener la forma de onda indicada como **A** en la Fig. 6.2, donde el ancho de pulso debe ser 25 ± 5 µs.

2. Ajuste de la forma de onda de tensión Vramp:

   a. Conecte la punta de prueba del osciloscopio al pin B37 de la placa Z y masa de la misma.

   b. Gire VR3 de la placa Z hasta lograr que la parte **C** de la forma de onda de la Fig. 6.3 tenga un ancho de pulso de 15 ± 2 µs.

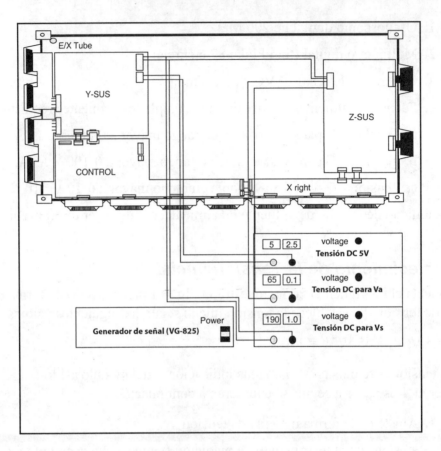

Fig. 6.1. Diagrama de conexión de instrumentos para el control del receptor plasma Sony, modelo PFM42V1 y similares.

Fig. 6.2.
Formas de onda de puesta a punto de la placa Y.

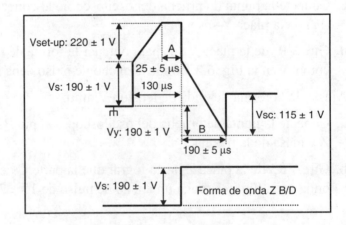

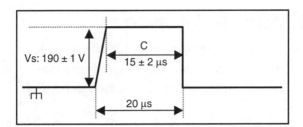

Fig. 6.3.
Forma de onda de
puesta a punto de
la placa Z.

En otros manuales se indican los puntos de prueba y la ubicación de los ajustes respectivos, como en el Goldstar, modelo MP42PX10, para la placa de alimentación Sony incorporada (ver la Fig. 6.4 y la Tabla 6.1).

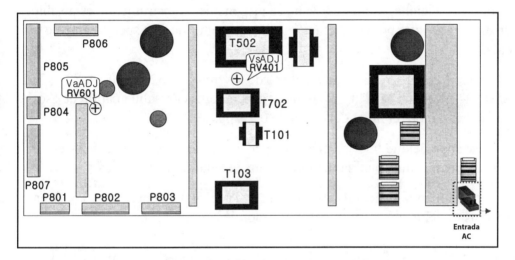

Fig. 6.4. Puntos de prueba y ubicación de los *presets* de ajuste en la placa de alimentación Sony aplicada al receptor Goldstar, modelo MP42Px10.

Tabla 6.1. **Puntos de prueba de la placa de alimentación Sony.**

Pin N°	1	2	3	4	5	6	7	8	9	10	11	12
P801	POD	5 V-MNT	VS-ON	Masa	STBY 5 V	RL-ON	A-ON					
P802	Masa	Masa	12 V	12 V	Masa	Masa	6 V	6 V	Masa	Masa	3,4 V	3,4 V
P803	Masa	12 V	Masa	3,4 V	Masa	6 V	Masa	Masa	25 V	25 V		
P804	Masa	Masa	5 V	5 V								
P805	V_s	V_s	V_s	NC	Masa	Masa	Masa	Masa	V_a	V_a		
P806	5 V	Masa	V	Masa	Masa	NC	V_s	V_s				
P807	5 V	5 V	5 V	5 V	Masa	Masa	Masa	Masa				

Ajuste del Balance de Blanco

La calibración del receptor para este parámetro también es específica para cada marca y modelo, siendo imprescindible conocer el menú de servicio en cada caso. Se accede a él a través del control remoto habilitando el SERVICE MODE OSD.

El instrumental necesario es generalmente apto para distintas marcas y modelos, tanto en aparatos LCD como PDP e incluye básicamente un medidor de luminancia, llamado también *analizador de color*. Muchos fabricantes indican el equipo Minolta CA-110 o CA-100, pero puede ser sustituído por otro de prestaciones similares. Si no se dispone de tal instrumento, es posible un ajuste tentativo por comparación con un monitor de TRC perfectamente calibrado.

El generador de barras recomendado es de los tipos VG828, VG854, 801GF o MSP3240A, aptos para PC. Se trata de generadores con salida patrón de escala de 16 grises, con un nivel del orden de 0,7 Vpp.

La ubicación del medidor respecto del panel se muestra en la Fig. 6.5 y es generalmente válida para la mayoría de los receptores y monitores.

El procedimiento ideal consiste en inyectar la señal del generador y verificar los ajustes del menú a través del analizador de color.

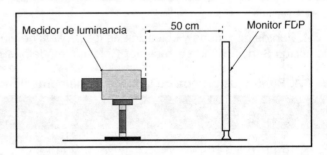

Fig. 6.5.
Ubicación básica del medidor de luminancia o analizador de color durante los ajustes del balance de blanco.

Temperatura del Color

Durante la puesta a punto de un receptor de TV y, específicamente, de un panel de pantalla LCD o plasma, se indican los procedimientos de balance del ajuste de blanco. La operación implica conocer un parámetro indicado como temperatura del color. La explicación de este concepto se da a continuación.

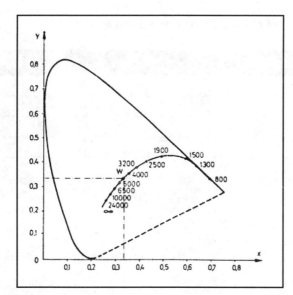

Fig. 6.6.
Ubicación del
parámetro
**temperatura del
color** en el
gráfico general
de cromaticidad.

Todo objeto o sistema que absorbe totalmente la radiación que recibe, sea ésta luminosa o de otra índole, se conoce como *cuerpo negro*.

Entonces, como el cuerpo negro es un radiador integral de energía luminosa, se puede situar su característica sobre el triángulo de colores, un gráfico muy empleado en estudios de colorimetría.

Cuando se determinan las coordenadas tricromáticas de un cuerpo negro haciendo aumentar su temperatura, el punto que lo representa en el triángulo de colores describe un arco, como se muestra en la Fig. 6.6. La misma definición se aplica también a los otros cuerpos luminosos, cualquiera sea su temperatura propia, cuando su punto particular de color P, cuyas coordenadas X, Y, Z se sitúan en las proximidades del arco mostrado en la Fig. 6.6. Se dice entonces que la temperatura del color del cuerpo luminoso es equivalente a la del cuerpo negro o radiador integral en el punto considerado. La Tabla 6.2 indica ejemplos de temperatura del color de algunos cuerpos típicos.

Tabla 6.2. Temperatura del color de cuerpos y fuentes de luz.

Cuerpo o Fuente Luminosa		°K
Bujía común		1900-1950
Lámpara de petróleo		1930-2050
Bujía nueva (candela)		2046
Lámpara de acetileno		2047
Lámpara incandescente eléctrica		2350-2450
Lámpara de filamento de carbono		2100-2200
Lámparas de filamento metálico	**a.** de vacío	2400-2500
	b. para cine y proyección	2850-3200
Luna		4100
Sol		5300-5800
Luz diurna (sol + cielo claro)		5800-6500
Luz de cielo totalmente cubierto		6300-7200
Luz de cielo azul claro		14.000-50.000

Para cada temperatura en °K existe un conjunto de coeficientes tricromáticos para el cuerpo negro. Por ejemplo, para una temperatura de 10.000 °K, los coeficientes X; Y; Z correspondientes a los colores RGB resultan, para la longitud de onda dominante $\lambda d = 479,1$ nm.

X = 0,280; Y = 0,288; Z = 0,431

En el arco de la Fig. 6.6 se muestran los valores de las coordenadas para una temperatura de 5.000 °K correspondientes al blanco W, conocido como blanco de igual energía, que es el blanco utilizado en todos los sistemas colorimétricos internacionales.

Mayores datos referidos a estos temas se encuentran en los buenos tratados de colorimetría empleados para explicar los principios de la TV cromática.

Durante la calibración, se suelen dar opciones para la temperatura del color que ha de fijarse. La Fig. 6.7 muestra una secuencia de menú donde se elige una temperatura del color de 6.500 °K, a partir de la cual se hace luego el ajuste del nivel de blanco del receptor.

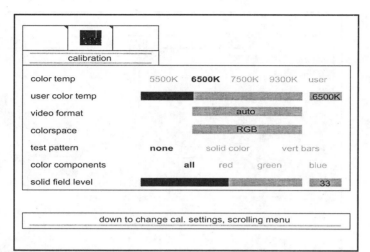

Fig. 6.7.
Secuencia de un
menú de servicio
con las
coordenadas
tricromáticas
para una
temperatura de
color específica.

El Modo Service

Los menúes de servicio son exclusivos de cada marca, de modo que las instrucciones de habilitación y procesos de ajuste son propios de un receptor o monitor en particular.

Por ejemplo, la mayoría de los receptores de Philips disponen de dos Modos de Service. El primero de ellos, conocido como SDM *(Service Default Mode)*, establece una serie de seteos predefinidos para hacer mediciones en el chasis acorde con los valores marcados en el circuito. El segundo, denominado SAM *(Service Alignement Mode)* permite modificar los *Option Bytes*, leer y borrar el *buffer* de errores, completando así los ajustes necesarios cuando se ha modificado la programación original por falla o reemplazo de algún componente.

Operaciones de Reparación

El tratamiento y la manipulación de la mayoría de los circuitos impresos de los receptores FPD requiere precauciones especiales, dada la densidad y tipo de componentes alojados en ellos. La Fig. 6.8 es una muestra elocuente de ciertas disposiciones extremadamente complejas y delicadas de las cintas conductoras (aún en vista ampliada). En este ejemplo se muestra un sector del circuito *scaler* en el chasis LC03 de Philips, pero ésta no es la excepción, tanto más resulta la generalidad de estos circuitos modernos.

Fig. 6.8.
Aspecto
ampliado de
un circuito
impreso con
alta densidad
de pistas en la
periferia de
circuitos
integrados
multipines.

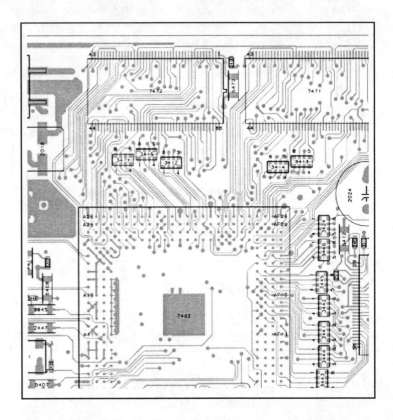

Los circuitos integrados no deben ser removidos hasta disponer de un alto grado de certeza sobre su estado de falla, una vez agotados los procesos de verificación y mediciones recomendadas en cada manual de servicio y/o entrenamiento del equipo. En caso de reemplazo e instalación de integrados SMD de encapsulado plano, se recomiendan procedimientos específicos, como el sugerido por Toshiba e indicado a continuación:

1. Fije cinta de enmascarado (de algodón) alrededor del CI de encapsulado plano, para proteger otras partes de cualquier daño; esto se muestra en la Fig. 6.9. El enmascarado se realiza sobre la periferia dentro de los 10 mm de distancia desde las terminales del CI.

2. Caliente las terminales usando un equipo de desoldado de CI por soplado de aire caliente, según se muestra en la Fig. 6.10. No ejerza un esfuerzo de rotación o extracción hasta que el CI se mueva libremente, despúes de desoldar completamente los terminales.

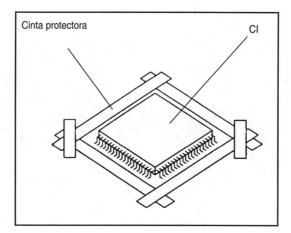

Fig. 6.9.
Fijación de la cinta de enmascarado.

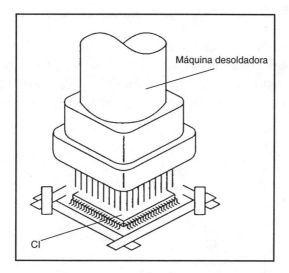

Fig. 6.10.
Utilización de un equipo desoldador por soplado.

3. Cuando el CI comienza a moverse fácilmente de un lado a otro, una vez totalmente desoldado, sujete una esquina del mismo utilizando una pinza bruselas y remueva el componente, según se observa en la Fig. 6.11. Algunos integrados están fijados al impreso mediante un adhesivo en el cuerpo central; esto obliga a extremar los cuidados para no cortar o dañar las pistas de cobre de cada terminal del integrado o bien de la superficie conductora debajo del mismo, en el momento de ser removido.

4. Retire la cinta de enmascarado.

Fig. 6.11.
Remoción del
componente.

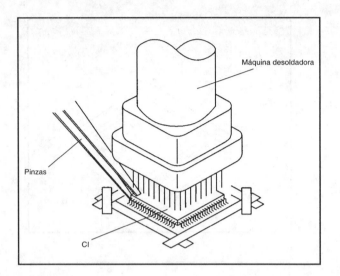

5. Absorba el resto de soldadura de la plantilla utilizando malla trenzada de alta calidad, como muestra la Fig. 6.12. No se debe mover la malla trenzada en sentido vertical a la placa de impreso, pues tal operación puede arrancar las cintas de su fijación original.

Fig. 6.12.
Utilización de
malla trenzada
desoldante.

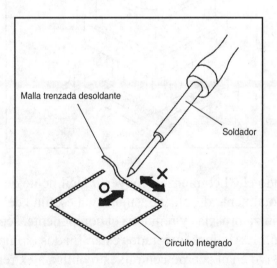

Para la instalación del nuevo componente se recomienda seguir el siguiente procedimiento:

1. Observe la referencia de ubicación del CI, teniendo en cuenta el punto de inicio de ordenamiento de terminales, es decir ubique el pin 1 en su

correspondiente isla. Luego instálelo ajustándolo sobre la placa de circuito impreso. A continuación, suelde temporariamente cada terminal del CI posicionado en diagonal, según muestra la Fig. 6.13.

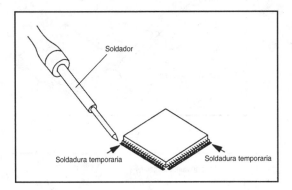

Fig. 6.13.
Posicionado inicial del nuevo componente.

2. Suministre soldadura desde la posición superior de los terminales del CI, deslizando hacia la posición inferior, como se indica en la Fig. 6.14.

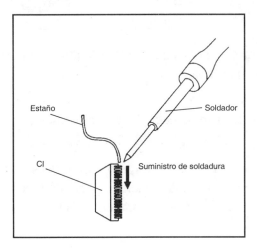

Fig. 6.14.
Método sugerido para suministrar soldadura al componente reemplazado.

3. Absorba el sobrante de soldadura sobre los terminales, usando malla trenzada, como se muestra en la Fig. 6.15. No absorba la soldadura en forma excesiva.

4. Cuando se formen puentes de soldadura entre terminales y/o la cantidad de soldadura no resultó suficiente, resuelde utilizando un soldador de punta delgada, como se observa en la Fig. 6.16.

Fig. 6.15.
Acabado del
proceso de
soldadura.

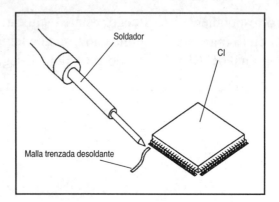

Fig. 6.16.
Empleo de un
soldador miniatura de
punta delgada para la
corrección de
imperfecciones de la
soldadura.

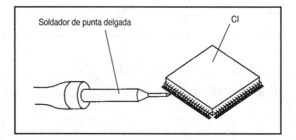

5. Finalmente, verifique el estado de la soldadura en los cuatro lados del CI, empleando una lupa.

Verifique que no exista anormalidad en la posición de soldadura y de instalación en torno al CI. Si se detecta alguna deficiencia, corregir mediante resoldado.

Cuando los terminales del CI se hayan torcido durante la soldadura o la reparación, no corrija la torcedura de aquéllos. Si se los repara moviéndolos mecánicamente se puede dañar el impreso, en tal caso es conveniente reemplazar el CI.

Evaluación de Fallas en Paneles LCD-TFT

La compleja elaboración de los módulos propiamente dichos y del panel completo LCD es proclive a inducir, en algunos casos, ciertas fallas estructurales o bien ellas pueden ser originadas por la incorrecta manipulación durante el uso o mantenimiento. En los párrafos siguientes se detallan fallas agrupadas según la parte defectuosa de origen, principalmente el conexionado

(TCP), el circuito electrónico y problemas mecánicos varios. La secuencia de evaluación corresponde al panel LC151X01, pero sirve como referencia aproximada para otras versiones LCD.

Fallas Relativas al Conexionado TCP

1. Defecto de bloque (defecto total del TCP) (ver la Fig. 6.17). Modo de falla **V B/D**.

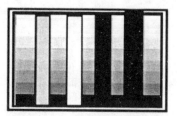

Fig. 6.17

2. Línea Dim, (ver la Fig. 6.18). Modo de falla **V Dim**.

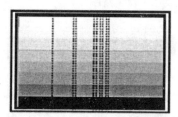

Fig. 6.18

3. Defecto de línea vertical (siempre brillante u oscura) (ver la Fig. 6.19). Modo de falla **V L/D**.

Fig. 6.19

4. Defecto tipo de bloque (defecto total del TCP) (ver la Fig. 6.20). Modo de falla **H B/D**.

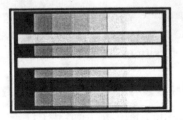

Fig. 6.20

5. Línea Dim (ver la Fig. 6.21). Modo de falla **H Dim**.

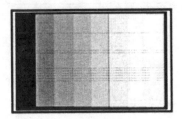

Fig. 6.21

6. Defecto de línea horizontal (siempre brillante u oscura) (ver la Fig. 6.22). Modo de falla **H L/D**.

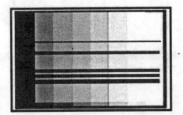

Fig. 6.22

Las fallas 1 a 6 inclusive, se analizan en función de la causa o responsabilidad de manipuleo o de fabricación. Los defectos de bloque corresponden a las conexiones TCP rajadas o al chip roto; en estos casos se pueden encontrar indicios de la avería.

Las fallas de los ítems 2; 3; 5 y 6 ocurren cuando la conexión TCP está mellada por algún esfuerzo externo. También se pueden encontrar indicios de la avería y responden a las siguientes causas:

- TCP abollado (por estrés externo).

- Conductor de TCP resquebrajado.
- Partícula conductora en el interior del área de unión ACF.
- Partícula conductora introducida desde el exterior del LCD.
- Desalineación entre el TCP y el panel.
- Defecto del panel.
- Mal funcionamiento del TCP.

Dentro de las posibilidades citadas, el diagnóstico por la imagen corresponde a las Figs. 6.23 a 6.28 inclusive.

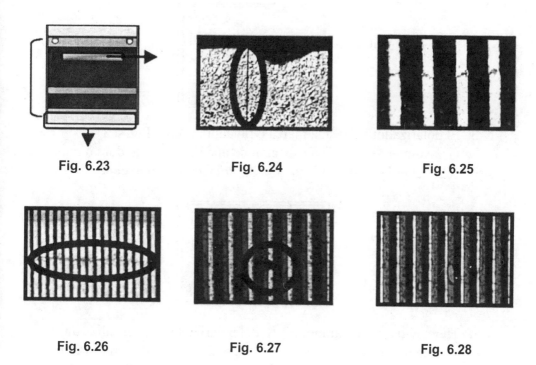

Fig. 6.23   Fig. 6.24   Fig. 6.25

Fig. 6.26   Fig. 6.27   Fig. 6.28

Fallas Relacionadas con el Panel o el Polarizador

1. El panel presenta un punto brillante u oscuro, a veces dos adyacentes (ver la Fig. 6.29). Se debe a falla del TFT dentro del panel. Modo de falla **Defecto de punto**.

Fig. 6.29

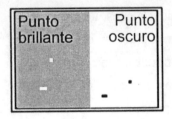

2. El polarizador presenta burbujas (ver la Fig. 6.30). El defecto se ubica entre el vidrio superior y el polarizador. Modo de falla **Burbuja del polarizador.**

Fig. 6.30

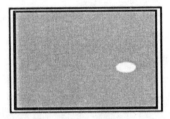

3. El polarizador tiene una marca o rayadura (ver la Fig. 6.31). Generalmente se debe a la acción de una herramienta dura o punzante sobre el polarizador. Modo de falla **Polarizador marcado.**

Fig. 6.31

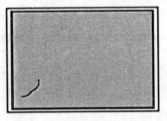

4. Hay un material extraño dentro del polarizador. Se visualiza un aspecto de línea o punto (ver la Fig. 6.32). Modo de falla **Material extraño dentro del polarizador.**

Fig. 6.32

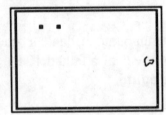

5. Alguna área es diferente con la pantalla blanca. Aparecen manchas de aspecto amarillento o purpúreo (ver la Fig. 6.33). Modo de falla **Manchas amarillentas o purpúreas**.

Fig. 6.33

Comprende 3 casos posibles:

a. No es uniforme la separación entre las capas anterior y posterior del panel de vidrio.

b. El cristal líquido está deteriorado.

c. Muestra límite.

6. Mancha no uniforme en un área reducida (ver la Fig. 6.34). Modo de falla **Mura / Mottling.**

Fig. 6.34

Comprende 2 casos posibles:

a. No es uniforme la separación entre las capas anterior y posterior del panel de vidrio.

b. Muestra límite.

Fallas del Panel o del Polarizador

1. Anillo brillante irregular (ver la Fig. 6.35). Aparece brillo anular irregular debido a que la separación de la celda no es uniforme. Modo de falla **Nuevo anillo.**

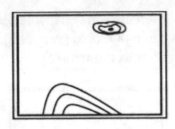

Fig. 6.35

2. Las coordenadas del color están desviadas (ver la Fig. 6.36). Hay una mala transmisión de la luz del panel; debido a una disminución de la separación de la celda. Modo de falla **Desplazamiento de la cromaticidad**.

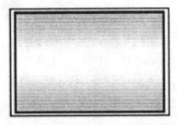

Fig. 6.36

Fallas del Circuito Electrónico

1. Ruido en la escala de barras de grises. (ver la Fig. 6.37). Existe salida anormal del conversor de cuadro. Como referencia, en el panel LC151X01 el conversor es el integrado GMZ1. Esta falla se debe al sistema monitor. Modo de falla **Ruido en la escala de grises**.

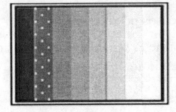

Fig. 6.37

2. Ondulación de la imagen (ver la **Fig 6.38**). Muestra ondulaciones en la imagen. La causa se localiza en el CI excitador, cuya salida no es estable a causa de interferencias. Modo de falla **Ondulación de la imagen**.

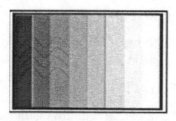

Fig. 6.38

3. Cualquier tipo de anormalidad en el display, excepto los defectos vistos de bloque horizontal o vertical. Modo de falla **Display anormal.**

4. El display brilla y se oscurece en formal alternativa (ver la Fig. 6.39).

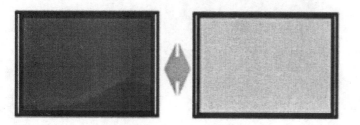

Fig. 6.39

Modo de falla **Centelleo**.

Los ítems 3 y 4 son motivados generalmente por las siguientes causas:

a. Falla de algun *chip* del *chipset* interno del LCM.

b. Estrés mecánico o eléctrico.

c. Soldaduras frías o cortocircuito de algunos componentes.

d. Conexión defectuosa entre el LCD y el resto del sistema.

5. El display sólo exhibe la pantalla blanca cuando se halla en condición normal. Corresponde al modo de blanco normal (ver la Fig. 6.40). Modo de falla **Pantalla blanca**.

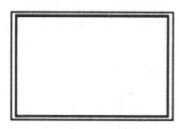

Fig. 6.40

Comprende 2 casos posibles:

a. El fusible del LCD podría estar abierto debido a un pico de corriente.

b. El cable del LCM no se halla conectado (blanco normal).

6. El display sólo exhibe la pantalla negra cuando se halla en condición normal. Corresponde al modo de negro normal (ver la Fig. 6.41). Modo de falla **Pantalla negra**.

Fig. 6.41

Comprende 2 casos posibles:

a. El fusible del LCD podría estar abierto debido a un pico de corriente.

b. El cable del LCM no se halla conectado (negro normal).

7. El LCD parpadea según un patrón especial (ver la Fig. 6.42). La tensión V_{COM} en el LCD no está perfectamente balanceada. La misma es reajustable disponiendo de la información del proveedor. Modo de falla **Parpadeo**.

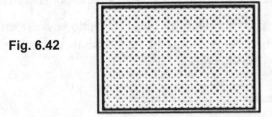

Fig. 6.42

8. El brillo es diferente debido a la Interferencia en el patrón para controlar la misma (ver la Fig. 6.43). Las causas se deben a una capacidad parásita indeseada dentro del panel LCD, que produce Interferencia vertical u horizontal. Todos los LCD tienen,

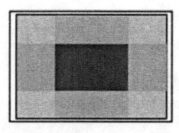

Fig. 6.43

inevitablemente, una débil Interferencia, pero muchas de éstas son difíciles de distinguir, especialmente a simple vista. Modo de falla **Interferencia**.

9. El LCD opera normalmente, pero con colores diferentes (ver la Fig. 6.44). Modo de falla **Color anormal**. Las causas pueden ser:

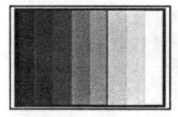

Fig. 6.44

a. Falla de algun *chip* del *chipset* interno del LCM.

b. Estrés mecánico o eléctrico.

c. Soldaduras frías o cortocircuito de algunos componentes.

d. Conexión defectuosa entre el LCD y el resto del sistema.

10. Se confunden las barras superiores de la escala de grises (en el patrón de 32 barras de grises) (ver la Fig. 6.45). Modo de falla **Saturación**.

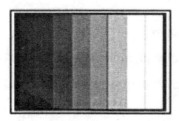

Fig. 6.45

Las causas posibles pueden ser:

    a. El nivel de CC del CI excitador es incorrecto.

    b. Ajuste inadecuado del sistema monitor en sub-contraste/sub-brillo.

Fallas Mecánicas o del B/L

Las siguiente son las fallas mecánicas o del B/L (*Back Light* – Iluminación de fondo) más comunes:

1. Se oyen ruidos mecánicos cuando se gira el panel. Se debe a interferencia mecánica en la unidad de iluminación de fondo. Modo de falla **Ruido mecánico**.

2. Se forman círculos concéntricos en la pantalla (ver la Fig. 6.46). Modo de falla *Ripple*. Las causas posibles son:

Fig. 6.46

    a. Interferencia mecánica entre el panel y alguna estructura mecánica, incluyendo la unidad de iluminación de fondo y el conector frontal.

    b. Por efectos de separación del encastre frontal de la celda del LCD.

3. El B/L no funciona, sin ningún daño aparente. Modo de falla **B/L desconectado**. Las posibles causas son:

    a. Soldadura fría entre el conductor y el electrodo de la lámpara.

    b. Lámpara rota o quemada.

4. El B/L se halla más oscurecido que lo normal. Modo de falla **B/L oscurecido**. Las causas posibles son:

    a. Soldadura fría entre el conductor y el electrodo de la lámpara.

    b. Cortocircuito intermitente entre el conductor y el zócalo de la lámpara.

5. Está dañado el conductor del B/L. Modo de falla **Conductor del B/L dañado**. Las posibles causas son:

a. Manipulación indebida.

b. Alguna interferencia con el sistema del equipo.

6. No enciende el B/L. Modo de falla **Conductor del B/L cortado**. Las posibles causas son:

a. Manipulación indebida.

b. Alguna interferencia con el sistema del equipo.

7. Se apaga el B/L luego de un período de tiempo. Cortocircuito intermitente entre el conductor y el zócalo de la lámpara, debido a la elevación del consumo de potencia por encima de la capacidad del *inverter* del B/L. Modo de falla **B/L apagado**.

Los ítems 4; 5; 6 y 7 corresponden a las Figs. 6.47 y 6.48 en conjunto.

Fig. 6.47

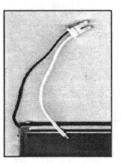

Fig. 6.48

8. El B/L posee un material extraño. Aparece una figura lineal o circular negra o blanca (ver la Fig. 6.49). Hay un material extraño dentro de la unidad BL. Modo de falla **F/M**.

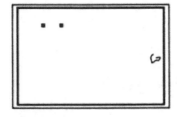

Fig. 6.49

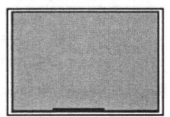

Fig. 6.50

9. La parte inferior (B/L) del LCM está más brillante que lo normal (ver la Fig. 6.50). Se debe a una fuga de luz proveniente del B/L, que pasa directamente a través de una separación irregular de la unidad B/L. Modo de falla **Fuga de luz**.

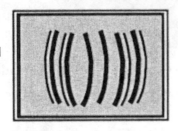

Fig. 6.51

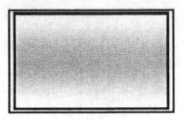

Fig. 6.52

10. No existe uniformidad del B/L (ver la Fig. 6.51). La luz es dispersada por estar arrugada la hoja interna de la unidad B/L. Modo de falla **Falta de uniformidad**.

11. Falta agujero de montaje o el montaje está dañado. Modo de falla **Agujero de montaje**.

12. Brillo fuera de las especificaciones (ver la Fig. 6.52). El B/L pierde brillo debido a una anormalidad en el difusor. Modo de falla **Bajo brillo**.

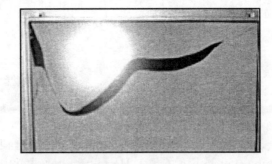

Fig. 6.53

13. El panel de vidrio está roto (ver la Fig. 6.53). Modo de falla **Panel roto**. Las posibles causas son:

a. Manejo inadecuado del panel.

b. Falla en el embalaje del panel.

Precauciones Durante el Mantenimiento

Los puntos analizados corresponden a la buena práctica del servicio técnico.

1. No rociar con productos químicos en la cercanía del receptor o cualquiera de sus piezas.

2. Salvo especificación diferente, limpiar los contactos eléctricos, solamente aplicando la mezcla siguiente a los mismos, mediante una cánula, un palillo rematado en un hisopo de algodón, o aplicadores similares no abrasivos: 10% (en volumen) de acetona y 90% (en volumen) de alcohol isopropílico (concentración de 90%-99%).

Precaución: ésta es una mezcla inflamable.

En la mayoría de los casos no se requiere lubricación de contactos.

3. No anular ningún conector/zócalo de *interlocks* de tensión de +B, con el cual el receptor bajo prueba pudiera estar equipado.

4. No aplicar alimentación desde la red al receptor o monitor a menos que estén correctamente instalados los disipadores de calor de todos los dispositivos de estado sólido.

5. Conecte siempre el terminal de tierra del probador a la masa de chasis del receptor, antes de conectar el terminal positivo del instrumento usado. Desconecte siempre el terminal de tierra del probador en último término.

6. Utilice con los receptores solamente los accesorios de prueba especificados en los manuales o dispositivos de características similares.

Precaución: no conecte el clip de masa del accesorio de prueba a cualquier disipador térmico del receptor.

Dispositivos Sensibles a la Electroestática (ES)

Algunos dispositivos semiconductores (de estado sólido), pueden ser dañados fácilmente por electricidad estática. Dichos componentes son comúnmente denominados **dispositivos electroestáticamente sensibles** (ES). Ejemplos típicos de dispositivos ES son los circuitos integrados, y algunos transistores de efecto de campo y semiconductores de componentes chip. Se deben utilizar las técnicas siguientes para ayudar a reducir la incidencia de componentes dañados causados por la electricidad estática.

1. Inmediatamente antes de manipular cualquier componente semiconductor, o pieza equipada con dicho elemento, drene cualquier

carga electroestática almacenada en el cuerpo, tocando una conexión a tierra conocida. Alternativamente, obtenga y use una pulsera antiestática, disponible comercialmente, la cual se la debe quitar para prevenir causas potenciales de choque eléctrico, antes de aplicar alimentación a la unidad bajo prueba.

2. Después de remover una pieza eléctrica equipada con dispositivos ES, apóyela sobre una superficie conductora, tal como una hoja de aluminio, para prevenir acumulación de carga electrostática, o exposición a la misma.

3. Use solamente soldador con la punta puesta a tierra, para soldar o desoldar dispositivos ES.

4. Utilice solamente un dispositivo de remoción del tipo soldador, antiestático. Algunos soldadores para remoción no clasificados como **antiestáticos** pueden generar suficientes cargas eléctricas como para dañar los dispositivos ES.

5. No utilice productos químicos propulsados por freón. Éstos pueden generar cargas eléctricas suficientes para dañar los dispositivos ES.

6. No retire un dispositivo de reemplazo del tipo ES de su embalaje protector sino hasta inmediatamente antes que se encuentre listo para instalarlo. (Muchos dispositivos ES de reemplazo están embalados con sus terminales puenteados en conjunto mediante espuma conductora, hoja de aluminio o material conductor similar).

7. Inmediatamente antes de remover el material protector desde los terminales de un dispositivo ES de reemplazo, toque con el material protector el chasis o el montaje circuital donde se ha de instalar el dispositivo.

Precaución: asegúrese de que no haya potencial aplicado al chasis o circuito, y observe todas las otras precauciones de seguridad.

8. Reduzca los movimientos corporales cuando maneje dispositivos ES de repuesto no encapsuladas. (De otro modo, simples movimientos tales como el frotamiento aunado de las telas de su indumentaria, o la separación de sus pies de un piso alfombrado, pueden generar suficiente electricidad estática como para dañar un dispositivo ES).

Lineamientos Generales para la Soldadura

1. Utilice un soldador con punta puesta a tierra, de baja potencia, y con el tamaño y forma que permita mantener la temperatura de la punta dentro del rango de 260°C a 316°C.

2. Utilice una apropiada de soldadura en alambre RMA, compuesta por 60 partes de estaño / 40 partes de plomo.

3. Mantenga la punta del soldador limpia y bien estañada.

4. Limpie por completo las superficies a soldar. Use un cepillo de malla de alambre de aproximadamente 1,25 cm, con mango de metal. No utilice limpiadores rociables, con propulsión de freón.

5. Realice las siguientes técnicas de desoldado:

   a. Permita que la punta del soldador alcance la temperatura normal (260°C a 316°C).

   b. Caliente el terminal del componente hasta que funda la soldadura.

   c. Rápidamente extraiga la soldadura fundida con un desoldador antiestático del tipo por succión, o con malla trenzada desoldadora.

Precaución: trabaje rápido, para evitar sobrecalentar la capa de circuito impreso.

6. Efectue las siguientes técnicas de soldadura.

   a. Permita que la punta del soldador alcance la temperatura normal (260°C a 316 °C).

   b. Primero, mantenga la punta del soldador y el alambre de soldar, con núcleo de resina contra el terminal del componente hasta que la soldadura funda.

   c. Mueva rápidamente la punta del soldador hacia la unión del terminal del componente y la capa de cobre de circuito impreso, y manténgalo allí hasta que la soldadura fluya hacia alrededor del terminal del componente y la capa de cobre.

Precaución: trabaje rápido, para evitar sobrecalentar la capa de circuito impreso y el componente nuevo.

   d. Inspeccione atentamente el área de soldadura y remueva cualquier exceso de salpicado de soldadura con un pequeño cepillo de malla de alambre.

En el párrafo *Operaciones de Reparación* se han mencionado las secuencias y operaciones recomendadas para remover circuitos integrados de montaje superficial, en especial aquéllos de pines numerosos.

Aplicación de la PC al Servicio Técnico en LCD y PDP

Varias empresas productoras de equipos de última generación han desarrollado tecnologías de punta para el auxilio y soporte en tareas de ajuste, mantenimiento y reparación. Tales operaciones distan mucho de las técnicas habituales empleadas en aparatos convencionales. Uno de tales sistemas es el presentado por Philips, conocido como *ComPair*.

El término es la contracción de los vocablos *Computer Aided Repair* (Reparación Asistida por Computadora) y constituye una verdadera e interesante herramienta de servicio técnico.

Técnicas de Verificación Mediante la PC

El *ComPair* es una herramienta de service para los productos electrónicos de consumo de Philips. Es un desarrollo adicional en el DST (*Dealer Service Tool* - Herramienta de Service de Post-venta), que permite efectuar diagnósticos más rápidos y seguros. El *ComPair* posee tres grandes ventajas:

- Aporta ayuda para obtener rápidamente un conocimiento de cómo reparar el chasis en un tiempo breve, guiando al técnico sistemáticamente a través de procedimientos de reparación.

- Permite obtener diagnósticos muy detallados (en nivel I^2C), y es, por lo tanto, capaz de indicar con precisión las áreas con problemas. No se necesita conocer datos acerca de los comandos I^2C previamente, puesto que la PC se hace cargo de las rutinas.

- Se acelera el tiempo de reparación, pues el mismo se puede comunicar automáticamente con el chasis (cuando está trabajando el microprocesador), y está disponible directamente toda la información de reparación. Cuando el *ComPair* es instalado conjuntamente con el manual electrónico *SearchMan* del chasis defectuoso, el circuito esquemático y los PWBS están disponibles con un solo click del mouse.

Si bien este procedimiento se aplica a determinados chasis Philips, la tecnología puede ser extendida a otros aparatos si las empresas suministran los medios necesarios.

El *ComPair* consiste en un programa de búsqueda de fallas basado en Windows, y una caja de interfaz entre la PC y el equipo defectuoso. La caja de interfaz *ComPair* se conecta a la PC por cable serie o RS232. El programa de búsqueda de la falla está habilitado para determinar el problema del televisor defectuoso. La PC puede recoger información de diagnóstico por dos caminos:

- **Automático** (por comunicación con el televisor). Se puede leer automáticamente el contenido del *buffer* de error completo. El diagnóstico está dado en nivel I^{2}C. *ComPair* puede acceder al bus I^{2}C del televisor, y transmitir y recibir comandos I^{2}C al microcontrolador del receptor. Así, es factible comunicarse (leer y escribir) con los dispositivos, en los buses I^{2}C del equipo de TV.

- **Manual** (respondiendo a sus preguntas). El diagnóstico automático es sólo posible si el microcontrolador del televisor trabaja correctamente, y sólo a ciertas extensiones. Cuando éste no es el caso, la PC facilita la guía a través del árbol de búsqueda efectúandole preguntas (por ejemplo: ¿Hay imagen en pantalla?. Haga click en la respuesta correcta: SÍ/NO) y mostrándole ejemplos (por ejemplo: Mida el punto de prueba 17 y haga click en la forma de onda correcta mostrada en el osciloscopio). El operador puede responder haciendo click en el vínculo (por ejemplo: texto o imagen de la forma de onda) que lo conducirá al siguiente paso, en el proceso de búsqueda del defecto.

Mediante una combinación de diagnóstico automático y un procedimiento interactivo de pregunta/respuesta, la PC puede habilitar el método para encontrar muchos problemas en un modo rápido y efectivo. Junto a la búsqueda del defecto, *ComPair* provee alguna prestación adicional como:

- Carga o descarga de *pre-sets*.
- Gerenciamiento de la lista de *pre-sets*.
- Emulación de la herramienta de service post-venta (DST).
- Si están instalados ambos: *ComPair* y *SearchMan* (Manual de Service Electrónico), todos los circuitos esquemáticos y los PWBS del equipo están disponibles mediante un click en el hipervínculo

apropiado. Ejemplo: mida la tensión de CC en el capacitor C2568 (Esquema/Panel) en la portadora *Mono*, en el receptor 17PF9945/78.

- Haga click en el hipervínculo de *Panel*, para visualizar automáticamente el PWB con el capacitor C2568 resaltado.

- Haga click en el hipervínculo *Esquema*, para visualizar automáticamente la posición del capacitor resaltado.

Ejemplos de Orden Práctico

Están referidos al chasis LC03 (Philips).

- Cuando el aparato está en modo PC, y no hay señal VGA presente en el conector de entrada de PC, el aparato cesará de funcionar y quedará en *standby* un par de segundos después de mostrar *No Video Input* (sin entrada de video). Éste es el procedimiento normal del aparato para reducir la potencia de consumo.

- El *scaler* es el mecanismo excitador del panel LCD. Cuando no haya exhibición del display y el OSD en pantalla, verifique cuál sonido es producido en el canal de TV. Si es audible, probablemente el defecto reside en la placa *scaler* o en la placa del *inverter*.

- Para conocer rápidamente cuál de los *inverters* está funcionando, verifique visualmente si la iluminación de fondo está encendida, mirando por detrás del panel LCD. Algunas manchas de luz se pueden observar por los costados. Otro método para descubrir cuál luz de fondo está trabajando, es conmutar el aparato al modo AV. El frente de la pantalla tendría algún efecto de **niebla**.

Nota: cuando se haya soltado alguno de los conectores de la luz de fondo, el circuito inverter *quedará desactivado.*

- Si la fuente para el panel LCD está bien, (lo mismo para la fuente de luz de fondo), pero no se suministran señales de datos desde el *scaler* al panel LCD (por ejemplo: señales en el conector 1506), la pantalla mostrará repetidamente una secuencia de pantalla plana con los colores azul, verde, rojo, (sin color), gris oscuro, gris luminoso, y blanco. Mediante esto, se determina que el panel LCD está en buenas condiciones. La falla reside en la placa *scaler*.

- No hay PIP (Imagen en Imagen o Inserción de Imagen) en el modo PC. Para que trabaje el modo PIP, se debe ajustar al régimen de refresco de la PC en 60 Hz o a una frecuencia menor.

Apéndice

Glosario

A continuación se detallan una serie de términos y siglas comunes en las tecnologías de receptores y monitores de panel delgado. Algunas siglas traducidas al idioma español se encuentran explicadas en el texto y las figuras de los diversos capítulos.

4:2:2 - Término comúnmente usado para el formato de la componente de video digital. Los detalles del formato están especificados en el documento de estándar ITU-RBT.601. Los numerales 4:2:2 denotan la relación de frecuencias de muestreo del canal único de luminancia con los dos canales de diferencia de color. Para cada cuatro muestras de luminancia, hay allí dos muestras de cada canal de diferencia de color. Ver ITU-RBT.601.

4f$_{sc}$ - Relación de muestreo de la subportadora por cuatro, utilizado en sistemas digitales compuestos. En NTSC esto es 14,3 MHz; en PAL es 17,7 MHz. La muestra de la componente de definición estándar es 13,5 MHz para luma, 6,75 para croma, en ambos formatos 535/60 y 625/50.

ACF - *Anisotropic Conducting Film.* Película Conductora Anisotrópica. Método de depósito de película anisotrópica, referido a la construcción de las cintas de contacto en las técnicas TFT.

AMLCD - *Active Matrix Liquid Cristal Display.* Display de cristal líquido de matriz activa.

Audio AES/EBU - Nombre informal para el estándar de audio digital, establecido conjuntamente por la AES (Audio Engineering Society - Sociedad de Ingenieros de Audio) y las organizaciones de la EBU (European Broadcasting Union - Unión de Broadcasting Europea).

Algorithm - Algoritmo. Conjunto de reglas o procesos para resolver un problema en un número de pasos finitos.

Aliasing - Solapamiento. Defectos en la imagen causados típicamente por muestreo insuficiente o pobre filtrado del video digital. Los defectos se ven generalmente como líneas aserradas (las diagonales) y destellos o relumbres en los detalles en la imagen.

Analog - Análogo. Adjetivo que describe cualquier señal que varía continuamente, en oposición a una señal digital, que contiene niveles discretos, representados por los dígitos binarios 0 y 1.

Ancillary data - Datos auxiliares. Soporte de datos de la señal de video o programa. Tiempo multiplexado en la señal de video durante los intervalos de *blanking* horizontal y/o vertical. Estos datos auxiliares se pueden transmitir entre los paquetes EAV y SAV en el *blanking* horizontal y en bloques mayores durante el *blanking* vertical. Las señales auxiliares pueden incluir *checksums*, audio digital multicanal y otras.

Asynchronous - Asincrónico. Procedimiento de transmisión que no está sincronizado por un reloj. El video digital no es asincrónico, puesto que la información de reloj muestreada debe ser extraída de las transiciones de la señal de datos para decodificación.

A-to-D Converter - *Analog to Digital Converter.* Conversor analógico digital. Circuito que utiliza el muestreo digital para convertir una señal analógica en una representación digital de aquélla.

Bandwith - Ancho de banda. 1) Diferencia entre los límites superior e inferior de una frecuencia, a menudo medida en MHz. 2) Rango completo de frecuencias sobre el que puede funcionar un circuito o sistema electrónico, con una pérdida menor que 3 dB. 3) Capacidad de transporte de la información de un canal particular de televisión.

Baseline shift - Desplazamiento de línea de base. Forma de distorsión de baja frecuencia que da por resultado un desplazamiento del nivel de C.C. de la señal.

Bit - Representación binaria de **1** ó **0**. Uno de los niveles cuantificados del pixel.

Bit parallel - Bit paralelo. Modo de transmisión de byte de video digital, bajo un cable multiconductor, donde cada par de conductores acarrea un bit único. Este estándar está respaldado por las normas SMPTE-125M, EBU3267-E, e ITU-RBT.656.

Bit serial - Bit serie. Modo de transmisión de video digital bajo un conductor unitario, como ser cable coaxil. Puede ser también transmitido por fibra óptica. Este estándar está respaldado por ITU-RBT.656.

Bit slippage - Deslizamiento de bit. 1) Ocurre cuando se pierde el encuadre de palabra en una señal serie, por lo que el valor relativo del bit es incorrecto. Esto es generalmente **reseteado** en la siguiente señal serie, TRS-ID, para la compuesta y EAV/ SAV, para la componente. 2) Lectura errónea de un flujo de bit serie, cuando las derivas de fase de reloj recuperados son suficientes para perder el bit. 3) Fenómeno que ocurre en buses de datos en paralelo, cuando uno o más bits se apartan en tiempo, en relación al resto. El resultado es un dato erróneo. Longitudes de cable diferentes constituyen la causa más común.

BGA - *Ball Group Arrangement.* Arreglo de Agrupación de Bolillas. Tecnología de agrupamiento de los pines para CI de alta densidad de terminales.

Bit stream - Flujo de bits. Serie continua de bits transmitida por línea.

BOCMA - *Bi Mos One Chip Mid-in-Architecture.* Arreglo especial de chip de circuito integrado multifuncional.

BNC - Sigla de *Baby N Connector.* Conector de cable muy utilizado en televisión.

Brightness signal - Señal de brillo. Igual que la señal de luminancia (Y). La misma transporta información acerca del monto de luz en cada punto en la imagen.

BTSC - *Broadcast Television Systems Committee.* Comité de Sistemas de Televisión por Radiodifusión. Comisión que fija las normas de televisión.

BST - *Boundary Scan Test.* Prueba de Exploración Límite. Ensayo de circuito de exploración límite.

Byte - Conjunto completo de niveles cuantificados conteniendo todos los bits. Típicamente, los bytes consisten de 8 a 10 bits por muestra.

Cable equalization - Ecualización de cable. Proceso de alteración ex profeso de la respuesta de frecuencia de un amplificador de video, para compensar las pérdidas de alta frecuencia en el cable coaxil.

CAV - *Component Analog Video.* Componente analógica de video. Señal analógica de tensión o corriente, que representa el valor de un pixel en lugar de un grupo de números.

CCFL - *Cold Cathode Fluorescent Lamp.* Lámpara fluorescente de cátodo frío. Componente del sistema de iluminación posterior de los paneles LCD.

CCIR - *Comité Consultatif International en Radiodiffusión.* Comité Consultor Internacional de Radio. Comité de estándares internacional, ahora reemplazado por la Unión de Telecomunicación Internacional (ITU).

CCIR - 601 - Ver ITU-RBT. 601.

CCIR - 656 - Ver ITU-RBT. 656.

Channel coding - Codificación de canal. Describe la manera cómo están representados los **1** y **0** del flujo de datos en el trayecto de transmisión.

Chroma key - Llave de croma. Proceso de controlar el reemplazo de parte de la imagen de video con una segunda imagen. La señal de control es desarrollada desde las características de crominancia, de la señal de video.

Chrominance signal, chroma - Señal de crominancia, croma. Bandas laterales de la subportadora moduladas, en la señal de video compuesta. También usado para describir las señales diferencia de color en un sistema de componente, esto es, aquéllas que transportan información acerca del *hue* (qué color) y saturación (cuánto color) en el pixel.

Clock jitter - Inestabilidad del reloj. Incertidumbre temporal en los bordes de la celda de datos, en una señal digital.

Clock recovery - Recuperación del reloj. Construcción de la información de la temporización desde los datos digitales de entrada.

Coaxial cable - Cable coaxial. Línea de transmisión con un par de conductores de transporte de señal. Formado por un conductor interno y una vaina metálica conductora externa. La vaina ayuda a la prevención de la radiación externa que pudiera afectar a la señal del conductor interno, y minimiza la radiación desde la línea de transmisión.

Coding - Codificación. Representa cada nivel de la señal de video como un número, usualmente en forma binaria.

Coefficient - Coeficiente. Número (a menudo una constante) que expresa alguna propiedad de un sistema físico en modo cuantitativo.

Color correction - Corrección de color. Proceso por el cual la coloración en una imagen televisiva es alterada o corregida electrónicamente. Se debe asegurar de que el video modificado no exceda los límites del procesamiento subsiguiente o los sistemas de transmisión.

Color-difference signals - Señales diferencia de color. Señales de video que conducen sólo información de color: por ejemplo, R-Y y B-Y no moduladas, I y Q, U y V, P_r y P_b, etc.

Component video signals - Señales componentes de video. Conjunto de señales, cada uno de los cuales representa una porción de la información necesaria para generar una imagen a pleno color. Por ejemplo: R, G y B; Y, I y Q; o Y, R-Y y B-Y.

Component analog - Componente analógico. Salida no codificada de una cámara, grabadora de cinta de video, etc., consistente de tres señales primarias de color: verde, azul y rojo (GBR), que conjuntamente conducen toda la información necesaria de imagen. En algunos formatos de video componentes, estos tres componentes son trasladados a la señal de luminancia y las dos señales diferencia de color, por ejemplo, Y, B-Y y R-Y.

Component digital - Componente digital. Representación digital del conjunto de la señal de componente analógico, más a menudo $Y' C'_b C'_r$. Los parámetros codificados están especificados en la norma ITU-RBT.601. Para los formatos de definición estándar, la interfaz paralelo es especificada por ITU-RBT.656 y SMPTE125M (1991).

Composite analog - (Señal) Analógica compuesta. Señal de video codificada, como ser video NTSC o PAL, que incluye información de sincronización horizontal y vertical.

Composite digital - (Señal) Digital compuesta. Señal de video digitalmente codificada, como ser video NTSC o PAL, que incluye información de sincronización horizontal y vertical.

Contouring - Contorneando. Defecto de la imagen de video debido a la cuantificación a un nivel demasiado grosero.

Cross color - Color cruzado. Señales espúrias resultantes desde la información de luminancia de alta frecuencia, siendo interpretadas como información de color en la decodificación de una señal compuesta. Ejemplos típicos son: **arco iris** o persianas venecianas, camisas rayadas, etc.

Cross luminance - Luminancia cruzada. Señales espúrias ocurrentes en el canal Y como un resultado de señales de croma compuestos, siendo interpretados como luminancia, semejantes a puntos serpenteantes o bordes activos, en áreas coloreadas.

CTI - *Crominance Transient Improvements*. Mejoras en transitorios de crominancia.

CVBS - *Color, Video, Blanking and Sync*. Color, video, borrado y sincronismo. Señal de video compuesto.

Decoder - Decodificador. Dispositivo utilizado para recuperar los componentes de la señal de una fuente compuesta (codificada). Es usado en displays y en varios hardware de procesamiento, donde las componentes de la señal son requeridas desde una fuente compuesta, como ser manejo del croma compuesto o equipamiento de la corrección de color. También es empleado para denominar a un dispositivo para la extracción del video desde una señal comprimida.

DCDi - *Direccional Correlation Deinterlacing* - Desentrelazado de la correlación direccional. Se utiliza como algoritmo en ciertos procesos integrados de mejoramiento de la imagen.

Delay - Retardo. Tiempo requerido por la señal para pasar a través de un dispositivo o conductor.

Demultiplexer (demux) - Demultiplexador. Dispositivo utilizado para separar dos o más señales que han sido previamente combinadas por un multiplexador compatible y transmitidas por un canal único.

Deserializer - Deserializador. Dispositivo que convierte información digital serie a paralelo.

Differential gain - Ganancia diferencial. Cambio en amplitud de la crominancia de la señal de video causado por una variación en el nivel de la señal de luminancia.

Differential phase - Fase diferencial. Cambio en la fase de la crominancia de una señal de video, causada por una variación en el nivel de la señal de luminancia.

Digital components - Componentes digitales. Señales componentes en las cuales los valores de cada pixel están representados por un conjunto de números.

Digital word - Palabra digital. Número de bits tratado como una entidad única por el sistema.

Discrete - Discreto, separado. Posesión de una identidad individual. Componente de circuito individual.

Dither - Agitación, vibración. Típicamente, una señal aleatoria de bajo nivel (oscilación), la cual se puede añadir a una señal analógica previa al muestreo. A menudo consiste en ruido blanco, de una amplitud pico a pico de nivel cuantificado.

Dither component encoding - Codificación de componente de vibración. Leve expansión de los niveles de la señal analógica, de modo que entra en contacto con más niveles cuantificados. El resultado son transiciones más suaves. Esto está dado por el agregado de ruido blanco (el cual está a la amplitud de un nivel cuantificado) a la señal analógica antes del muestreo.

Drift - Corrimiento, deriva. Desplazamiento gradual o cambio en la salida sobre un período de tiempo debido al cambio o envejecimiento de los componentes del circuito. El cambio es, a menudo, causado por inestabilidad térmica de los componentes.

D-to-A converter- *Digital-to-Analog converter.* Conversor digital a analógico. Dispositivo que convierte señales digitales en señales analógicas.

DVI - *Digital Visual Interface.* Interfaz visual digital. Entrada de señal de video digital.

DVTR - *Digital Video Tape Recorder.* Grabador digital de cinta de video.

EAV - *Ending Active Video.* Finalización del video activo en sistemas de componente digital. Uno de los dos (EAV y SAV) paquetes de referencia de la temporización.

EBU - Siglas de la Unión de Broadcasting Europea. Organización de difusión europea que, a lo largo de otras actividades, produce propuestas técnicas y recomendaciones para el sistema de televisión de 625/50 líneas.

EBU TECH.3267-E - Recomendación EBU para la interfaz paralela de la señal de video digital de 625 líneas. Una revisión de la anterior EBU Tech.3246-E, que a su vez fue derivada de la CCIR-601 (ahora ITU-RBT.601) y contributiva a los estándares CCIR-656 (ITU-R BT. 656).

EDH - *Error Detection and Handling.* Detección y manejo de error. Proposición SMPTERP165 para reconocimiento de inexactitudes en la señal digital serie. La misma puede ser incorporada en equipamiento digital serie, y emplea un simple LED como indicador de error.

Equalization (EQ) - Ecualización. Proceso de alteración de la respuesta de la frecuencia de un amplificador de video para compensar pérdidas de alta frecuencia en el cable coaxial.

Embedded audio - Audio incrustado. El audio digital es multiplexado sobre el flujo de datos digitales serie durante el tiempo asignado para datos auxiliares *(ancillary data)*.

EMI - *Electromagnetic interference.* Interferencia electromagnética, que involucra normas que limitan los disturbios producidos por determinados equipos.

Encoder- Codificador. Dispositivo usado para formar una señal de color individual (compuesta), desde un conjunto de componentes de señal. Un *encoder* es usado toda vez que se requiere una salida compuesta desde una fuente (o grabación) que está en formato componente. También, representa a un dispositivo usado para la compresión de video.

Error concealment - Encubrimiento de error. Técnica usada cuando falla la corrección de error (ver *error correction*). El dato erróneo es reemplazado por datos sintetizados desde pixels circundantes.

Error correction - Corrección de error. Esquema que agrega un techo a los datos, para permitir que un cierto nivel de errores sea detectado y corregido.

Eye pattern - Patrón de ojo. Vista de una forma de onda en el osciloscopio, de **altos** y **bajos** sobrepuestos, de la señal de datos. Los datos cambiantes vs. el barrido sincronizado del clock, crean un aspecto de **ojo** (*eye*).

Field-time (linear) distortion - Distorsión (lineal) temporal de cuadro. Cambio injustificable en la amplitud de la señal de video, que ocurre en el tiempo de **cuadro** del barrido vertical (por ejemplo: 16,66 ms, en 60 Hz).

FIFO - *First In First Out* - Primero en entrar, primero en salir. Método de almacenamiento en el cual los elementos o datos son extraídos en el orden en que ingresaron.

Format, interconnect - Formato, interconexión. Configuración de señales usadas para la interconexión de equipamiento en un sistema especificado. Formatos diferentes pueden usar distinta composición de la señal, pulsos de referencia, etc.

Format, scanning - Formato, exploración. En definición analógica y estándar digital, el total del número de líneas y el régimen de campo, por ejemplo, 625/50. En alta definición digital, el número de pixels de luma, el número de líneas de video activo, la relación de campo, y el número de campos por cuadro, por ejemplo, 1280/720/59,94/2:1.

Format conversion - Conversión de formato. Proceso de codificación/decodificación y re-muestreo de las relaciones digitales.

FPD - *Flat Panel Display.* Presentador o visualizador de panel delgado. Se refiere a las diversas tecnologías de panel delgado para receptores y monitores.

FRC - *Frame Relation Conversion* . Relación de conversión de cuadro. Referido al escalamiento de imágenes.

Frecuency modulation - Modulación de frecuencia. Modulación de una onda senoidal o **portadora**, mediante la modificación de su frecuencia en concordancia con las variaciones de amplitud de la señal moduladora.

Frecuency response rolloff - Reducción de la respuesta de la frecuencia. Distorsión en el sistema de transmisión donde los componentes de la frecuencia más alta no están siendo transportados a su plena amplitud original, y crean una posible pérdida de la saturación de color.

Gain - Ganancia. Incremento o decremento en la intensidad de una señal eléctrica. La ganancia puede estar expresada en decibeles.

Gamma - Característica de transferencia, entrada vs. salida. En un sistema de televisión, la corrección gamma es aplicada en la fuente para proveer ganancia adicional en áreas oscuras, a fin de lograr compensación para el TRC y la visión humana. La corrección gamma en el origen evita el aumento de ruido en el destino, y reduce el número de bits necesario para generar una imagen satisfactoria.

Gamut - Gama, escala. Rango de colores permitidos para una señal de video. La gama válida de color es definida como la totalidad de colores representados por todas las posibles combinaciones de valores legales de una señal R' G' B'. Las señales en otros formatos pueden representar colores fuera de la gama válida, pero permanecen fijos dentro de sus límites legales. Estas señales, cuando son transcodificadas a R' G' B', caerán fuera de los límites legales para R' G' B'. Esto puede producir recorte, diafonía, u otras distorsiones.

Formato G' B' R', G' B', R' - Las mismas señales que R' G' B'. La secuencia es reordenada para indicar la secuencia mecánica de los conectores en el estándar SMPTE. A menudo, displays elaborados, en monitores de forma de onda, reflejarán este orden.

Group delay - Retardo de grupo. Defecto de la señal causado por varias frecuencias que poseen distintos retardos de propagación (el retardo a 1 MHz es diferente del retardo a 5 MHz).

HDTV - *High Definition TV.* Sistema de TV de alta definición.

HDMI - *High Definition Multimedia Interface.* Interfaz de multimedia de alta definición.

I²C - Circuitos Inter-Integrados. Arquitectura de intercomunicación por bus de datos.

I²S - *Inter-IC sound.* Sonido inter-integrado. Arquitectura de intercomunicación por bus serie de datos para audio digital.

Horizontal interval (horizontal blanking, interval). - Intervalo horizontal (intervalo de borrado horizontal). Período de tiempo entre líneas activas de video.

Interconnect format - Ver *format*.

Interconnect standard - Ver *standard*.

Interlace scanning - Exploración entrelazada. Formato de exploración donde la imagen es capturada y exhibida en dos campos. El segundo de ellos es desplazado horizontalmente en media línea desde el primero para presentar las líneas de cada campo interpuestas verticalmente entre las líneas del otro.

Interpolation - Interpolación. En video digital, la creación de nuevos pixels en la imagen por algún método de manejo matemático de los valores de pixels de la vecindad.

Invalid signal- Ver *valid signal*.

I/O - *Input/Output.* Abreviatura de entrada/salida. Se refiere típicamente a información de transmisión, o señales de datos a, y desde dispositivos.

ITO - Mezcla de óxido de indio (In_2O_3) 90% y óxido de estaño (SnO_3) 10%.

ITU-R - *International Telecommunication Union-Radio.* Unión Internacional de Telecomunicación, sector de Radio Comunicación (reemplaza al CCIR)

ITU-RBT.601 - Estándar internacional para televisión de componente digital del cual fueron derivados los estándares SMPTE 125M (era RP-125) y EBU3246E. El ITU-RBT.601 define los sistemas de muestreo, valores de matriz, y características de filtro para ambos componentes de televisión digital, Y, B-Y, R-Y y GBR.

ITU-RBT.656 - Esquema de interconexión físico paralelo y serie, para ITU-RBT.601, ITU-RBT.656 define los conectores de salida paralelo así como los esquemas de *blanking*, sincronismo, y esquemas de multiplexado utilizado en ambas interfaces, paralelo y serie. Definiciones reflejadas en EBU Tech3267 (para señales de 625 líneas) y en SMPTE 125M (paralelo 525) y SMPTE 259M (serie 525).

Jaggies - Jerga para el *aliasing* tipo aserrado o escalonado que aparece en líneas diagonales. Causado por filtrado insuficiente, violación a la teoría de Nyquist, y/o pobre interpolación.

JPEG - *Joint Photographic Expert Group.* Agrupación de Expertos en Fotografía. Grupo de expertos que desarrolló un patrón para la compresión de las imágenes, de uso muy común en Internet.

Jitter - Intranquilidad, inestabilidad. Variación aleatoria de una señal indeseable con respecto al tiempo.

Judder - Vibración. Ver *Jitter.*

Keying - Manipulación. Conmutación. Proceso de reemplazar parte de una imagen de televisión con video de otra imagen; por ejemplo: manejo de croma y manejo de inserción.

LCD - *Liquid Cristal Display.* Presentador o visualizador de cristal líquido.

LDI - *LVDS Display Interface.* Interfaz LVDS para display. Norma de interfaz digital de banda ancha.

LTI - *Luminance Transient Improvements.* Mejoras en transitorios de luminancia.

LVDS - *Low Voltage Diferential Signaling.* Señalización diferencial de baja tensión. Sistema de transmisión de datos de alta eficiencia.

Legal/illegal - Legal/ilegal. Una señal es legal si permanece dentro de la gama apropiada para el formato en uso. No excede los límites de tensión especificados para el formato de cualquiera de los canales de la señal. Una señal ilegal es una que a veces está fuera de esos límites, en uno o más canales. Una señal puede ser legal, pero no obstante no ser válida.

LPI - *Linear Phase Interpolation.* Interpolación de fase lineal. Referido a los algoritmos del proceso de mejora de las imágenes.

Luma, luminance (Y) - Luma, luminancia. Señal de video que describe la cantidad de luz en cada pixel; equivalente a la señal provista por una cámara monocromática. **Y** es a menudo generada como la suma ponderada de las señales R', G' y B'.

MAC - *Multiplexed Analogue Components.* Multiplexado analógico de los componentes de video. Éste es el medio de multiplexado en tiempo, del componente analógico de video, a un canal de transmisión simple, como ser canal coaxil, de fibra o satelital. Usualmente, involucra procesos digitales para obtener compresión de tiempo.

MCDI, MADI, EDDI - *Motion Compensated De-Interlacing, Multichannel Audio Digital Interface, Edge Dependent De-Interlacing.* Diferentes tipos de entrelazado del barrido horizontal.

Microsecond (μs) - Microsegundo. Una millonésima de segundo: 1×10^{-6} ó 0,000001 segundo.

Monochrome signal - Señal monocromática. Señal de video de **color único**, usualmente una señal de blanco y negro, pero a veces, la porción de luminancia de una señal de color componente o compuesta.

MP3 - Acrónimo de *MPEG-1 Audio Layer 3.* Formato de reproducción musical con calidad sonora comparable a la de un CD, popular en Internet.

MPEG - *Motion Pictures Expert Group.* Grupo de Expertos en Imágenes en Movimiento. Grupo internacional de expertos industriales dedicados a la estandarización de imágenes en movimiento comprimido y audio.

MSP - *Multi-Standard Processor*: Procesador estándar multinorma; referido al tratamiento de señales de sonido y audio contenidas en diferentes normas de transmisión.

Multi-layer effects - Efectos multi-capa. Término genérico para un sistema de efectos/mezcla, que permite que imágenes de video múltiples puedan ser combinadas en una imagen compuesta.

Multiplexer (mux) - Multiplexador. Dispositivo para combinar dos o más señales eléctricas en una única señal compuesta.

Nanosecond (ns) - Nanosegundo. Una mil millonésima de segundo: 1×10^{-9} ó 0,000000001 segundo.

Neutral colors - Colores neutros. Rango de niveles de grises, desde negro a blanco, pero sin color. Para áreas neutrales en la imagen, las señales R' G' B' siempre serán todas iguales: en los formatos de diferencia de color, las señales de diferencia de color serán iguales a cero.

NICAM - *Near Instantaneous Companded Audio Multiplex.* Multiplexado de audio comprimido-expandido casi instantáneo. Sistema de codificación de audio digital, originalmente desarrollado por la BBC, para enlaces punto a punto. Un desarrollo posterior, NICAM728 es utilizado en varios países europeos para proveer audio digital estéreo a los receptores de televisión caseros.

Nonlinear encoding - Codificación no lineal. Relativamente más niveles de cuantificación son asignados a pequeñas amplitudes, y unos pocos a los picos grandes de señal.

Nonlinearity - Alinealidad. Parámetro de variabilidad de la ganancia en función de la amplitud de señal.

NRZ - *Non return to zero.* No retorno a cero. Esquema de codificación que es sensible a la polaridad. 0 = lógica baja; 1= lógica alta.

NRZI - *Non return to zero inverted.* No retorno a cero inverso. Esquema de sistema de codificación que es insensible a la polaridad. 0 = sin cambio en la lógica; 1 = una transición desde un nivel lógico a otro.

NTSC - *National Television Systems Committee.* Comité Nacional de Sistemas de Televisión. Organización que creó los estándares para el sistema de televisión NTSC. Ahora describe el sistema norteamericano de transmisión televisiva de color, el cual es usado principalmente en Norteamérica, el Caribe, Japón, y toda la parte del Pacífico de Sudamérica.

Nyquist sampling theorem - Teorema del muestreo de Nyquist. Los intervalos entre muestras sucesivas deben ser iguales o menores que la mitad del período de las frecuencias más altas.

Orthogonal sampling - Muestreo ortogonal. Muestreo de una línea, de una señal de video repetitiva de tal manera, que las muestras en cada línea están en la misma posición horizontal (co-sincronizado).

PAL - Phase Alternate Line - Línea Alternada en Fase. Nombre del sistema de televisión color en el cual la componente V del *burst* es invertida en fase desde una línea a la siguiente, para minimizar los errores de *hue* que pueden ocurrir en la transmisión de color.

Parallel cable - Cable paralelo. Cable multiconductor que transporta datos paralelos.

Patch panel - Panel de transferencia. Método manual para distribuir señales utilizando un panel de receptáculos para orígenes y destinos, y cables para interconectarlos.

PDP - *Plasma Display Panel.* Panel de visualización de plasma.

Peak to peak - Pico a pico. Diferencia de amplitud (tensión) entre las excursiones más positivas y más negativas (picos) de una señal eléctrica.

Phase distortion - Distorsión de fase. Defecto de la imagen causado por el retardo desigual (desplazamiento de fase) de diferentes componentes de frecuencia dentro de la señal, a medida que pasan a través de distintos elementos de impedancia: filtros, amplificadores, variaciones ionosféricas, etc. El defecto que se produce en la imagen es el denominado *fringing*, una especie de orla semejante a anillos de difracción, en los bordes donde el contraste cambia abruptamente.

Phase error - Error de fase. Defecto de la imagen causado por la cronización relativa incorrecta de una señal en relación a otra.

Phase shift - Desplazamiento de fase. Movimiento, en sincronización relativa, de una señal en relación a otra.

Pixel - Contracción de *Picture Element.* El área más pequeña, distinguible y resoluble, en una imagen de video digital. Un punto individual en la pantalla. Una muestra individual en la imagen. Derivado del elemento de **palabras** de la imagen.

PMLCD - *Pasive Matrix Liquid Cristal Display.* Display de cristal líquido de matriz pasiva.

PRBS - *Pseudo Random Binary Sequence.* Secuencia binaria seudo-aleatoria.

Primary colors - Colores primarios. Colores, usualmente tres, que están combinados para producir el rango pleno de los otros colores, dentro de los límites del sistema. Todos los colores no primarios son mezclas de dos o más de los colores primarios. En televisión los colores primarios consisten en el conjunto específico rojo, verde y azul.

Production switcher (vision mixer) - Conmutador de producción (mezclador de imágenes). Dispositivo que permite transiciones entre diferentes imágenes de video. También permite el manejo y **paleta** (composición).

Progressive scanning - Exploración progresiva. Un formato de exploración, donde la imagen es capturada en un explorado de arriba hacia abajo.

Propagation delay (path length) - Retardo de propagación (longitud de paso). Tiempo tomado por la señal para transitar a través de un circuito, pieza de equipamiento, o una longitud de cable.

Quantization - Cuantificación. El proceso de convertir una entrada analógica continua en un conjunto de niveles de salida.

Quantizing noise - Ruido de cuantificación. Ruido (desviación de una señal, de su valor original o correcto), que resulta del proceso de cuantificación. En el modo digital serie, un tipo de ruido granular presente solamente cuando existe señal.

Rate conversion - Relación de conversión. 1) Técnicamente, el proceso de conversión de una relación de muestreo a otra. La relación de muestreo digital para el formato de componente es de 13,5 MHz; para el formato compuesto es de 14,3 MHz para NTSC o de 17,7 MHz para PAL. 2) A menudo usado incorrectamente para indicar a ambos: re-muestreo de relaciones digitales y codificación/decodificación.

Rec. 601 - Ver **ITU-RBT. 601**.

Reclocking - Proceso de aplicar el clock a los datos con un clock regenerado.

Resolution - Resolución. Número de bits (cuatro, ocho, diez, etc.) determina la resolución de la señal digital.
4 bits = Una resolución de 1 en 16.
8 bits = Una resolución de 1 en 256.
10 bits = Una resolución de 1 en 1.024.
Ocho bits constituye el mínimo aceptable para la transmisión de TV RP125. Ver SMPTE125M.

RGB, RGB format, RGB system - *Red Green Blue.* Conjunto básico de componente paralelo (Rojo, Verde, y Azul) en el cual una señal es usada para cada color primario. También empleado para referirse al equipamiento relacionado, formato de interconexión, o estándares. Las mismas señales también pueden ser denominadas *GBR*, como recordatorio de la secuencia mecánica de conexiones en el estándar SMPTE de interconexiones.

Rise time - Tiempo de crecimiento. Tiempo tomado por la señal para efectuar la transición desde un estado a otro, usualmente medido entre el 10% y el 90% de los puntos de cumplimiento en la transición. Tiempos de crecimiento más cortos o **rápidos** requieren más ancho de banda en un canal de transmisión.

Routing switcher - Ruteador conmutador. Dispositivo electrónico que distribuye una señal suministrada por el usuario (audio, video, etc.), desde cualquier entrada a cualquier salida, seleccionada por el mismo.

Sampling - Muestreo. Proceso donde las señales analógicas son capturadas (muestreadas) para su medición.

Sampling frequency - Frecuencia de muestreo. Número de mediciones de muestreo discreto hechos en un período de tiempo dado. A menudo expresado en MHz para video.

SAV - *Start Active Video.* Arranque de video activo (en sistemas de componente digital). Uno de dos paquetes de referencia temporal (EAV y SAV).

Scan conversion - Conversión de barrido. Proceso de re-muestreo de una señal de video para convertir su formato de exploración a otro diferente.

SCART - *Syndicat des Constructeurs d'Appareils Radiorécepteurs et Televiseurs.* Sindicato de constructores de aparatos radioreceptores y televisores. Denominación dada al Euroconector.

SCL - *Serial Clock.* Reloj de datos serie (bus I²C).

Scope - Expresión abreviada de osciloscopio (monitor de forma de onda), o dispositivos **vectorscopio**, utilizados para medir la señal de televisión.

Scrambling - Codificación. 1) Transposición o inversión de datos digitales, de acuerdo a un esquema determinado de antemano, tendiente a la disolución de los patrones de baja frecuencia asociados con las señales digitales serie. 2) La señal digital es mezclada para producir una mejor distribución espectral.

SDA - *Serial Data.* Datos serie. Línea de entrada/salida de datos serie (bus I²C).

SDRAM - *Synchronous Dynamic Random Access Memory.* Memoria dinámica de acceso aleatorio sincrónico. Memoria que permite obtener mayor velocidad, por trabajar sincronizada con la velocidad del bus que la comunica con el microprocesador.

SDTV - *Standard Definition TV.* TV de definición estándar.

Segmented frames - Cuadros segmentados. Formato de exploración en el cual la imagen es capturada como un cuadro en una exploración, así como en formato progresivo, pero transmitidas las líneas pares en un campo, luego las líneas impares en el campo siguiente, así como en un formato entrelazado.

Serial digital - Serie digital. Información digital que es transmitida en forma serie. A menudo usado informalmente para referirse a señales de televisión digital serie.

Serializer - Serializador. Un dispositivo que convierte información digital paralela a digital serie.

SMPTE - *(Society of Motion Picture and Television Engineers)* - Asociación de Ingenieros de Cinematografía y Televisión. Organización profesional que recomienda estándares para las industrias de cine y televisión.

SMPTE Format, SMPTE Standard - Formato o estándar SMPTE. En televisión de componente, estos términos se refieren a los estándares SMPTE para interconexión de componentes paralelos de video analógico.

Standard, interconnect standard - Estándar, estándar de interconexión. Niveles de tensión, etc, que describen los requerimientos de entrada/salida para un tipo particular de equipamiento. Algunos estándares se establecieron por grupos profesionales o corporaciones gubernamentales (como ser el SMPTE o el EBU). Otros, están determinados por los fabricantes de equipos y/o los usuarios.

Still store - Almacenamiento fijo. Dispositivo para almacenamiento de cuadros específicos de video.

Strobe - Estroboscopio. Muestreo cíclico. Selección de una parte determinada del ciclo de un fenómeno periódico. Selección de una señal en el tiempo.

SVHS - Súper VHS.

Synchronous- Sincrónico. Procedimiento de transmisión mediante el cual el flujo de bits y caracteres es subordinado a *clocks* sincronizados con precisión, ambos en las terminaciones de recepción y transmisión. En el video digital serie, el *clock* de muestreo del receptor sincrónico es extraído de las transiciones de señal de datos entrantes.

SXGA - *Super Extended Graphics Array.* Arreglo gráfico súper extendido.

Sync word - Palabra de sincronismo. Patrón de bit de sincronización, diferenciado de los patrones de bit de datos normales, usado para identificar los puntos de referencia en la señal de televisión; también para facilitar el encuadre de **palabra** en un receptor serie.

TAB - *Tape Automated Bonding.* Sistema automatizado de unión por cinta (referido al ensamblado del panel LCD en montaje superficial).

TCP - *Tape Carrier Package.* Método de montaje por cinta (marca comercial del *TAB*).

Telecine - Dispositivo para la conversión de una película cinematográfica en señal de video.

Temporal aliasing - Solapamiento temporario. Defecto visual que ocurre cuando la imagen a ser muestreada se mueve demasiado rápido para el régimen de muestreo. Un ejemplo es la rueda de un carruaje que aparece girando al revés.

Time base corrector - Corrector de base de tiempo. Dispositivo usado para corregir errores de base de tiempo y estabilizar la sincronización de la salida de video desde una máquina reproductora de videocassettes.

TMDS - *Transition Minimized Differential Signaling.* Señalización diferencial de transición minimizada. Sistema de transmisión de datos de alta eficiencia.

TDM - *Time Division Multiplex.* Multiplexado por división de tiempo. Manejo de múltiples señales en un canal mediante la transmisión alternada de porciones de cada señal, y asignación de cada porción a bloques particulares.

TFT - *Thin Film Transistor* . Transistor de película delgada.

Time-Multiplex - Multiplexado en tiempo. En el caso del video digital, técnica para intercalar datos desde los tres canales de video, de modo que arriben conjuntamente para ser decodificados y usados. En formatos de componente digital, la secuencia podría ser Y,C_b, Y, C_r, Y, C_b, etc. En este caso, Y posee el doble de la capacidad total (detalle), conforme a cada uno de los canales de diferencia de color. Los datos auxiliares *(ancillary data)* deberían ser multiplexados en tiempo dentro del flujo de dato, durante el tiempo de ausencia de video.

TRS - *Timing Reference Signal.* Señal de referencia de temporizado (en sistemas digitales compuestos (longitud de cuatro palabras)). Para componentes de video, EAV y SAV proveen referencia de temporizado.

TRS ID - *Timing Reference Signal Identification.* Identificación de *TRS*. Señal de referencia usada para mantener el temporizado en sistemas digitales compuestos. Es de cuatro palabras de longitud.

Truncation - Truncado. Supresión de los bits menos significativos en un sistema digital.

Valid signal - Señal válida. Señal de video donde todos los colores representados se ubican dentro de la gama válida de color. La señal válida permanecerá legal cuando sea trasladada a RGB u otros formatos. Una señal válida es siempre legal, pero una señal legal no es necesariamenta válida. Las señales que no son válidas serán procesadas sin problemas en su formato corriente, pero se pueden encontrar problemas si es trasladada a un formato nuevo.

Valid / invalid - Válida / Inválida. Señal válida que satisface obligatoriamente dos condiciones: es legal en el formato corriente y permanecerá legal cuando sea adecuadamente trasladada a cualquier otro formato de señal de color.

VGA - *Video Graphics Array*. Arreglo de gráficos en video.

VTR - *Video Tape Recorder* - Grabador de videocinta. Dispositivo que permite grabar señales de audio y video en una cinta magnética.

Waveform - Forma de onda. Representación gráfica de la relación entre la tensión o la corriente y el tiempo.

Word - Palabra. Ver *byte*.

WUXGA - *Wide Screen Ultra Extended Graphics Array*. Arreglo de gráficos ultra-extendido, de pantalla ancha.

Y, C_1, C_2 - Conjunto de señales de *CAV*: Y es la señal de luminancia, C_1 es la 1ra señal de diferencia de color, y C_2 es la 2da señal de diferencia de color.

Y', C_b', C_r' - Conjunto de corrección de gamma de las señales diferencia de color usadas en formatos de componente digital.

Y, I, Q - Conjunto de señales *CAV* especificado en 1953 para el sistema NTSC: Y es la señal de luminancia, I es la 1ra señal de diferencia de color, y Q es la 2da señal de diferencia de color.

Y, P_b, P_r - Versión de (Y, R-Y, B-Y), especificada para el estándar de componente analógico *SMPTE*.

Y, R-Y, B-Y - Conjunto general de señales *CAV* utilizados en el sistema PAL, así como para algún codificador compuesto y muchos decodificadores compuestos en los sistemas NTSC. Y es la señal de luminancia, R-Y es la 1ra señal diferencia de color, y B-Y es la 2da señal diferencia de color.

Y, U, V - Componentes de luminancia y diferencia de color para sistemas PAL. A menudo usados inadecuadamente para denominar, como una alternativa a Y', P_b', P_r'.